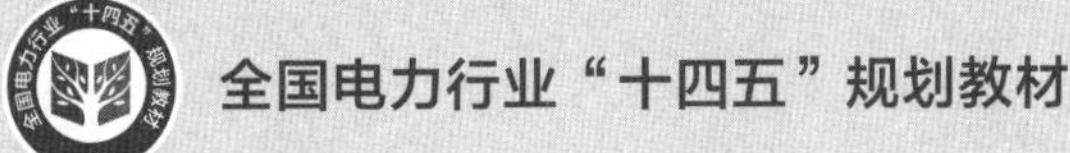

全国电力行业“十四五”规划教材

“十

建筑电气施工技术

主　编　王瑾烽　郑柏路

副主编　娄美琴　李美霜　周国新

主　审　夏国明

中国电力出版社
CHINA ELECTRIC POWER PRESS

内 容 提 要

本书为全国电力行业“十四五”规划教材。全书以工程项目为脉络，对“电气安装工程概述、室内线路安装、室外架空线路安装、电缆线路安装、电气设备安装、照明装置安装、防雷与接地装置安装、建筑弱电系统安装、电气工程施工安全管理”9 大核心领域做了阐述，突出重点，图文并茂。全书根据高等教育的人才培养目标，结合专业教学改革的发展趋势，遵循国家最新电气规程规范，紧跟电气施工技术的前沿动态，融入了新材料、新技术、新工艺和新方法，按照电气工程施工细节制作了部分数字资源，包括普通灯具、金属电缆桥架、焊接钢管预埋等十二个安装施工工艺操作视频，读者可在书中相应位置扫码获取。以满足多元化教学的需求。

本书可作为高职高专院校建筑电气工程技术、建筑智能化工程技术、建筑设备工程技术、给排水工程技术等专业的教材，也可作为电气施工技术人员、电气运维人员的参考用书。

图书在版编目（CIP）数据

建筑电气施工技术 / 王瑾烽，郑柏路主编. -- 北京：中国电力出版社，2024. 12. -- ISBN 978-7-5198-9514-3

Ⅰ. TU85

中国国家版本馆 CIP 数据核字第 2025TC7852 号

出版发行：中国电力出版社
地　　址：北京市东城区北京站西街 19 号（邮政编码 100005）
网　　址：http://www.cepp.sgcc.com.cn
责任编辑：孙　静（010-63412542）
责任校对：黄　蓓　郝军燕
装帧设计：郝晓燕
责任印制：吴　迪

印　　刷：廊坊市文峰档案印务有限公司
版　　次：2024 年 12 月第一版
印　　次：2024 年 12 月北京第一次印刷
开　　本：787 毫米×1092 毫米　16 开本
印　　张：14.5
字　　数：352 千字
定　　价：49.80 元

前言

当前建筑行业经历着前所未有的机遇与挑战，电气施工作为建筑行业的关键环节，其技术进步与创新直接影响项目的质量和效率。随着“一带一路”倡议进入高质量发展的阶段，需要大量能适应新时代的建筑电气工程技术施工人员，在设计与施工过程中推广新材料、新技术、新工艺和新方法。这对大专院校的人才培养提出了更高的要求。

本书根据行业岗位技能需求，结合高等院校专业建设、课程建设的经验，基于多年建筑电气施工技术教学经验及电气工程施工实践经验进行编写。在教材内容的选取上，参照最新标准和规范，根据行业技术发展采用新工艺、新技术和新产品。在内容编排方面，突出职业技能。在文字叙述上，体现职业教育的特点，通俗易懂，层次分明，力求突出“做什么”和“怎么做”的设计思路，即突出施工工艺流程和安装要求。

全书共分 9 个项目，按 64 课时讲授。每个项目均附有综评自测，供学习考核之用，可扫码获取。各院校可根据实际教学情况对单元内容和建议学时进行适当调整。本书插入大量图片、表格，并提供部分标准施工工艺视频，提高了直观性，帮助学习者在枯燥的文字叙述中加深理解。本书可作为高等职业院校建筑电气工程技术、建筑智能化技术、建筑设备工程技术、给排水工程技术等专业的教材，也可作为成人教育、各种相关培训班的教材，以及电气工程技术人员的施工参考书。

本书由浙江建设职业技术学院王瑾烽、浙江中天智汇安装工程有限公司郑柏路担任主编，由浙江建设职业技术学院娄美琴、浙江中天智汇安装工程有限公司李美霜和浙江广播电视集团周国新担任副主编，王瑾烽负责全书的统稿工作。具体编写分工为：项目 1 由周国新编写，项目 2、3 由郑柏路编写，项目 4、5、9 由王瑾烽编写，项目 6、7 由娄美琴编写，项目 8 由李美霜编写。扫码视频资源由郑柏路提供。综评自测由王振华、徐星亮编写。王振华、徐星亮、武磊、刘悦参与教材数字资源建设。

河北水利电力学院夏国明教授担任主审，提出许多宝贵意见，在此表示诚挚的感谢。在编写过程中，本书参考了大量的资料和书刊，并引用了部分材料，在此一并向这些书刊资料的作者表示衷心感谢！

限于编者水平，书中难免有疏漏之处，敬请读者批评指正，不胜感激！

编者

2024 年 11 月

目　录

项目1 电气安装工程概述

【知识目标】

（1）了解建筑电气安装工程的施工依据。

（2）掌握常用电工测量仪表的使用方法。

（3）熟悉常用电工施工工具的种类和功能。

【能力目标】

（1）具备根据电气施工图组织电气安装施工的能力。

（2）掌握利用测量仪表进行电气设备测量、判断的能力。

（3）熟练使用各种电工施工工具，保证施工质量和安全。

【素质目标】

（1）培养严格按照规范和标准进行电气安装的严谨工作态度。

（2）提高团队协作能力，在安装过程中与其他专业密切配合。

建筑电气系统是现代建筑的重要组成部分，集成了信息技术、计算机技术、自动化控制技术和现代机电技术的综合性技术体系。它为建筑物提供了安全、可靠、高效的电力供应和各种电气设备的运行保障。建筑电气系统涵盖了多个方面，包括供配电系统、动力设备系统、照明系统、防雷和接地装置以及弱电系统。

供配电系统是建筑电气的核心，负责将外部电源引入建筑物，并进行合理的分配和控制。它通常由高压进线、变压器、低压配电柜等设备组成，确保建筑物内的各类电气设备能够获得稳定的电力供应。

动力设备系统则涵盖了建筑物内各种大功率用电设备，如水泵、锅炉、空气调节设备、电梯等。

照明系统是建筑电气的重要组成部分，包括室内照明和室外照明。智能照明系统通过传感器、控制器等设备实现自动调光、节能控制等功能。

防雷和接地装置是保障建筑安全的重要措施。建筑防雷装置能将雷电引泄入大地，有效防止雷电对建筑的破坏。而接地装置则确保建筑内用电设备的不应带电金属部分安全接地，防止触电事故的发生。

弱电系统则涵盖了通信、安防、消防、楼宇自控等多个领域。通信系统包括电话、网络、有线电视等。安防系统包括视频监控、入侵报警、门禁系统等。消防系统在火灾发生时能够及时发出警报，并启动灭火设备，保护人们的生命财产安全。楼宇自控系统则可以对建筑物内的各种设备进行集中监控和管理，实现节能降耗、提高设备运行效率的目的。

建筑电气工程是建筑安装工程的重要组成部分之一，是为实现一个或几个具体目的且特性相配合的，由电气装置、布线系统和用电设备电气部分构成的组合。布线系统由一根或几根绝缘导线、电缆或母线及其固定部分、机械保护部分构成的组合。用电设备用于将电能转换成其他形式能量的电气设备。电气设备用于发电、变电、输电、配电或利用电能的设备。

电气装置由相关电气设备组成的，具有为实现特定目的所需的相互协调的特性组合。无论工业建筑或民用建筑，其功能的实现都依赖于电气系统的正常运行。

《建筑电气施工技术》教材主要介绍10kV及以下工业与民用建筑的电气施工技术和调试方法，涵盖建筑电气和建筑智能化两个分部工程。

1.1 电气工程施工

1.1.1 电气安装施工依据

建筑电气安装工程是依据设计与生产工艺的要求，依照施工平面图、规程规范、设计文件、施工标准图集等技术文件的具体规定，按特定的线路保护和敷设方式将电能合理分配输送至已安装就绪的用电设备及用电器具上。其安装质量必须符合合同要求，符合设计文件要求，符合施工质量验收标准与规范。

电气工程施工的主要依据是电气施工图、建筑电气安装工程施工验收规范标准等。

1. 电气施工图

建筑电气施工图反映了设计人员的设计思想，是电气工程预算、施工及维护管理的主要依据。电气工程施工图的组成主要包括：图纸目录、设计说明、图例材料表、系统图、平面图、电路图、安装接线图和安装大样（详）图等。

（1）图纸目录：图纸的组成、名称、张数、图号顺序等，绘制图纸目录的目的是便于查找。

（2）设计说明：工程的概况、设计依据、设计标准以及施工要求等，主要是补充说明图纸上不能利用线条、符号表示的工程特点、施工方法、线路、材料及其他注意事项。

（3）图例材料表：主要设备及器具在表中用图形符号表示，并标注其名称、规格、型号、数量、安装方式等。

（4）系统图：供电分配回路的分布和相互联系的示意图。具体反映配电系统和容量分配情况、配电装置、导线型号、导线截面、敷设方式及穿管管径，控制及保护电器的规格及型号等。系统图分为照明系统图、动力系统图、消防系统图、电话系统图、有线电视系统图、综合布线系统图等。

（5）平面图：表示建筑物内各种电气设备、器具的平面位置及线路走向的图纸。平面图包括干线平面图、照明平面图、动力平面图、防雷接地平面图、电话平面图、有线电视平面图、综合布线平面图等。

（6）电路图：也称作电气原理图，主要用来表现某一电气设备或系统的工作原理的图纸。它是按照各个部分的动作原理图采用分开表示法展开绘制的。通过对电路图的分析，可以清楚地看出整个系统的动作顺序。电路图可以用来指导电气设备和器件的安装、接线、调试、使用与维修。

（7）安装接线图：也称为安装配线图，主要是用来表示电气设备、电器元件和线路的安装位置、配线方式、接线方法，但不反映动作原理。主要用作配电柜二次回路安装接线。

（8）详图：用来表现设备安装方法的图纸，详图多采用全国通用电气装置标准图集。

2. 建筑电气安装工程施工验收规范、标准

（1）建筑电气工程施工及验收规范。建筑电气工程技术人员、质量检查人员及施工人员

在掌握一定的电工基础理论知识以后，还必须学习国家发布的建筑安装工程施工及验收规范。规范是对操作行为的规定，是使工程质量达到一定技术指标的保证，在施工和验收过程中必须严格遵守。

以下是国家发布的建筑安装工程施工及验收规范中与电气安装工程有关的主要规范：

《电气装置安装工程　高压电器施工及验收规范》（GB 50147—2010）；

《电气装置安装工程　电力变压器、油浸电抗器、互感器施工及验收规范》（GB 50148—2010）；

《电气装置安装工程　母线装置施工及验收规范》（GB 50149—2010）；

《电气装置安装工程　电气设备交接试验标准》（GB 50150—2016）；

《电气装置安装工程　电缆线路施工及验收标准》（GB 50168—2018）；

《电气装置安装工程　接地装置施工及验收规范》（GB 50169—2016）；

《电气装置安装工程　旋转电机施工及验收标准》（GB 50170—2018）；

《电气装置安装工程　盘、柜及二次回路接线施工及验收规范》（GB 50171—2012）；

《电气装置安装工程　蓄电池施工及验收规范》（GB 50172—2012）；

《电气装置安装工程　66kV 及以下架空电力线路施工及验收规范》（GB 50173—2014）；

《电气装置安装工程　低压电器施工及验收规范》（GB 50254—2014）；

《电气装置安装工程　电力变流设备施工及验收规范》（GB 50255—2014）；

《电气装置安装工程　起重机电气装置施工及验收规范》（GB 50256—2014）；

《电气装置安装工程　爆炸和火灾危险环境电气装置施工及验收规范》（GB 50257—2014）；

《建筑电气工程施工质量验收规范》（GB 50303—2015）；

《电梯工程施工质量验收规范》（GB 50310—2002）；

《建筑电气照明装置施工与验收规范》（GB 50617—2010）；

《城市道路照明工程施工及验收规程》（CJJ 89—2012）。

（2）建筑电气设计规范。除了以上电气装置安装工程施工及验收规范外，国家还发布了与之相关的各种设计规范、标准及电气材料等有关技术标准及标准图集，这些技术标准是与施工及验收规范互为补充的。部分电气工程设计规范如下：

《建筑照明设计标准》（GB/T 50034—2024）；

《民用建筑电气设计标准》（GB 51348—2019）；

《3～110kV 高压配电装置设计规范》（GB 50060—2008）；

《通用用电设备配电设计规范》（GB 50055—2011）；

《20kV 及以下变电所设计规范》（GB 50053—2013）；

《建筑物防雷设计规范》（GB 50057—2010）；

《供配电系统设计规范》（GB 50052—2009）；

《低压配电设计规范》（GB 50054—2011）；

《建筑设计防火规范》（2018 年版）（GB 50016—2014）；

《住宅建筑电气设计规范》（JGJ 242—2011）。

在施工中除遵循以上列出的国家规范以外，还应遵循部门规范、地方规定及企（行）业标准。使用各种规范、标准时，一定要选择现行最新版本。

（3）标准图集。标准图集适用于新建、改建、扩建和节能改造的民用建筑及一般工业建筑用电设备的设计和安装。与建筑电气安装有关的主要标准图集有：

《防雷与接地》（2016 年合订本）（D500～D505）；

《民用建筑电气设计与施工》（D800-1～8）；

《民用建筑工程电气施工图设计深度图样》（DX003～004）；

《住宅小区建筑电气设计与施工》（12DX603）；

《超高层建筑电气设计与安装》（14D801）；

《建筑电气工程施工安装》（18D802）；

《装配式建筑电气设计与安装》（20D804）；

《常用低压配电设备及灯具安装》（2004 年合订本）（D702-1～3）；

《民用建筑工程设计互提资料深度及图样—电气专业》（05SDX005）；

《20/0.4kV 及以下油浸变压器室布置及变配电所常用设备构件安装》（17D201-4）；

《10kV 及以下架空线路安装》（03D103）；

《电缆防火阻燃设计与施工》（06D105）；

《电缆敷设》（2013 年合订本）（D101-1～7）；

《封闭式母线桥架安装》（2004 年合订本）（D701-1～3）；

《智能建筑弱电设计与施工》（09X700）。

3. 电气施工图识图

电气施工图主要包括系统图、电气平面图、设备布置图、安装接线图、电气原理图和详图等。

（1）电气施工图识图的一般方法。

1）阅读说明书。对任何一个系统、装置或设备，在看图之前应首先了解它们的机械结构、电气传动方式、对电气控制的要求、电动机和电器元件的大体布置情况，以及设备的使用操作方法，各种按钮、开关、指示器等的作用。此外还应了解使用要求、安全注意事项等。对系统、装置或设备有一个较全面完整的认识。

2）看图纸说明。图纸说明包括图纸目录、技术说明、元器件明细表和施工说明书等。识图时，首先要看清楚图纸说明书中的各项内容，搞清设计内容和施工要求，就可以了解图纸的大体情况和抓住识图重点。

3）看标题栏。图纸中标题栏也是重要的组成部分，说明电气图的名称及图号等有关内容，由此可对电气图的类型、性质、作用等有明确认识，同时可大致了解电气图的内容。

4）分析电源进线方式及导线规格、型号。

5）仔细阅读电气平面图，了解和掌握电气设备的布置、线路编号、走向、导线规格、根数及敷设方法。

6）对照平面图，查看系统图，分析线路的连接关系，明确配电箱的位置、相互关系及箱内电气设备的安装情况。

（2）电气原理图识图的基本方法。

1）看主电路。看清主电路中用电设备的数量，及它们的类别、用途、接线方式和一些不同要求等；弄清楚控制用电设备的电气元件。控制电气设备的方法很多，包括开关直接控制、启动器和接触器控制；了解主电路中所用的控制电器和保护电器，如电源开关（转换开关及低压断路器）、万能转换开关、低压断路器中的电磁脱扣器及热过载脱扣器的规格、熔断器、热继电器及过电流继电器等元件的用途及规格；看电源，要了解电源电压等级，是 380V

还是 220V；是从母线汇流排供电还是配电屏供电，或是从发电机组接出来的。

2）看辅助电路。辅助电路包含控制电路、信号电路和照明电路。分析辅助电路时，要根据主电路中各电动机和执行电器的控制要求，逐一找出控制电路中的其他控制环节，将控制线路“化整为零”，按功能不同划分成若干个局部控制线路来进行分析。

3）看联锁与保护电路。生产机械对于安全性、可靠性有很高的要求，除了合理地选择拖动、控制方案以外，在线路中还设置了一系列电气保护和必要的电气联锁。

4）看特殊功能电路。在某些比较复杂的控制线路中，还设置了一些与主电路、控制电路关系不很密切的特殊功能电路，如计数电路、检测电路、触发电路、调温电路等，这些电路往往自成一体，可单独进行分析。

（3）安装接线图的识读。要先看主电路，由电源开始依次往下看，直至终端负载。主要弄清用电设备通过哪些元件来获得电源；而识读辅助电路时要按每条小回路去看，弄清辅助电路如何控制主电路。尤其关注各模块电路外接端子的编号和导线的关系。

（4）照明电路的图样识读。要先了解照明原理图与安装图所表示的基本情况，再看供电系统，即弄清电源的形式、导线的规格及敷设方式；然后看用电设备。电气平面布置图包括动力、照明两种。动力平面布置图表示电动机类动力设备、配电箱的安装位置和供电线路的敷设路径、方法。照明平面布置图主要表示动力、照明线路的敷设位置、敷设方式、导线穿管种类、线路管径、导线截面及导线根数，同时还标出各种用电设备（灯具、电动机、插座等）、配电箱、控制开关等的安装数量、型号、相对位置及安装高度等。

1.1.2　电气安装施工过程

建筑电气工程的施工可分为三个阶段进行，即施工准备阶段、施工阶段和竣工验收阶段。

（一）施工准备阶段

施工准备阶段是指工程施工前将施工必需的技术、物资、机具、劳动力及临时设施等方面的工作事先做好，以备正式施工时组织实施。

施工准备的形式有阶段性施工准备和作业条件性准备两种。阶段性施工准备是指开工前的各项准备工作；作业条件性准备是为某一个施工阶段，某个分部、分项工程或某个施工环节所做的准备工作，它是局部性、经常性的施工准备工作。

施工准备通常包括技术准备、组织准备、机具和材料准备、施工现场准备。

1. 技术准备

技术准备包括熟悉施工图和相关施工验收规范。工程项目开始之前，施工人员必须正确理解设计人员的设计意图，熟悉与施工相关的各种规范要求，以保证安装工程符合验收标准，并符合安全、可靠、经济、美观的工作原则。

电气安装人员还应了解与工程施工相关的土建情况，以便在由建设单位、设计单位和施工单位三方参加的图纸会审时提出与施工相关的问题和意见，如电气线路敷设位置、电气设备布置、预留孔洞是否合理、各种管道设备与电气敷设是否有矛盾冲突等具体问题提出意见。此外，还要根据土建进度划分电气施工工序、确定施工方案、制定电气安装进度计划。

2. 组织准备

施工前应先组成管理机构，并根据电气安装项目合理配备人员，向参加施工的人员进行技术交底，使施工人员了解工程内容、施工方案、施工方法、安全施工条例和措施，必要时还应组织技术培训。

3. 机具和材料准备

应按设计、工程预算提供的材料进行备料，准备施工设备和机具。如果采用代用设备和代用材料，还必须征得设计单位和建设单位的同意，必要时应履行变更通知手续。施工前应检查落实设备、材料等物资的准备情况。

4. 施工现场准备

根据工程平面布置图，提供设备、材料以及工具的存放仓库或地点，落实加工场所，实现施工现场的三通（场地道路通、施工用水通、工地用电通）、一平（场地平整）。施工前应具备以下条件：

1）准备好一般工具、机具、仪表和特殊机具；

2）掌握建筑物和设备的基本情况；

3）完善工程所需的安全技术措施；

4）解决好施工现场的水源、电源问题，安排好工具、材料的存放场所；

5）完成建筑安装综合进度安排和施工现场总平面的布置。

（二）施工阶段

当施工准备工作已完成，具备施工条件后，即可进行安装工程的施工阶段。施工阶段工作包括土建预埋和电气线路的敷设以及电气设备的安装工作。

土建预埋工作的特点是时间性强，需要与土建施工交叉配合进行，并应密切配合主体工程的施工进度。隐蔽工程的施工如电气埋地保护管等，需要在土建铺设地坪时预先敷设好；而一些固定支撑件的预埋，如配电箱、避雷带的支座，需要在土建砌墙时同时埋设。因此，预埋工作相当重要，应做好周密安排，防止发生漏埋或错敷，给安装带来困难的同时影响工程进度，造成浪费。

电气线路的敷设和电气设备的安装工作是按照电气设备的安装方法以及电气管线敷设方法进行的，包括定位划线、配件加工及安装、管线敷设、电气设备的安装、电气系统连接和接地方式的连接等。

1. 安装工序

（1）主要设备、材料进场验收。对合格证明文件确认，并进行外观检查，以消除运输保管中的缺陷。

（2）配合土建工程预留预埋。预留安装用孔洞，预埋安装用构件及暗敷线路用导管。

（3）检查并确认土建工程是否符合电气安装的条件。包括电气设备的基础、电缆沟、电缆竖井、变配电所的装饰装修等是否符合可开始电气安装的条件。同时，确认日后土建工程扫尾工作不会影响已安装好的电气工程质量。

（4）电气设备就位固定。按预期位置组合，组立高低压电气设备，并对开关柜等内部接线进行检查。

（5）电线、电缆、导管、桥架等贯通。按设计位置配管、敷设桥架，达到各电气设备或器具间贯通。

（6）电线穿管、电缆敷设、封闭式母线安装。供电用、控制用线路敷设到位。

（7）电气、电缆、封闭式母线绝缘检查并与设备器具连接。与高低压电气设备和用电设备电气部分接通；民用工程要与装饰装修配合施工，随着低压器具逐步安装而完成连接。

（8）做电气交接试验。高压部分有绝缘强度和继电保护等试验项目，低压部分主要是绝缘强度试验。试验合格，具备受电、送电试运行条件。

（9）电气试运行。空载状态下，操作各类控制开关，带电无负荷运行正常。照明工程可带负荷试验灯具照明是否正常。

（10）负荷试运行。与其他专业联合进行，试运行前，要视工程具体情况决定是否要联合编制负荷试运行方案。

2. 施工要点

电气工程施工表现为物理过程，即通过施工安装不会像混凝土施工那样出现化学过程，施工安装后不会改变所使用设备、器具、材料的原有特性，电气安装施工只是将设备、器具、材料按预期要求可靠合理地组合起来，以满足功能需要。是否可靠合理组合，主要体现在两个方面：一是要依据设计文件要求施工，二是要符合相关规范要求的规定。因此必须掌握以下要点：

1）使用的设备、器具、材料规格和型号符合设计文件要求，不能错用；

2）依据施工设计图纸布置的位置固定电气设备、器具和敷设布线系统，且固定牢固可靠；

3）确保导线连接及接地连接的连接处紧固不松动，保持良好导通状态；

4）坚持先交接试验后通电运行、先模拟动作后接电起动的基本原则；

5）做到通电后的设备、器具、布线系统有良好的安全保护措施；

6）保持施工记录形成与施工进度基本同步，保证记录的准确性和记录的可追溯性。

3. 电气安装工程对土建工程的要求与配合

电气安装工程施工与建筑工程关系密切，如配管、配线、开关电器及配电盘的安装都应在土建施工中密切配合，做好预埋和预留孔洞的工作。对于钢筋混凝土建筑物的暗配管工程，应在浇筑混凝土前将一切管路、接线盒、电机、电气配电箱基础全部预埋好；明设工程可在抹灰及装饰工作完成后再进行施工。不同施工阶段有不同要求，主要分为以下几个阶段：基础阶段、结构阶段和装修阶段。

（1）基础阶段。本阶段施工人员应掌握好土建工程施工规律，了解室内外地面标高。挖基槽时，配合接地极和母线焊接。在基础墙砌筑时，应配合做密封保护管、挡水板、进出管套螺纹、配套的法兰盘防水等。当利用基础主筋作接地装置时，要将选定的柱子内主筋在基础根部散开与底板筋焊接，引上留出测量接地电阻的母线。在地下室预留好孔洞以及电缆支架吊点埋件。如电缆沟进线要预埋密封保护管、预埋落地式配电箱基础螺栓或作配电柜基础型钢。

（2）结构阶段。敷设各种管线，预埋木砖、螺栓、套管、卡架等，争取一次完成。暗设管时应注意堵封口。

（3）装修阶段。在装修阶段电气施工项目主要有：吊顶配管、轻隔墙配管、管内穿线、测量绝缘电阻、焊接包头、绝缘封闭、明配各种箱盒的安装。

在喷浆前，所有电气管线必须安装完毕，若发现墙面不平或欠缺应及时修补。喷浆及粘贴墙纸后再安装灯具，进行明管配线施工，此时要注意保持墙面的清洁。

4. 施工过程注意事项

（1）水平线控制。水平线包括吊顶下皮线、门中线、墙面线、地面标高线隔断的边线等，可以用它们确定箱、盒、消防设备距离地面的高度，常用的距地高度有 0.3、1.0、1.2、1.4、1.8m 等。吊顶线可用来确定嵌入式灯具的位置；门中线可用来确定开关的位置，一般距门框

15～20cm；土建冲筋等施工需要找出墙面平整度，然后大面积抹灰，此时应观察墙面线，注意电气安装箱、盒应里出外进。

（2）轴线控制。主要与防雷引下线、下管相关。防雷引上线应敷设在柱子混凝土中或利用柱子主筋焊接。要做好均压环，焊接金属门窗接地线。

（3）抹灰前要安装好配电箱，复查预埋砖是否符合图样要求。电气工长应检查预留箱灰口、孔洞位置是否准确，如发现墙面不平或位置偏差，应及时联系土建工长修理。喷浆前应检查配电箱、盒灰口、卡架、套管是否齐全，检查管路是否齐全，是否已经穿完管线，焊好包头，堵好无盖的箱、盒。

（4）为灯具、箱、柜和吊顶风扇的安装做好预埋吊钩和基础槽钢。

（三）竣工验收阶段

1. 收尾调试

当各个电气施工项目完成后，要进行系统的检查和调试。需要检查线路、开关、用电设备的连接状况；线路的绝缘和保护整定情况，动力设备的空载调试等。发现问题要及时整改。

工程结束后，应及时整理施工过程中的有关资料，如图纸会审记录、设计变更修改通知、隐蔽工程的验收合格证、电气试验的记录表格和施工记录等。特别是因情况变动，实际施工与原施工图要求不符时，在交工前应按照实际施工情况画出竣工图，以便交付用户，为用户日后运行、维护、扩建、改建提供依据。

除上述内容，还应组织安装工程的质量评定。质量评定包括施工班组的质量自检、互检以及施工单位技术监督部门的检查评定。质量评定应按照国家颁布的安装技术规范、质量标准以及本部门的有关规定进行，不符合标准和要求的应整改。

质量检查合格后，需要通电试运行，验证工程能否交付使用，上述项目完成后，即可撰写竣工报告书。

2. 竣工验收

竣工验收是指建筑工程在施工单位自行质量检查评定的基础上，参与建设活动的有关单位对检验批、分项、分部、单位工程的质量进行抽样复验，根据相关标准以书面形式对工程质量是否合格做出确认。

一般工程正式验收前，应由施工单位自检预验收，检查工程质量及有关技术资料，发现问题及时处理，充分做好交工验收前的准备工作，然后提出竣工验收报告，由建设单位、设计单位、施工单位、当地质检部门及有关工程技术人员共同进行检查验收。

建设工程质量验收应划分为单位（子单位）工程、分部（子分部）工程、分项工程和检验批。单位工程完工后，施工单位应自行组织有关人员进行检查评定，并向建设单位提交工程验收报告。建设单位收到工程验收报告后，应由建设单位（项目）负责人组织施工（含分包单位）、设计、监理等，单位（项目）负责人进行单位（子单位）工程验收。验收记录由施工单位填写，验收结论由监理（建设）单位填写。综合验收结论由参加验收的各方共同商定，建设单位填写，应评价工程质量是否符合设计、规范要求及总体质量水平。

电气安装工程施工结束，应进行全面质量检验，合格后办理竣工验收手续。质量检验和验收工程应依据现行电气装置安装工程施工及验收规范，按分项、分部和单位工程的划分对其保证项目、基本项目和允许偏差项目逐项进行检验和验收。

单位工程验收时需提交以下资料：单位（子单位）工程质量控制资料、单位（子单位）

工程安全和功能检验记录资料、检验批质量验收记录、分部（子分部）和分项工程质量验收记录等。其中建筑电气项目的工程质量控制资料包括：图纸会审、设计变更、治商记录；材料、设备出厂合格证书及进场检（试）验报告；设备调试记录；接地、绝缘电阻测试记录；隐蔽工程验收记录；施工记录；分项、分部工程质量验收记录。建筑电气项目的安全和功能检验记录资料包括照明全负荷试验记录；大型灯具牢固性试验记录；避雷接地电阻测试记录；线路、插座、开关接地检验记录。建设项目合格与否严格按照《建筑工程施工质量验收统一标准》及相关规范和标准的要求进行验收确认。办理全部工程的交工验收证书，交付使用。

1.2　常用电工测量仪表

在电工作业中，为了判断电气设备的故障和运行况是否正常，除人们在实践中凭借经验进行观察分析外，还经常需要借助仪表进行测量，以提供电压、电流、电阻等参数的数据。其中万用表、兆欧表和钳形电流表（俗称电工三表）是不可缺少的测量工具。正确使用电工仪表不仅是技术上的要求，而且对人身安全也是非常重要的。

1.2.1　万用表

万用表能测量直流电流、直流电压、交流电流、交流电压和电阻等，有的还可以测量功率、电感和电容等，是电工最常用的仪表之一。

1. 指针式万用表

（1）万用表的结构及外形。万用表主要由指示部分、测量电路和转换装置三部分组成。指示部分通常为磁电式微安表，俗称表头；测量部分是把被测的电量转换为适合表头要求的微小直流电流，通常包括分流电路、分流电压和整流电路；不同种类电量的测量仪表及量程的选择是通过转换装置来实现的。指针式万用表的外形如图1-1所示。

图1-1　指针式万用表

（2）万用表的使用方法：

1）端钮（或插孔）选择要正确：红色表笔连接要接到红色端钮上（或标有“＋”号的插孔内），黑色表笔的连接线应接到黑色端钮（或接到标有“－”号的插孔内）。

2）转换开关位置的选择要正确：根据测量对象将转换开关转到需要的位置上。

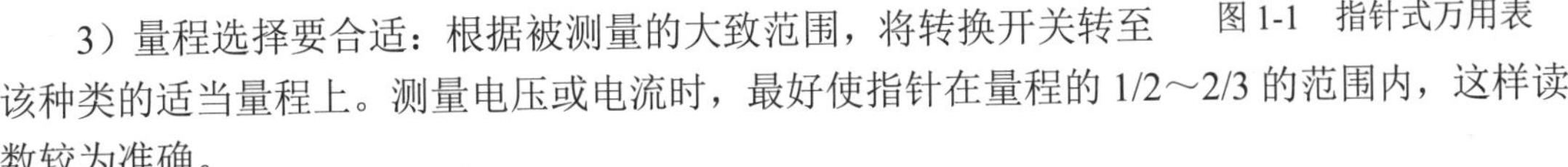
3）量程选择要合适：根据被测量的大致范围，将转换开关转至该种类的适当量程上。测量电压或电流时，最好使指针在量程的1/2～2/3的范围内，这样读数较为准确。

4）正确进行读数：在万用表的标度盘上有很多标度尺，它们分别适用于不同的被测对象。因此测量时在对应的标度尺上读数的同时，还应注意标度尺读数和量程挡的配合，以免出现差错。

5）欧姆挡的正确使用：测量电阻时，应选择合适的倍率挡，倍率挡的选择应以使指针停留在刻度线较稀的部分为宜。指针越接近标尺的中间，则读数越准确；越向左刻度线靠近，则读数的准确度越差。

测量电阻前，应将万用表调零，即将两根测试棒碰在一起，同时转动“调零旋钮”，使指针刚好指在欧姆刻度尺的零位上，这一步骤称为欧姆挡调零。每换一次欧姆挡，测量电阻之前都要重复这一步骤，从而保证测量的准确性，如果针不能调到零位，说明电池电压不足，需要更换。

不能带电测量电阻。万用表是由干电池供电的，被测电阻绝不能带电，以免损坏表头。在使用欧姆挡间隙中不要让两根测试棒短接，以免损耗电池。

（3）操作注意事项：

1）在使用万用表时要注意，手不可触及测试的金属部分，以保证安全和测量的准确度。

2）在测量较高电压或较大电流时，不能带电转动转换开关，否则有可能使开关烧坏。

3）万用表用完后最好将转换开关转到交流电压最高量程挡，此挡对万用表最安全，以防下次测量时疏忽而损坏万用表。

4）在测试棒接触被测线路前应再做一次全面检查，看一看各部分是否有误。

2. 数字式万用表

目前，数字式测量仪表已成为主流，有取代模拟式仪表的趋势。

图 1-2 数字式万用表

与模拟式仪表相比，数字式仪表灵敏度和准确度高，显示清晰，过载能力强，便于携带，使用更简单。数字式万用表外形结构如图 1-2 所示。使用方法如下：

（1）使用前，应认真阅读有关使用说明书，熟悉电源开关、量程开关、插孔、特殊插口的作用。

（2）将电源开关置于 ON 位置。

（3）交/直流电压的测量。根据需要将量程开关拨至 DCV（直流）或 ACV（交流）的合适量程，红表笔插入 V/Ω 孔，黑表笔插入 COM 孔，并将表笔与被测线路并联，读数即显示被测电压值。

（4）交/直流电流的测量。将量程开关拨至 DCA（直流）或 ACA（交流）的合适量程，红表笔插入 mA 孔（小于 200mA 时）或 10A 孔（大 200mA 时），黑表笔插入 COM 孔，并将万用表串联在被测电路中。测量直流量时，数字式万用表能自动显示极性。

（5）电阻的测量。将量程开关拨至 Ω 档的合适量程，红表笔插入 V/Ω 孔，黑表笔插入 COM 孔。如果被测电阻值超出所选择量程的最大值万用表将显示“1”，这时应选择更高的量程。

1.2.2 兆欧表

兆欧表又称高阻表，也称摇表，用于测量大电阻值，主要是绝缘电阻的直读式仪表，它是专用于检查和测量电气设备及供电线路的绝缘电阻的便携式仪表，如图 1-3 所示。

图 1-3 兆欧表

1. 兆欧表的选用

选择兆欧表要根据所测量的电气设备的电压等级和测量绝缘电阻范围而定。选用其额定电压一定要与被测电气设备或电气设备线路的工作电压相对应。

测量额定电压在 500V 以下的电气设备，宜选用 500V 或 1000V 的兆欧表。如果测量高压电气设备或电缆可选用1000～2500V的兆欧表，量程可选0～2500MΩ。

2. 兆欧表使用前的检查

首先将被测的设备断开电源，并进行2～3min放电，以保证人身和设备的安全，这一要求对具有电容的高压设备尤其重要，否则绝不能进行测量。

用兆欧表测量之前应做一次短路和开路试验。如果兆欧表的表笔“地（E）”“线（L）”处于断开的状态，转动摇把，观察指针是否指在“∞”处，再将兆欧表的表笔“地（E）”“线（L）”两端短接，缓慢转动摇把，观察指针是否指在“0”处。如果上述检查发现指针不能指到“∞”或“0”处，则表明兆欧表有故障，应检修后再用。

3. 兆欧表测量接线的方法

兆欧表有3个端钮，即接地（E）端、线路（L）端和保护环（G）端。测量电路绝缘电阻时，E端接地，L端接电路，即可测得电路与大地之间的电阻；测量电动机的绝缘电阻时，E端接电动机的外壳，L端接电动机的绕组；测量电缆绝缘电阻时，除端接电缆外壳，L端接电缆芯外，还需要将电缆、芯之间的内层绝缘接至G端，以消除因表面漏电而引起的测量误差，如图1-4所示。

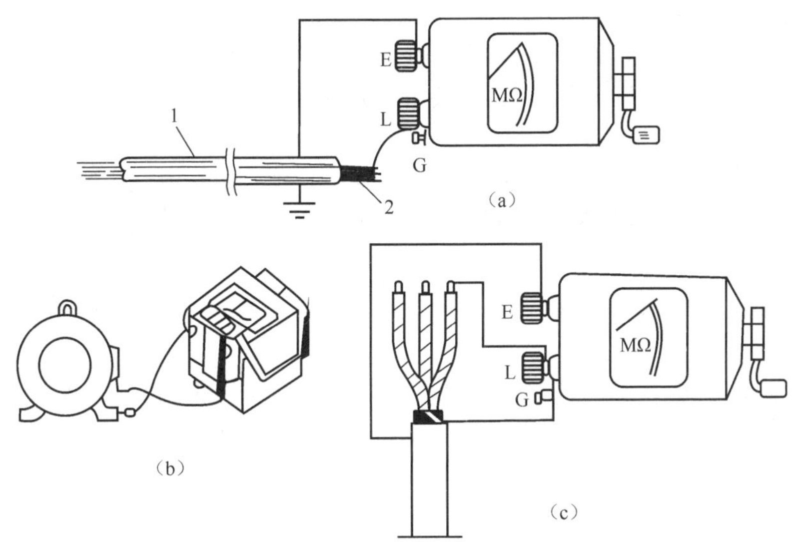

图1-4　兆欧表的接线法

（a）测量动力线路绝缘电阻；（b）测量电动机绝缘电阻；（c）测量电缆绝缘电阻

1—钢管；2—导线

1.2.3　电流表及电压表

1. 电流表

测量电路电流的仪表，统称电流表。根据量程和计算单位的不同，电流表又分为微安表、毫安表、安培表、千安表等，表盘上分别标有μA、mA、A、kA等符号。电流表分为直流电流表和交流电流表，两者的接线方法都是与被测电路串联。

直流电流表接线前要搞清电流表极性。通常，直流电流表的接线柱旁边标有“＋”和“－”两个符号，“＋”接线柱接直流电路的正极，“－”接线柱接直流电路的负极。交流电流表一般采用电磁式仪表，电磁式电流表采用互感器扩大量程，其接线方法如图1-5所示。

多量程电磁式电流表，通常将固定线圈绕组分段，再利用各段绕组串联或并联来改变电流的量程，如图 1-6 所示。

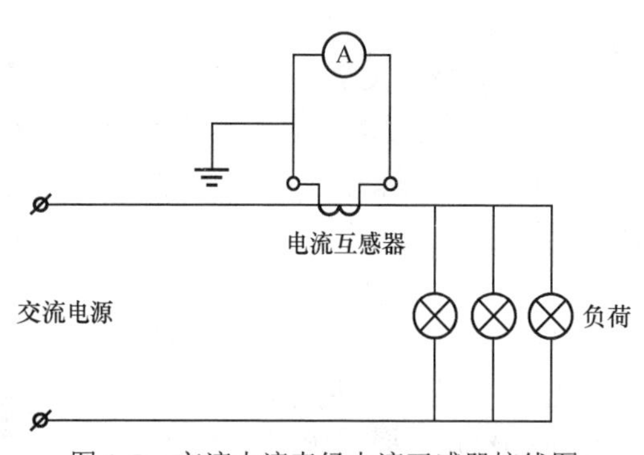

图 1-5 交流电流表经电流互感器接线图

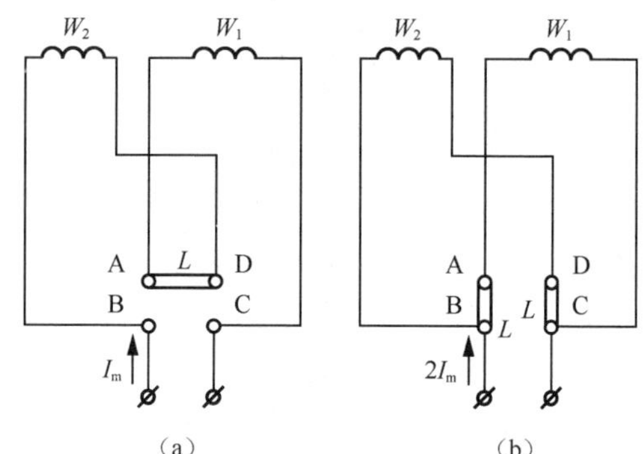

图 1-6 双量程电磁式电流表改变量程接线图

（a）绕组串联；（b）绕组并联

电流表使用注意事项如下。

（1）交流电流表应与被测电路或负载串联，严禁并联。如果将电流表并联入电路，则由于电流表的内电阻很小，相当于将电路短接，电流表中将流过短路电流，导致电流表被烧毁并造成短路事故。

（2）电流互感器的原绕组应串联接入被测电路中，副绕组与电流表串接。

（3）电流互感器的变流比应大于或等于被测电流与电流表满偏值之比，以保证电流表指针在满偏以内。

（4）电流互感器的副绕组必须通过电流表构成回路并接地，二次侧不得装设熔丝。

2. 钳形电流表

在电工维修工作中，经常要求在不断开电路情况下测量电路电流，钳形电流表可以满足这个要求，其外形如图 1-7 所示，钳形电流表在不断开电路的情况下测量负载电流如图 1-8 所示。

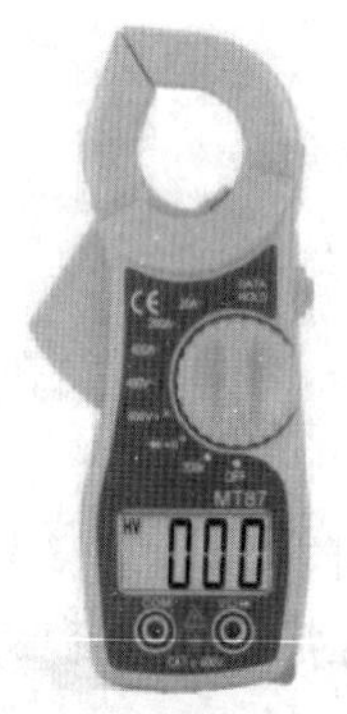

图 1-7 钳形电流表

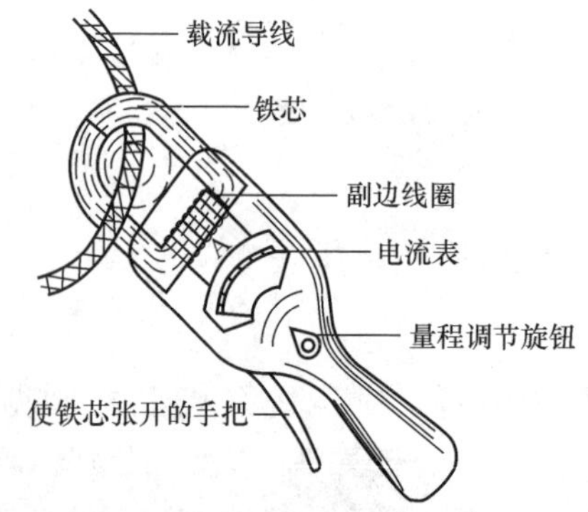

图 1-8 钳形电流表测量示意

（1）钳形电流表使用方法：

1）在测量之前，应根据被测电流大小、电压高低选择适当的量程。若对被测量值无法估计，应从最大量程开始，逐渐变换合适的量程，但不允许在测量过程中切换量程挡，即应松开钳口，换挡后再重新夹持载流导体进行测量。

2）测量时，为使测量结果准确，被测载流导体应放在针形口的中央，钳口要紧密接合，若遇有杂音，可重新开口一次再闭合；若杂音仍存在，应检查钳口有无杂物和污垢，待清理干净后再进行测量。

3）测量小电流时，为了获得较准确的测量值，可以设法将被测载流导线多绕几圈夹入钳口进行测量，但此时应把读数除以导线绕的圈数才是实际的电流值。测量完毕后一定要把仪表的量程开关置于最大量程位置上，以防下次使用时忘记换量程而损坏仪表。使用完毕后将钳形电流表放入箱内保存。

（2）钳形电流表使用注意事项：

1）使用钳形电流表进行测量时，应当注意人体与带电体之间有足够的安全距离。电业安全规则中规定最小安全距离不应小于 0.4m。

2）测量裸导线上的电流时，要特别注意防止发生相间短路或接地短路。

3）在低压架空线上进行测量时，应戴绝缘手套，并使用安全带，必须有两人在场，一人操作，另一人监护。测量时不得触及其他设备，观察仪表时，要特别注意保持头部与带电部位的安全距离。

4）钳形电流表的把手必须保持干燥，并且行定期检查和试验，一般一年进行一次。

3. 电压表

测量电路电压的仪表称为电压表，也称伏特表，表盘上标有符号“V”。电压表分为直流电压表和交流电压表，两者的接线方法都是与被测电路并联。

测量直流电路中电压的仪表称为直流电压表，在直流电压表的接线柱旁边通常也标有“＋”和“－”两个符号，接线柱的“＋”（正端）与被测量电压的高电位连接；接线柱的“－”（负端）与被测量电压的低电位连接，如图 1-9 所示。正负极不可接错，否则指针就会因反转而打弯。

交流电压表按接线方式可分为低压直接接入测量和高压经电压互感器后在二次侧间接测量两种方式，低压直接接入式一般用在 380V 或 220V 电路中。交流电压表测量时，和直流电压表一样，也是并联接入电路，而且只能用于交流电路测量电压，当将电压表串联接入电路时，则由于电压表的内阻很大，几乎将电路切断，从而使电路无法正常工作，所以在使用电压表时，切勿与被测电路串联。借助电压互感器测量交流电压如图 1-10 所示。

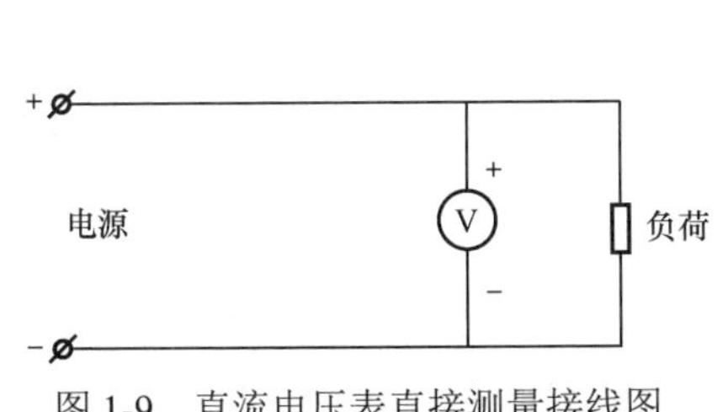

图 1-9　直流电压表直接测量接线图

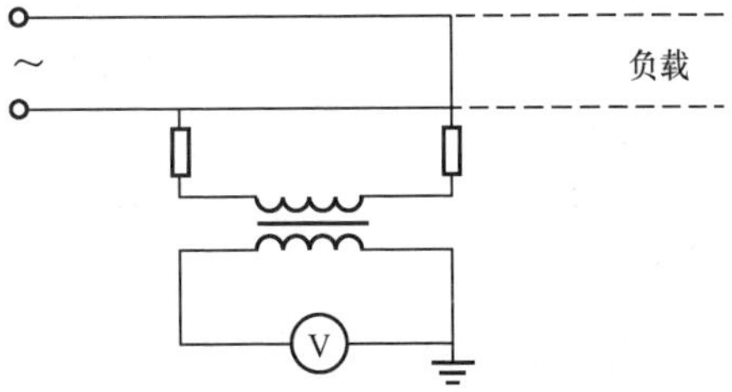

图 1-10　借助电压互感器测量交流电压

1.2.4　接地电阻测量仪

接地电阻测试仪也称接地摇表，主要用来直接测量各种电气设备的接地电阻和土壤电阻率。常用的接地电阻仪有国产 ZC-8 型和 ZC-29 型等。

ZC-8 型接地电阻仪由手摇发电机、电流互感器、调节电位器和一支高灵敏度检流计组成，其外形结构如图 1-11 所示，测量仪还随表附带接地探测针 2 根（电位探测针和电流探测针）、连接线 3 根。

1. 使用方法

（1）测量前，将被测接地极 E′ 与电位探测针 P′ 和电流探测针 C′ 排列成直线，彼此相距 20m，且 P′ 插于 E′ 和 C′ 之间，P′ 和 C′ 插入地下 0.5～0.7m，用专用导线分别将 E′、P′ 和 C′ 接到仪表相应接线柱上，如图 1-12 所示。

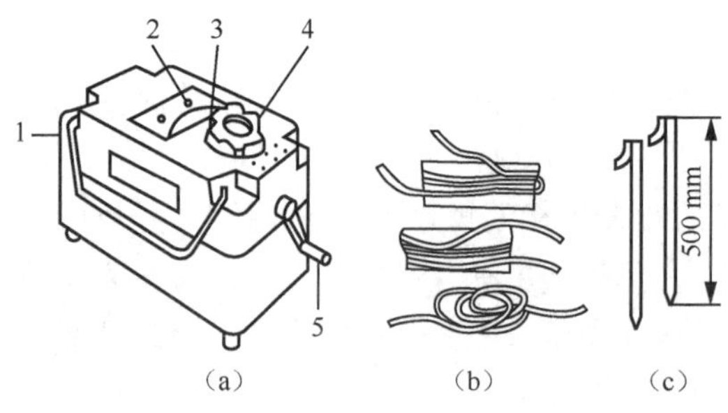

图 1-11 ZC-8 型接地电阻测试仪

（a）接地电阻测试仪；（b）连接线；（c）接地电阻探测针

1—接线桩；2—表头；3—微调拨盘；4—粗调旋钮；5—摇柄

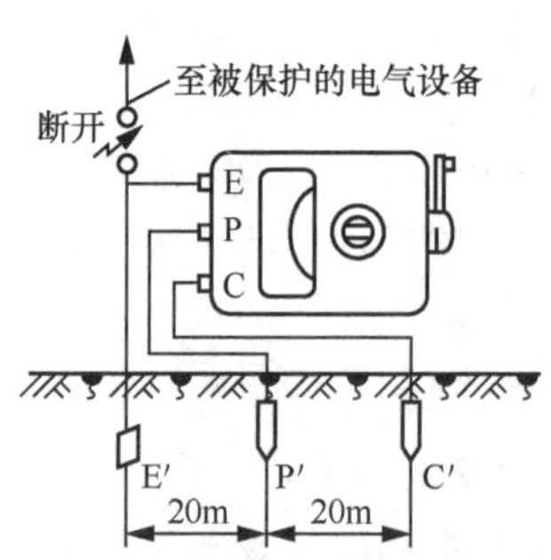

图 1-12 ZC-8 型接地电阻测试仪测量接地电阻

（2）测量时，先将仪表放在水平位置，检查检流计的指针是否指在中心线上。如果未指在中心线上，则可用“调零螺钉”将其调整到中心线上。

（3）将“倍率标度”置于“最大倍数”，慢慢转动发电机摇柄，同时旋动“测量标度盘”使检流计指针平衡，当指针接近中心线时，加速发电机摇柄转速，达到 120r/min 以上，

（4）如果“测量标度盘”的读数小于 1，应将“倍率标度”置于较小倍数，然后重新调整“测量标度盘”，以得到正确的读数。当指针完全平衡到中心线上后，用“测量标度盘”的读数乘以倍率标度，即为所测电阻值。

2. 使用中应注意的问题

（1）测量时，接地线路要与被保护的设备断开，便于得到准确的测量数据。

（2）当检流计的灵敏度过高时，可将电位探测针 P′ 插入土中浅一些；当检流计灵敏度不足时，可沿电位探测针 P′ 和电流探测针 C′ 注水使其湿润。

（3）当接地极 E′ 和电流探测针 C′ 间距离大于 20m 时，电位探测针 P′ 可插在离 E′、C′ 之间直线几米以外，此时测量误差可以不计，但 E′、C′ 间距离小于 20m 时，则应将 P′ 正确地插于 E′ 和 C′ 的直线之间。

（4）如果在测量探测针附近有与被测接地极相连的金属管道或电缆，则整个测量区域的电位将产生一定的均衡作用，从而影响测量结果。在这种情况下，电流探测针 C′ 与上述金属管道或电缆的距离应大于 100m，电位探测针 P′ 与它们的距离应大于 50m。如果金属管道或电缆与接地回路无连接，则上述距离可减小 1/2～2/3。

1.3 常用电工施工工具

在建筑电气安装工程施工过程中，施工人员会使用很多工、器具，能否正确使用工、器具关系到工程质量的好坏和施工的安全与否。常用的工、器具有电工安装工具和电工测量工具。

1.3.1 通用工具

1. 螺丝刀

螺丝刀也称起子，主要用来紧固和拆卸螺钉。螺丝刀的式样和规格很多，按头部形状可分为一字形和十字形两种，如图 1-13 所示。

一字形螺丝刀常用的有 50、100、150mm 和 200mm 等规格，电气安装工程必备的是 50mm 和 150mm 两种。

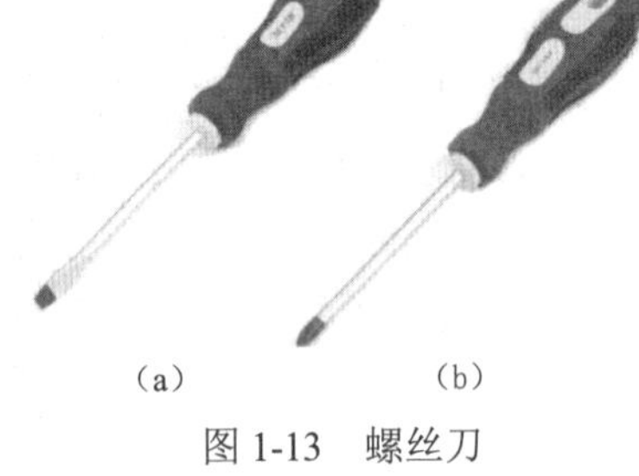

(a)　(b)

图 1-13　螺丝刀

(a) 一字螺丝刀；(b) 十字螺丝刀

2. 电工钳

常用的电工钳子钢丝钳、尖嘴钳、斜口钳和剥线钳。电工钳使用应注意：使用前，应检查电工钳绝缘柄的绝缘是否良好；用电工钳剪切带电导体时，不得用钳口同时剪切相线和零线（中性线），或同时剪切两根相线。

（1）钢丝钳。钢丝钳（见图 1-14）是一种钳夹和剪切工具，钢丝钳有铁柄和绝缘柄两种，电工用钢丝钳带有绝缘护套，可用于低压带电操作。钢丝钳常用的规格有 150、175 和 200mm 三种。其功能是：用钳口来弯折或钳夹导线线头；齿口用来紧固和起松螺母，刀口用来剪切导线和切软导线的绝缘层。

（2）尖嘴钳。尖嘴钳的头部尖而细长，适用于狭小空和特殊场合的操作。尖嘴钳有铁柄和绝缘柄两种。铁柄尖嘴钳电工禁用，绝缘柄的耐压强度为 500V。常用的有 130、160，180 和 200mm 四种规格。尖嘴钳的外形如图 1-15 所示。

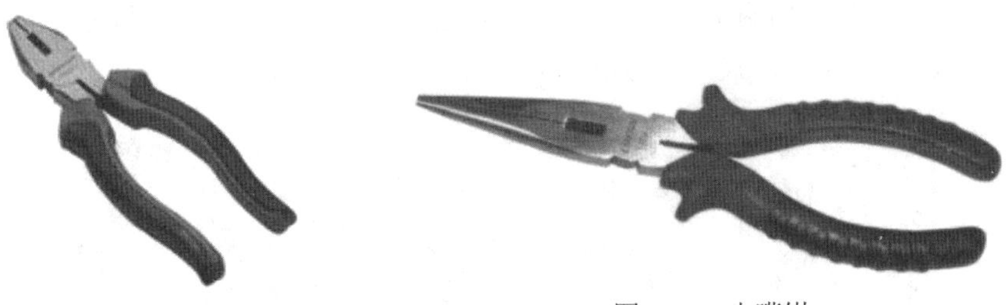

图 1-14　钢丝钳　　图 1-15　尖嘴钳

（3）斜口钳。斜口钳也称断线钳，专供剪断电线、电缆用。钳柄有铁柄、管柄和绝缘柄三种形式。其中电工常用绝缘斜口钳的耐压等级为 500V，其外形如图 1-16 所示。

（4）剥线钳。剥线钳是用来剥除 6mm 以下电线绝缘层的专用工具，它使用方便，能使绝缘层切口处整齐且不会损伤铜（铝）线。其外形如图 1-17 所示，它的手柄是绝缘的，耐压 500V。使用时，将要剥、削的绝缘层长度用标尺定好后，即可把导线放入相应的刃口中（比导线线芯直径稍大），用手将钳柄一握，导线的绝缘层即被割破自动弹出。

图 1-16　斜口钳

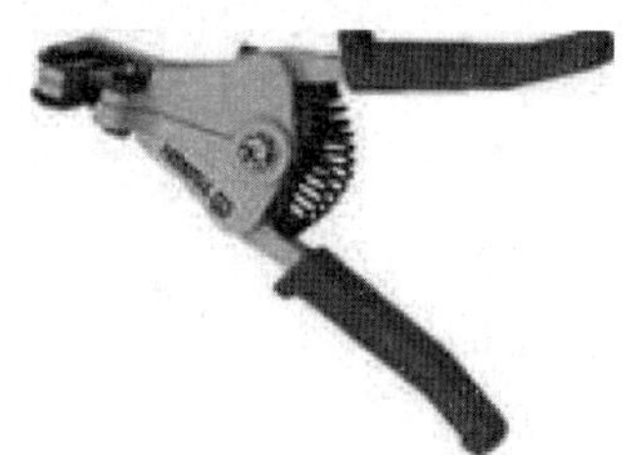

图 1-17　剥线钳

3. 扳手

常用的扳手有活动扳手、梅花扳手、扭矩扳手和套筒扳手。

（1）活动扳手。活动扳手又称活络扳手（见图 1-18），是用来紧固和起松螺栓、螺钉、螺母的一种常用工具。活络扳手由头部和柄部组成，头部由活络扳唇、扳口、涡轮和轴销等构成。旋动涡轮可以调节扳口的大小。活络扳手的规格用“长度×最大开口宽度”（单位：mm）来表示，电工常用的活络扳手有 150mm×19mm、200mm×24mm、250mm×28m 和 300mm×34mm 四种规格，它的开口尺寸可在规定范围内任意调节。

（2）梅花扳手。梅花扳手是用来紧固和起松螺母的专用工具，有单头和双头之分。其外形如图 1-19 所示。双头梅花扳手的两端都有一个梅花孔，它们分别与两种相邻规格的螺母相对应。

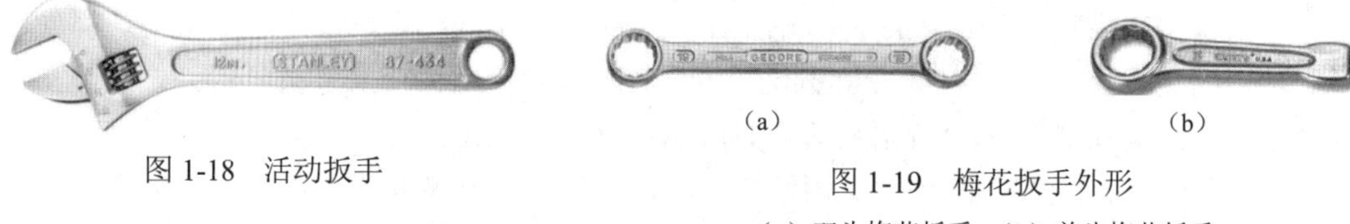

图 1-18　活动扳手

图 1-19　梅花扳手外形

（a）双头梅花扳手；（b）单头梅花扳手

（3）套筒扳手。套筒扳手用来拧紧或旋松有沉孔的螺母，或在无法用活动扳手的地方使用。套筒扳手由套筒和手柄两部分组成。套筒应配合螺母规格选用，可与螺母配合紧密，不伤螺栓。套筒扳手使用时省力，工作效率高，如图 1-20 所示。

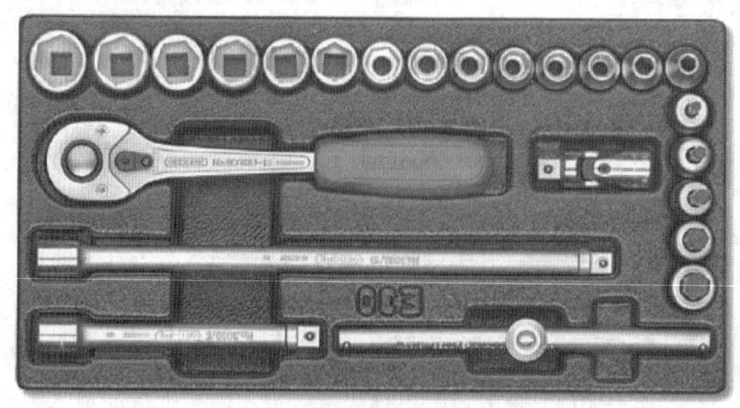

图 1-20　套筒扳手

4. 电工刀

电工刀是用来剖削电线绝缘层、棉麻绳索、木桩及软性金属，其形式有一用（普通式）、两用及多用（三用）三种，如图 1-21 所示。

两用电工刀由刀片、引锥（钻子）组成，三用电工刀由刀片、锯片、引锥（钻子）等组成。刀片作剖削电线绝层用，锯片可作锯削电线槽板和圆（方）垫木之用，引锥可作钻削木板孔眼之用。

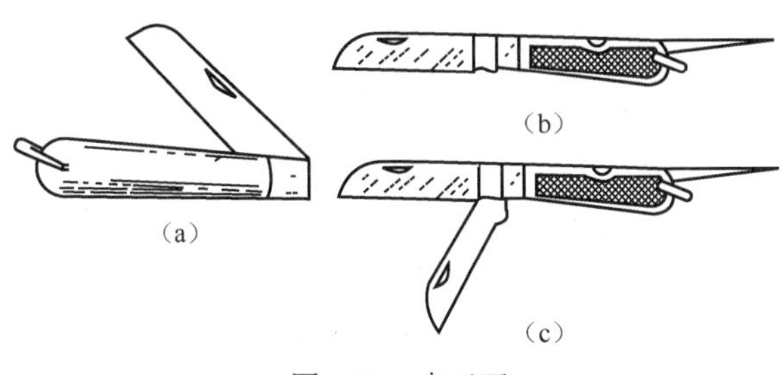

图 1-21　电工刀

（a）普通式（一用）；（b）两用；（c）多用（三用）

5. 验电器

验电器是检验导线和电气设备是否带电的一种用电工工具。按电压分有低压和高压，按结构分有发光式和液晶显示式。

低压验电器称试电笔，简称电笔，分为钢笔式和螺钉旋具式两种，由氖管、电阻、弹簧和笔身等组成，如图 1-22 所示。

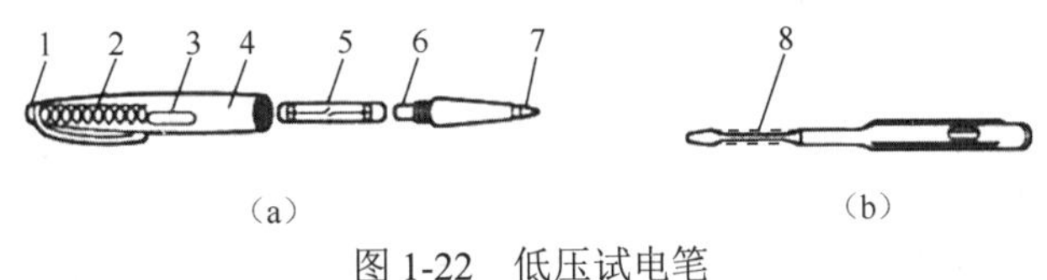

图 1-22　低压试电笔

（a）钢笔式；（b）螺钉旋具式

1—笔尾金属体；2—弹簧；3—小窗；4—笔身；5—氖管；6—电阻；7—笔尖金属体；8—绝缘套管

使用低压试电笔时，手指应触及笔尾的金属体，使氖管小窗背光朝向自己，以便于观察。低压试电笔的握法如图 1-23 所示。

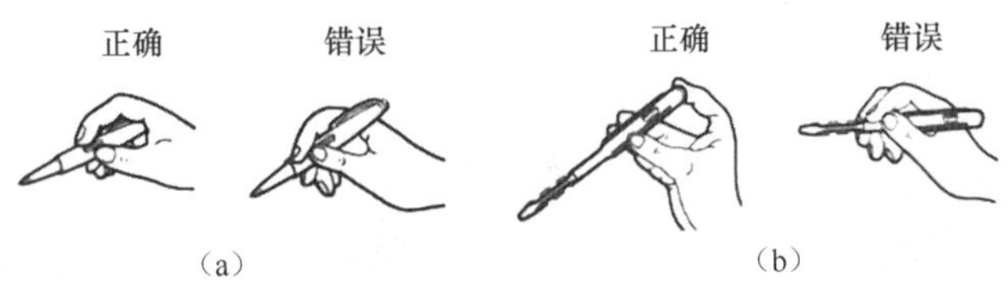

图 1-23　低压试电笔握法

（a）钢笔式握法；（b）螺钉旋具式握法

高压验电器又称高压测电器，10kV 高压验电器由金属钩、氖管、氖管窗、固定螺钉、护环和握柄等构成，高压验电器的结构如图 1-24 所示。高压验电器在使用时，应特别注意手握部位不得超过护环，如图 1-25 所示。

验电器在使用前应在电源处测试，证明验电器确实良好方能使用。室外使用高压验电器时，必须在气候条件良好的情况下使用，在雪、雨、雾及温度较高的情况下，不宜使用，以防发生危险。使用高压验电器测试时必须戴上符合耐压要求的绝缘手套，且不可一个人单独测试，身旁要有人监护；测试时要防止发生相间或对地短路事故；人体与带电体应保持足够的安全距离，10kV 高压的安全距离为 0.7m 以上，并应半年做一次预防性试验。

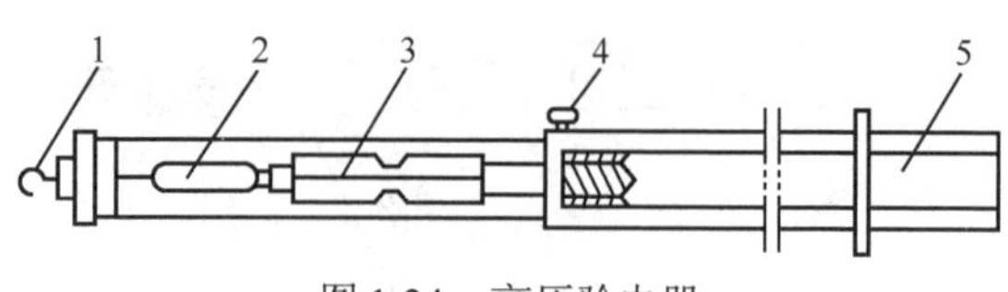

图 1-24 高压验电器

1—工作触头；2—氖灯；3—电容器；4—接地螺钉；5—握柄

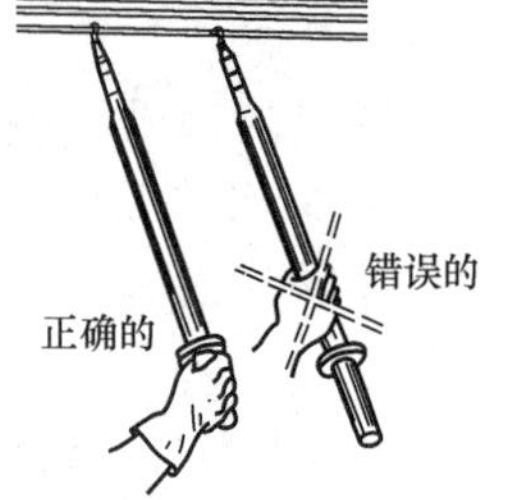

图 1-25 高压验电笔的握法

1.3.2 安装工具

1. 手电钻

手电钻是一种对金属、塑料或其他类似材料、工件进行钻孔的电动工具，主要由电动机、钻夹头、钻头、手柄等组成，分为手提式和手枪式两种，其外形如图 1-26 所示。钻夹头是用来夹持、紧固钻头的，钻头一般采用麻花钻。手电钻通常采用 220V 或 36V 的交流电源，为保证安全，使用电压为 220V 的电时，应戴绝缘手套，在潮湿的环境中应采用的电压为 36V。

2. 冲击电钻

冲击电钻是一种可调节旋转带冲击的特种电钻，主要由电动机、减速箱、冲击块、辅助手钻夹头等部件组成，其外形和结构如图 1-27 所示。当调节按钮调到“锤击”时，既旋转又冲击，装上镶有硬质合金的钻头就可以在混凝土、砖墙及瓷砖等材料上钻孔。当调节到“旋转”位置时，同普通手电钻一样。

3. 电锤

电锤适用于混凝土、砖石等硬质建筑材料的钻孔，主要由电动机、传动装置、离合装置、锤头等部件组成，其外形和结构如图 1-28 所示。电锤的锤打力非常高，并且具有 100～3000 次/min 的捶打频率。与冲击钻相比，电锤需要较小的压力来钻入石头和混凝土等硬材料。

图 1-26 手电钻及钻头

图 1-27 冲击电钻

图 1-28 电锤

4. 电动螺钉旋具

电动螺钉旋具又称电动螺丝刀、电动改锥、螺丝起子机等，其外形如图 1-29 所示。电动螺钉旋具适用于拆装带一字槽或十字槽的机器螺钉、木螺钉和自攻螺钉。

5. 电动扳手

电动扳手又称冲击电扳手，其外形如图 1-30 所示。电动扳手配用六角套筒头，用于装拆六角头螺栓或螺母。

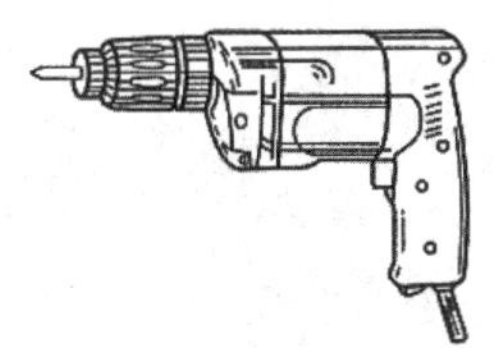

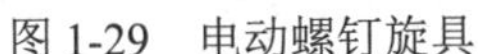

图 1-29　电动螺钉旋具

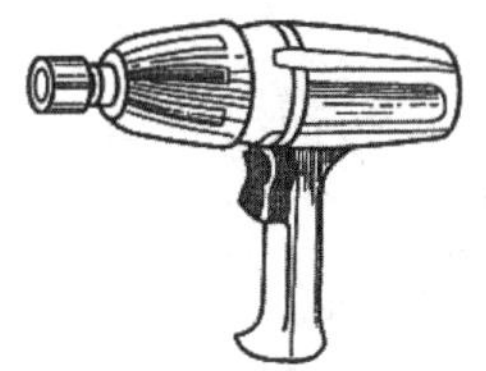

图 1-30　电动扳手

6. 压接钳

压接钳是制作大截面导线接线鼻子的压接工具，有手动压接钳、液压压接钳等。如图 1-31（a）所示为手动冷压压接钳，如图 1-31（b）所示为手动液压压接钳。

手动导线压接钳用于冷轧压接铜、铝导线，起中间连接或封端作用。液压导线压接钳主要依靠液压传动机构产生压力达到压接导线目的。它适用于压接多股铝、铜芯导线，作中间连接和封端，是电气安装工程方面压接导线的专用工具，用途较广。其全套压模有 10 副，规格为 16、25、35、50、70、95、120、150、180、240mm^{2}的导线压模。压接铝芯导线截面积为 16～240mm^2，压芯导线截面积为 16～150mm^2，压接形式为六边形围压截面。

7. 紧线钳

紧线钳又称紧线器、拉线钳，适用于拉紧各种架空线。目前生产的紧线钳主要有平口式和虎头式两种。

平口式原名为鬼爪式，如图 1-32 所示。它由前部（包括上钳口和拉环）和后部（包括棘爪、棘轮扳手）两部分组成。

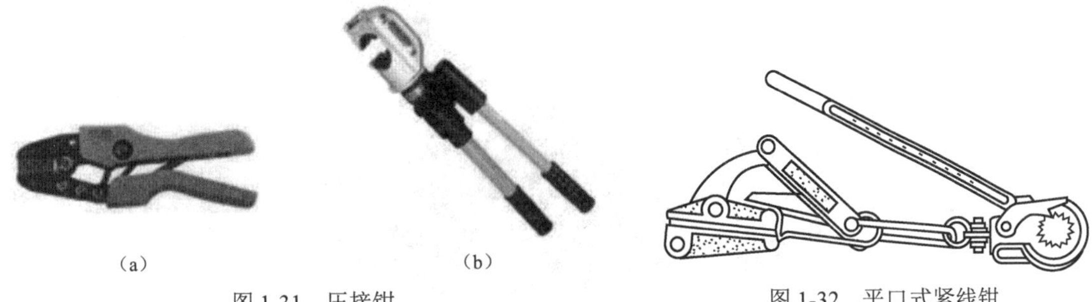

（a）　（b）

图 1-31　压接钳

（a）手动冷压压接钳；（b）手动液压压接钳

图 1-32　平口式紧线钳

虎头式紧线钳的外形如图 1-33 所示。它的前部带有利用螺栓夹紧线材的钳口（与手虎钳钳口相似），后部有棘轮装置，用来绞紧架空线，并有两用扳手一只，一端制有一个可旋动钳口螺母的孔，另一端制有可以绞紧棘轮的孔。

8. 台虎钳

台虎钳又称台钳，如图 1-34 所示，台虎钳是用来夹持工件的夹具，有固定式和回转式两种。台虎钳的规格以钳口的宽度表示，有 100、125、150mm 等不同规格。在安装台虎钳时，必须使固定钳身的工作面处于钳台边缘以外，钳台的高度为 800～900mm。

9. 弯管器

弯管器是弯曲金属管用的工具，有手动弯管器、手动液压弯管机和电动液压弯管机，其外形如图 1-35 所示。

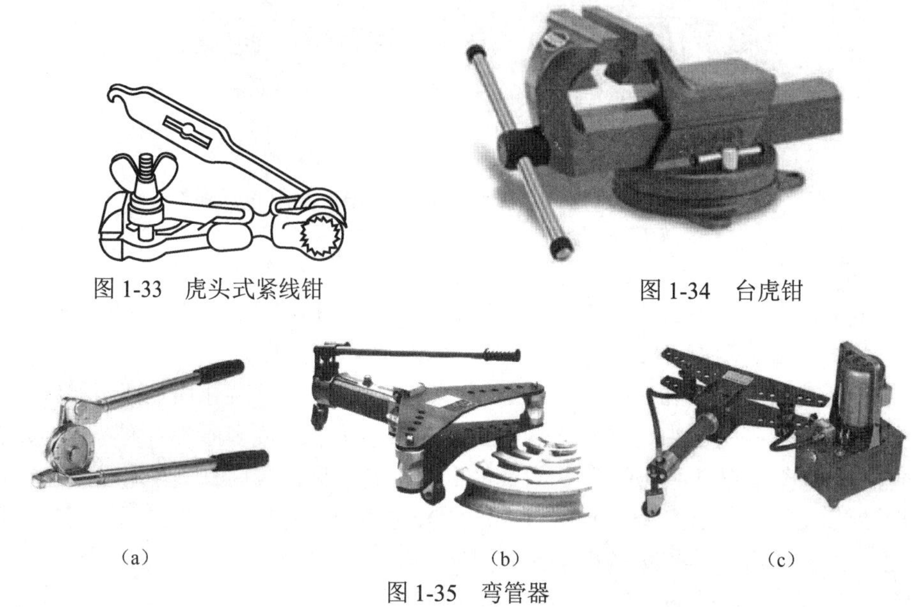

图 1-33 虎头式紧线钳

图 1-34 台虎钳

（a） （b） （c）

图 1-35 弯管器

（a）手动弯管器；（b）手动液压弯管机；（c）电动液压管机

10. 电动切管套丝机

电动切管套丝机用于加工标准的牙型角 55° 圆锥管外螺纹，其主要功能有套丝、切管及倒角等，其外形如图 1-36 所示。

图 1-36 电动切管套丝机

11. 断线钳

断线钳又称线缆剪、电缆剪，用于切断铜、铝导线，电缆，钢绞线，钢丝绳等，并能保持断面基本呈圆形，不散开，其外形如图 1-37 所示。

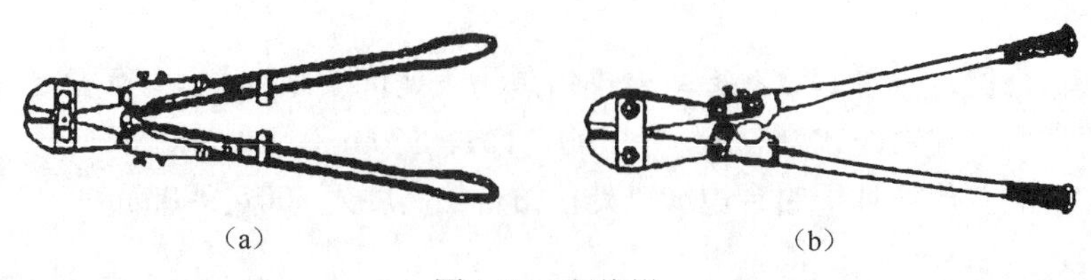

（a） （b）

图 1-37 断线钳

（a）普通式（铁柄）；（b）管柄式

12. 梯子

电工常用的梯子有直梯和人字梯两种，直梯的两脚应绑扎脚类的防滑材料，人字梯应在其中间绑扎一根绳子以防止自动滑倒，如图 1-38 所示。

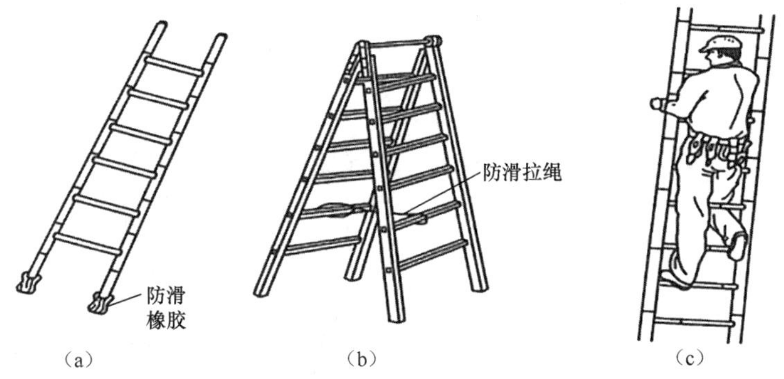

图 1-38　电工用梯

(a) 直梯；(b) 人字梯；(c) 电工在梯子上作业时的站立姿势

直梯靠在墙上的角度即梯子与地面的夹角应在 66° ～75° 之间，如图 1-39 所示。人字梯也应注意梯子与地面的角度，角度范围同直梯，即人字梯间距范围应等于直梯与墙面距离范围的两倍。

13. 登高板

登高板又称三角板，是电工攀登电杆及在杆上作业的一种工具。它由铁钩、麻绳（白麻绳）、木板组成，绳钩至木板的垂直长度以与作业人员的高度相等为宜，如图 1-40 所示。

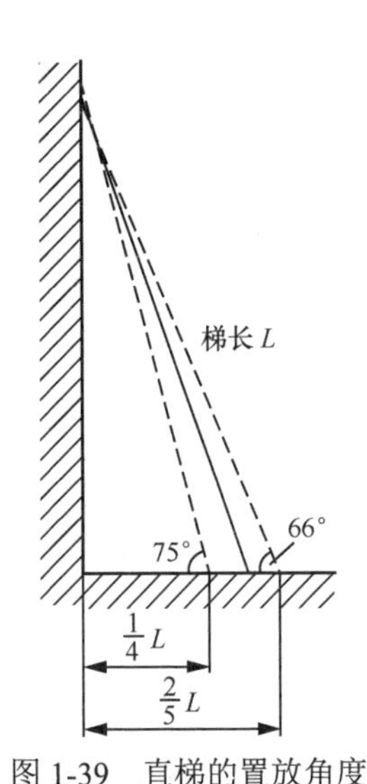

图 1-39　直梯的置放角度

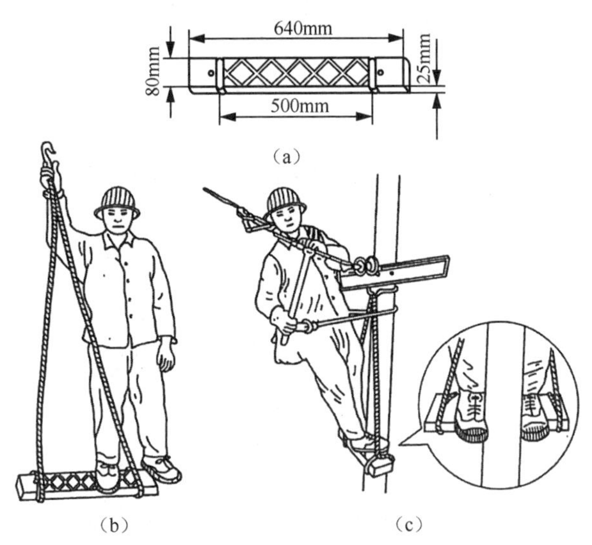

图 1-40　登高板

(a) 登高板规格；(b) 登高板绳长度；(c) 在登高板上作业时的站立姿势

登高板的使用方法要掌握得当，否则会发生脱钩或下滑，从而造成人身事故。为了保证在杆上作业时的人体平稳，不使登高板摇晃，作业人员站立姿势要正确，即用两脚夹住电杆，如图 1-40（c）所示。

14. 脚扣

脚扣又称铁脚，也是电杆的攀登工具，如图 1-41 所示。脚扣分两种，一种是在扣环上制有铁齿，供登木杆用，如图 1-41（a）所示；另一种是在扣环上裹有橡胶，供登混凝土杆用，如图 1-41（b）所示；脚扣固定方式，如图 1-41（c）所示。

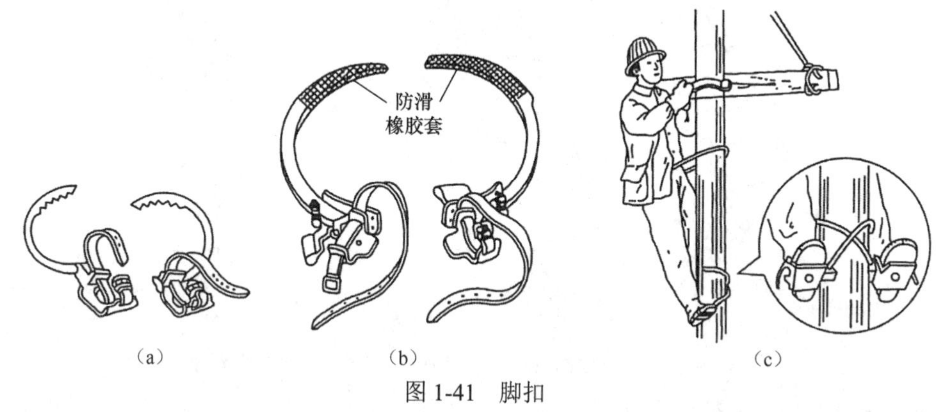

图 1-41 脚扣

（a）登木板用脚扣；（b）登混凝土杆用脚扣；（c）杆上操作时两脚扣的定位方法

15. 千斤顶

千斤顶是一种用较小力量就能把重物顶高、降低或移动的起重工具，其外形如图 1-42 所示。它还可以用来与其他工具配套制作成一种加工工具，将材料顶直或顶弯，例如矫直角钢滑触线和加工硬铝母线的平弯、立弯等。常用的千斤顶有螺旋式、油压式和齿条式等。

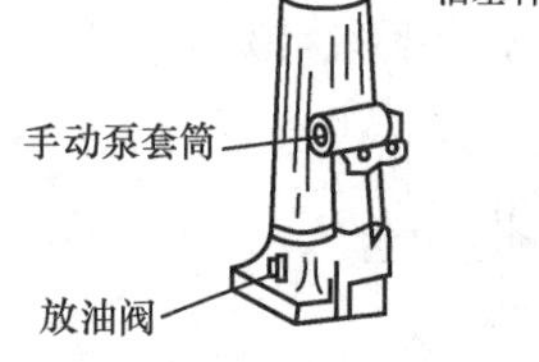

图 1-42 油压式千斤顶

16. 滑轮

滑轮（滑轮组）又称葫芦，是一种简便的起重工具。要与绳索配合使用的滑轮种类很多，按材料分为钢制滑轮、铝制滑轮和木制滑轮，其外形如图 1-43 所示。在安装和维修过程中，遇到有较大工件或设备需移位、拆卸和组装时，经常要使用滑轮组起重。

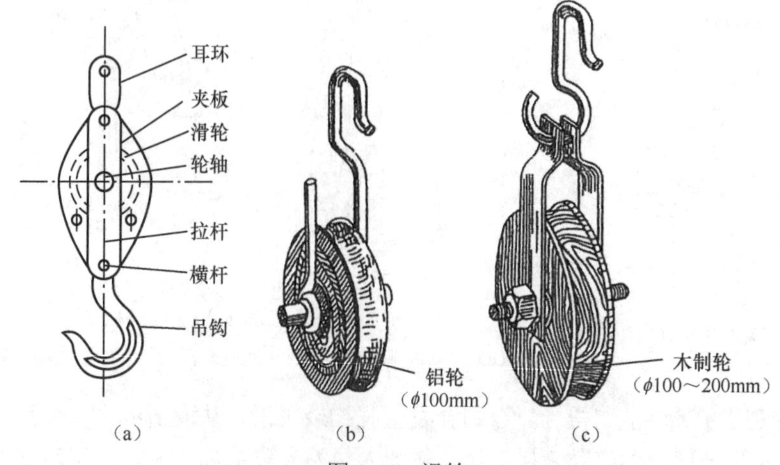

图 1-43 滑轮

（a）钢制滑轮；（b）铝制滑轮；（c）木制滑轮

项目2 室内线路安装

【知识目标】

（1）了解室内布线的各种配线方式及适用场所。

（2）掌握线管、线槽配线及母线槽的施工方法。

（3）熟悉各类导线的连接方法及绝缘恢复要求。

【能力目标】

（1）具备进行线管配线、线槽配线的操作能力。

（2）能够正确测量定位，组织母线槽安装施工。

（3）熟练掌握不同类型导线的连接与绝缘恢复。

【素质目标】

（1）培养创新精神，能够根据实际情况提出合理的工艺改进措施。

（2）树立环保意识，施工过程妥善处理废弃物，减少对环境的污染。

2.1 室内布线概述

室内布线适用于建筑物室内（包括与建筑物、构筑物相关联的室外部分）绝缘电线、电缆和封闭式母线等的安装，是建筑电气安装工程中十分重要的一环，其基本质量要求是安全可靠、方便美观。

室内线路通常由导线、导线支持物和用电器具等组成，根据线路的敷设方式。室内布线可分为明敷和暗敷两种。明敷是导线直接或在管子、线槽等保护体内，敷设于墙壁、天花板、梁及柱子、顶棚的表面及桁架、支架等处，可用肉眼观察到；暗敷则是导线在管子、线槽等保护体内，敷设于墙壁、顶棚、地坪及楼板等内部或者在混凝土板孔内敷设等，人们用肉眼往往观测不到。按配线方式分，室内线路的安装有瓷夹板配线、塑料护套配线、线管配线、线槽配线和钢索配线等。

随着人民生活水平的不断提高，瓷夹板配线、塑料护套配线在建筑物室内配线使用越来越少；钢索配线应用于工业厂房或建筑物屋架较高、跨度较大的线路敷设。室内布线工程的施工应按已批准的设计文件进行，安装时所使用的设备、器具、材料必须是合格品，其使用场所必须符合设计要求和施工验收规范的规定。

2.1.1 室内线路安装要求

室内配线的原则是既应安全可靠、经济方便，又要布局合理、整齐、牢固。室内配线工程的基本规范要求：

（1）配线工程的施工应按已批准的设计进行。当需要修改设计时，应经原设计单位同意方可进行。

（2）采用的器材应符合国家现行标准的有关规定，型号、规格及外观质量应符合设计要求和规范的规定。

（3）配线工程施工中的安全技术措施应符合现行规范和国家标准的规定。

（4）电气线路经过建筑物、构筑物的沉降缝或伸缩缝处，应装设两端固定的补偿装置，导线应留有余量。

（5）电气线路沿发热体表面敷设时，与发热体表面的距离应符合设计规定。

（6）电气线路与设备管道间的最小安全距离应满足相关规范的要求。

（7）配线工程采用的管卡、支架、吊钩、拉环和盒（箱）等黑色金属附件，均应涂防锈漆。

（8）配线工程中非带电金属部分的接地（PE）和接零（PEN）应可靠。

2.1.2 室内线路安装工序

（1）根据平面图、详图等，确定电器安装位置、导线敷设的路径及导线过墙和楼板的位置。

（2）沿建筑物确定导线敷设的路径及穿过墙壁或楼板的位置。

（3）在土建抹灰前，应将全部的固定点打孔，埋好支持件。与土建配合做好预埋及预留工作。

（4）装设绝缘支持物、线夹、支架或保护管等。

（5）敷设导线。

（6）安装灯具、电器设备及元器件。

（7）测试绝缘，并连接导线。

（8）校验、试通电。

2.2 线管配线

把绝缘导线穿入管内敷设，称为线管配线。这种配线方式比较安全可靠，可避免腐蚀气体的侵蚀和遭受机械损伤，更换电线方便。在工业与民用建筑中使用最为广泛。

2.2.1 线管分类及适用场所

线管配线的常用材料有：水煤气管（又称焊接管，分为镀锌和不镀锌两种，其管径以内径计算）、电线管（管壁较薄、管径以外径计算）、硬塑料管、半硬塑料管、塑料波纹管、软塑料管和软金属管（俗称蛇皮管）等。各线管适用场所如下。

（1）水煤气管（又称白铁管和有缝钢管）：适用于潮湿和有腐蚀气体的场所内明敷或暗敷。

（2）电线管：适用于干燥场所的明敷或暗敷。

（3）硬塑料管：适用室内或有酸、碱腐蚀性场所的照明配线敷设。硬塑料管不适用于高温、易受机械损伤的场所。

（4）半硬塑料：适用于6层及6层下和一般民用建筑的照明工程暗敷。不适用于高温场所，半硬塑料管不得在吊顶、护墙夹层内敷设。

（5）塑料波纹管、软塑料管和软金属管（俗称蛇皮管）：用于电线管与设备之间明敷；也可暗敷于吊顶、夹板墙内，墙体及混凝土层内。

2.2.2　线管配线一般要求

（1）明配管时，管路应沿建筑物表面横平竖直敷设，但不在锅炉、烟道和其他发热表面上敷设。

（2）暗配管时，电线保护管宜沿最近的路线敷设，并应减少弯曲，力求管路最短，节约费用，降低成本。

（3）敷设塑料管时的环境温度不应低于−15℃，并应采用塑料接线盒、灯头盒、开关盒等配件。当塑料管在砖墙内剔槽敷设时，必须用强度不小于 M10 的水泥砂浆抹面保护，厚度不应小于 15mm。

（4）塑料管进入接线盒、灯头盒、开关盒或配电箱内，应加以固定。钢管进入灯头盒、开关盒、拉线盒、接线盒及配电箱时，暗配管可用焊接固定，管口露出盒（箱）应小于 5mm；明配管应用锁紧螺母或护圈帽固定，露出锁紧螺母的螺纹为 2～4 扣。

（5）埋入建筑物、构筑物的电线保护管，为保证暗敷设后不露出抹灰层，防止因锈蚀造成抹灰面脱落，影响整个工程质量，管路与建筑物、构筑物主体表面的距离不应小于 15mm。

（6）无论明配、暗配管，都严禁用气、电焊切割，管内应无铁屑，管口应光滑。

1）在多尘和潮湿场所的管口，管子连接处及不进入盒（箱）的垂直敷设的上口穿线后都应密封处理。

2）与设备连接时，应将管子接到设备内，如不能接入时，应在管口处加接保护软管引入设备内，并须采用软管接头连接，在室外或潮湿房屋内，管口处还应加防水弯头。

（7）管路在经过建筑物伸缩缝及沉降缝处，都应有补偿装置。硬塑料管沿建筑物表面敷设时，在直线段每 30m 处应装补偿装置。

（8）在电线管路超过下列长度时，中间应加装接线盒或拉线盒，其位置便于穿线。

1）管长度每超过 30m，无弯曲。

2）管长度每超过 20m，有一个弯曲。

3）管长度每超过 15m，有两个弯曲。

4）管长度每超过 8m，有三个弯曲。

（9）垂直敷设的电线保护管遇下列情况之一时，应增设固定导线用的拉线盒：

1）管内导线截面为 $50mm^2$ 及以下，长度每超过 30m。

2）管内导线截面为 $70～95mm^2$，长度每超过 20m。

3）管内导线截面为 $120～240mm^2$，长度每超过 18m。

（10）电线保护管的弯曲半径应符合下列规定：

1）当线路明配时，弯曲半径不宜小于管外径的 6 倍；当两个接线盒间只有一个弯曲时，其弯曲半径不宜小于管外径的 4 倍。

2）当线路暗配时，弯曲半径不应小于管外径的 6 倍；当埋设于地下或混凝土内时，其弯曲半径不应小于管外径的 10 倍。

2.2.3　线管配线施工方法

线管配线有明配和暗配两种。明配是将线管敷设在明露处，要求管路横平竖直、长度短、弯头少。线管暗配线时，首先要确定好线管进入设备器具盒（箱）的位置，计算好管路敷设长度，再进行配管施工。在配合土建施工中将管与盒（箱）按已确定的安装位置连接起来，并在管与管、盒（箱）的连接处配置接地跨接线，使金属外壳连成一体。

1. 测量定位

根据设计图纸确定明配线管的具体走向和接线盒、灯头盒、开关箱的位置，并注意尽量避开风管、水管，放好线，然后按照安装标准规定的固定点间距的尺寸要求，计算确定支架、吊架的具体位置。

暗装箱、盒预埋时需一次定位准确。在间隔墙上定位时，可以参照土建装修施工预放的统一水平线。在混凝土墙、柱内预留接线盒、箱时，除参照钢筋上的标高外，还应和土建施工人员联系定位，用经纬仪测定总标高，以确定室内各点地坪线。

2. 线管选择

根据敷设场所选择线管的类型，在潮湿和有腐蚀性气体的场所内明敷或暗敷时，一般采用管壁较厚的白铁管（又称水煤气管）；在干燥场所内明敷或暗敷时，一般采用管壁较薄的电线管；在腐蚀性较大的场所内明敷或暗敷时，一般采用硬塑料管，如表 2-1 所示。根据穿管导线截面和根数来选择线管的直径，一般要求穿管导线的总截面（包括绝缘层）不应超过线管内径截面的 40%。白铁管和电线管的管径可根据穿管导线的截面和根数按表 2-2 和表 2-3 所示选取。

表 2-1　　线管类型及使用场合

线管名称	使用场合	最小允许管径
白铁管（又称水煤气管和有缝钢管）	适用于潮湿和有腐蚀性气体的场所内明敷或暗敷	最小管径应大于内径 9.5mm
电线管	适用于干燥场所的明敷或暗敷	最小管径应大于内径 9.5mm
硬塑料管	适用于腐蚀性较强的场所明敷或暗敷	最小管径应大于内径 10.5mm

表 2-2　　导线穿白铁管的标称直径选择

导线标称截面积（mm^2）/ 电线管的最小标称直径（mm）/ 导线根数	2	3	4	5	6	7	8	9	10
1	10	10	10	15	15	20	20	25	25
1.5	10	15	15	20	20	20	25	25	25
2.5	15	15	15	20	20	25	25	25	25
4	15	20	20	20	25	25	25	32	32
6	20	20	25	25	32	32	32	32	40
10	20	25	25	32	32	40	40	50	50
16	25	25	32	40	50	50	50	70	70
25	32	32	40	40	50	50	70	70	70
35	32	40	50	50	50	70	70	70	80
50	40	50	50	70	70	70	80	80	80
70	50	50	70	70	80	80	—	—	—
95	50	70	70	80	80	—	—	—	—
120	70	70	80	80	—	—	—	—	—
150	70	70	80	—	—	—	—	—	—
185	70	80	—	—	—	—	—	—	—

表 2-3　　导线穿电线管的标称直径选择

导线标称截面积（mm^2）/ 白铁管的最小标称直径（mm）/ 导线根数	2	3	4	5	6	7	8	9	10
1	12	15	15	20	20	25	25	25	25
1.5	12	15	20	20	25	25	25	25	25
2.5	15	15	20	25	25	25	25	25	32
4	15	20	25	25	25	25	32	32	32
6	15	20	25	25	25	32	32	32	32
10	25	25	32	32	40	40	40	50	50
16	25	32	32	40	40	50	50	50	50
25	32	40	40	50	50	70	70	70	70
35	32	40	50	50	70	70	70	70	80
50	40	50	70	70	70	70	80	80	80
70	50	50	70	70	80	80	80	—	—
95	50	70	70	80	80	—	—	—	—
120	70	70	80	80	—	—	—	—	—

线管外观的选择，所选用的线管不应有裂缝和严重锈蚀，弯扁程度不应大于管路的 10%，线管应无堵塞，管内应无铁屑及毛刺，切断口应锉平，管口应光滑。

3. 线管落料

线管落料前，应检查线管质量，有裂缝、瘪陷及管内有杂物等均不得使用。两个接线盒之间应为一个线段，根据线路弯曲、转角情况来确定用几根线管接成一个线段和弯曲部位，一个线段内应尽量减少管口的连接接口。

4. 线管弯管

管子的弯曲角度一般应大于 90°。设线管的外径为 d，明管敷设时，管子的曲率半径 $R \geqslant 4d$；暗管敷设时，管子的曲率半径 $R \geqslant 6d$。另外，弯管时应注意不要把管子弯瘪，弯曲处不应存在折皱、凹穴和裂缝。弯曲有缝管时，应将接缝处放在弯曲的侧边，焊缝处就不易裂开。

线管的弯曲有冷弯和热揻两种方法，冷弯采用的工具有：弯管弹簧、手动弯管器、电动弯管器、液压弯管机等；热揻采用火加热（喷灯、气焊）或电加热。

（1）钢管的弯曲。

1）用弯管器弯管时，先将钢管需要弯曲部位的前段放在弯管器内，然后用脚踩住管子，手扳弯管器手柄逐渐加力，使管子略有弯曲，再逐点移动弯管器，使管子弯成所需弯曲半径。注意一次弯曲的弧度不可过大，否则可能会弯裂或弯瘪线管。

2）用弯管机弯管时，先将已划好线的管子放入弯管机的模具内，使管子的起弯点对准弯管机的起弯点，然后拧紧夹具进行弯管。当弯曲角度大于所需角度 1°～2° 时，停止弯曲，将弯管机退回起弯点，用样板测量弯曲半径和弯曲角度。注意，弯管的外径一定要与弯管模具配合紧贴，否则管子容易产生凹瘪现象。

3）用火加热弯管时，为防止线管弯瘪，弯管前，管内一般要灌满干燥的砂子。在装填砂子时，要边装边敲打管子，使其填实，然后在管子两端塞上木塞。放在烘炉或焦炭火上加热时，管子应慢慢转动，使管子的加热部位均匀受热。然后放到胎具上弯曲成型，成型后再用冷水冷却，最后倒出砂子。

（2）塑料管的弯曲。

1）冷弯法：冷弯时，先将相应的弯管弹簧插入塑料管需弯曲处，用手握住该部位，两手逐渐使劲，弯出所需的弯曲半径和弯曲角度，最后抽出管内弹簧。为了减小弯管回弹的影响，以得到所需的弯曲角度，弯管时一般需要多弯一些。当将线管端部弯成鸭脖弯或 90° 时，由于端部太短，用手冷弯管有一定困难。这时可在端部管口处套一个内径略大于塑料管外径的钢管进行弯曲。

2）热摵法：用热摵法弯曲塑料管时，应先将塑料管用电炉或喷灯等热源进行加热。加热时，应掌握好加热温度和加热长度，要一边前后移动，一边转动，注意不得将管子烤伤、变色。当塑料管加热到柔软状态时，将其放到模具上弯曲成型，并浇水使其冷却硬化。塑料管弯曲后所成的角度一般应大于 90°，弯曲半径应不小于塑料管外径的 6 倍；埋于混凝土楼板内或地下时，弯曲半径应不小于塑料管外径的 10 倍。为了穿线方便、穿线时不损坏导线绝缘及维修方便，管子的弯曲部位不得存在折皱、凹穴和裂缝。

5．线管切割

根据所需实际长度对管子进行切割。钢管的切割方法很多、管子批量较大时，可以使用型钢切割机（无齿锯），批量较小时可使用钢锯或割管器（管子割刀）。严禁用电、气焊切割钢管。

管子切断后，断口处应与管轴线垂直，管口应锉平、刮光，使管口整齐光滑。

硬质塑料管的切断多用钢锯条，硬质 PVC 塑料管也可以使用厂家配套供应的专用截管器截剪管子。应边转动管子边进行裁剪，使刀口易于切入管壁，刀口切入管壁后，应停止转动 PVC 管（以保证切口平整），继续裁剪，直至管子切断为止，如图 2-1 所示。

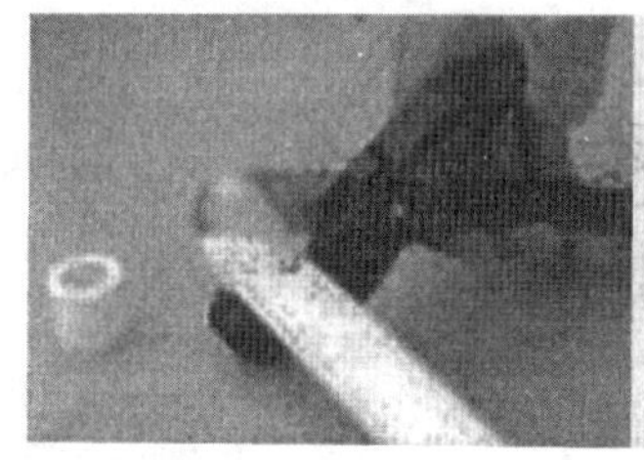
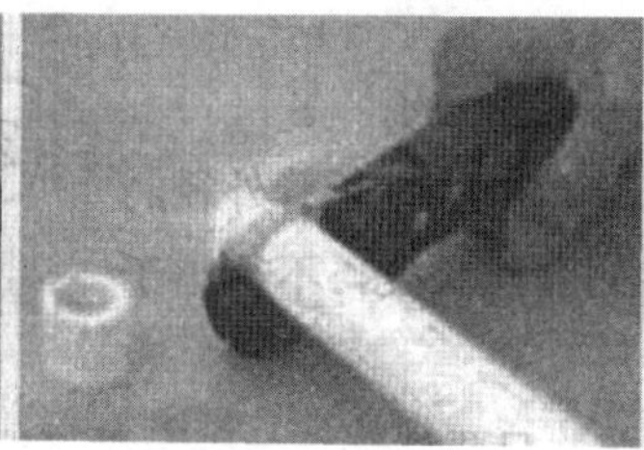
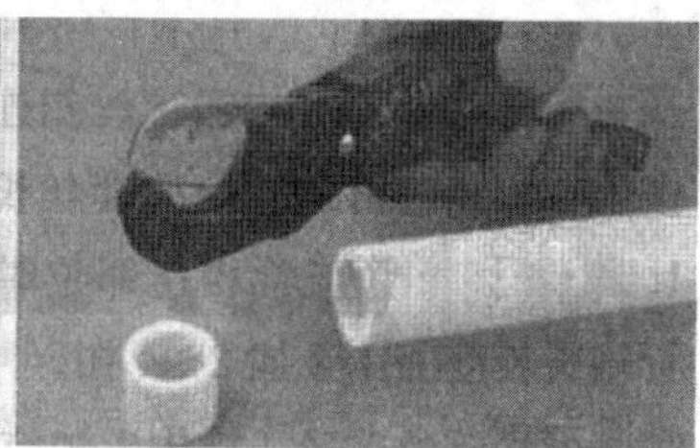

图 2-1　管子切割

6．线管套丝

钢管敷设过程中管子与管子的连接，管子与器具以及与盒（箱）的连接，均需在管子端部套丝。水煤气钢管套丝可用管子绞板或电动套丝机；电线管套丝也可用圆丝板。圆丝板由板牙和板牙架组成（见图 2-2）。

套丝时，先将管子固定在台虎钳或龙门压架上并钳紧，根据管子的外径选择好相应的板牙，将绞板轻轻套在管端，调整绞板的 3 个支撑脚，使其紧贴管子，这样套丝时不会出现斜丝，调整好绞板后手握绞板，平稳向里推，套上 2～3 扣后，再站到侧面按顺时针方向转动套丝板，开始时速度应放慢，套丝时应注意用力均匀，以免发生偏丝、啃丝的现象，丝扣即将套成时，轻轻松开扳机，退出套丝板。

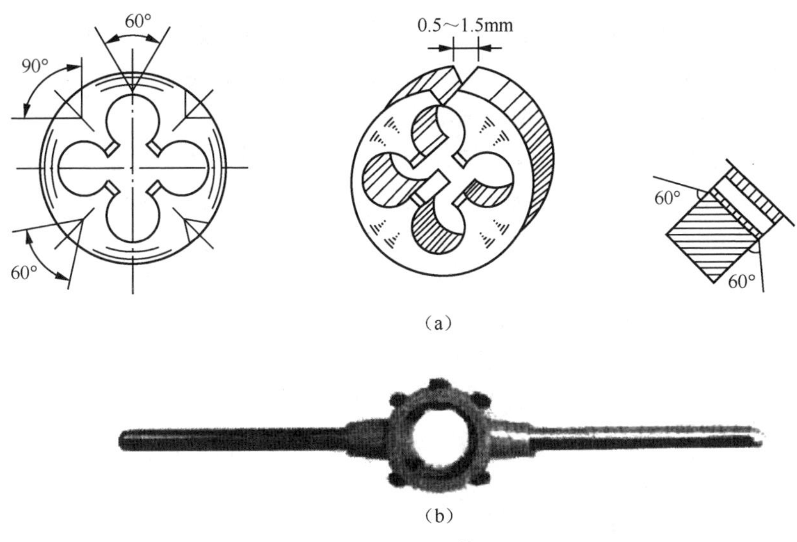

（a）

（b）

图 2-2　圆丝板

（a）板牙；（b）板牙架

套丝后，应将管口端面和内壁的毛刺用锉刀锉去，使管口保持光滑，以免割破导线绝缘层。进入盒（箱）的管子其套丝长度不宜小于管外径的 1.5 倍，管线间连接时，套丝长度一般为管箍长度的 1/2 加 2～4 扣，需要推丝连接的丝扣长度为管箍的长度加 2～4 扣。

7．线管连接

（1）钢管与钢管的连接。钢管与钢管的连接有管箍连接和套管连接等。镀锌钢管和薄壁管应采用管箍连接。

1）管箍连接：钢管与钢管的连接，无论是明敷或暗敷，最好采用管箍连接，特别是埋地等潮湿场所和防爆线管。为了保证管接头的严密性，管子的螺纹部分应涂以铅油并顺螺纹方向缠上麻绳，再用管钳拧紧，并使两端间吻合。

钢管采用管箍连接时，要用圆钢或扁钢作跨接线，焊接在接头处，如图 2-3 所示，使管子之间有良好的电气连接，以保证接地的可靠性。

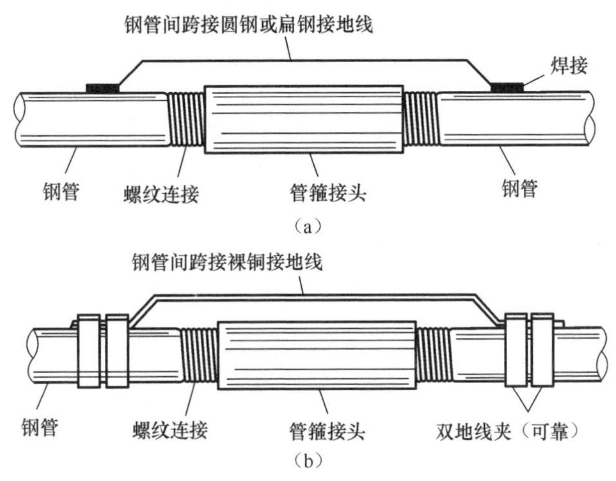

（a）

（b）

图 2-3　钢管的连接

（a）焊圆钢或扁钢接地线；（b）通过地线夹卡接接地线

2）套管连接：在干燥少尘的厂房内，对于直径在 50mm 及以上的钢管，可采用套管焊接方式连接，套管长度为连接管外径的 1.5～3 倍。焊接前，先将管子从两端插入套管，并使连接管对口处位于套管的中心，然后在两端焊接牢固。

（2）钢管与接线盒的连接。钢管的端部与接线盒连接时，一般采用在接线盒内外各用一个薄型螺母（又称锁紧螺母）夹紧线管。安装时，先在线管管口拧入一个螺母，管口穿入接线盒后，在盒内再套拧一个螺母，然后用两把扳手把两个螺母反向拧紧。如果需要密封，则应在两螺母间各垫入封口垫圈。钢管与接线盒的连接也可采用焊接的方法进行。

（3）硬质塑料管的连接。硬质塑料管的连接有插入法连接和套接法连接两种方法。

1）插入法连接：连接前，先将待连接的两根管子的管口，一个加工成内倒角（作阴管），另一个加工成外倒角（作阳管），如图 2-4 所示。然后用汽油或酒精把管子的插接段的油污擦干净，接着将阴管插接段（长度为 1.2～1.5 倍管子直径）放在电炉或喷灯上加热至呈柔软状态后，将阳管插入部分涂一层胶合剂（如过氯乙烯胶水），然后迅速插入阴管，并立即用湿布冷却，使管子恢复到原来硬度，如图 2-4（b）所示。

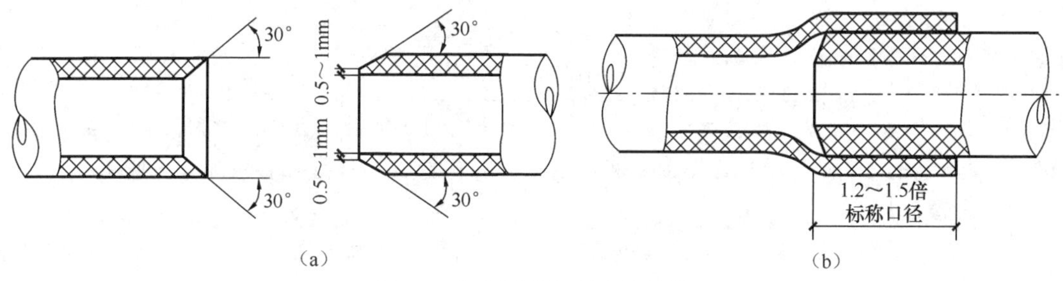

图 2-4　硬塑料管的插入连接法

（a）管口倒角；（b）插入法连接

2）套接法连接：连接前，先将同径的硬质塑料管加热扩大成套管，套管长度为 2.5～3 倍的管子直径，然后把需要连接的两根管端倒角，并用汽油或酒精擦干净，待汽油挥发后，涂上胶合剂，再插入管中，如图 2-5 所示。

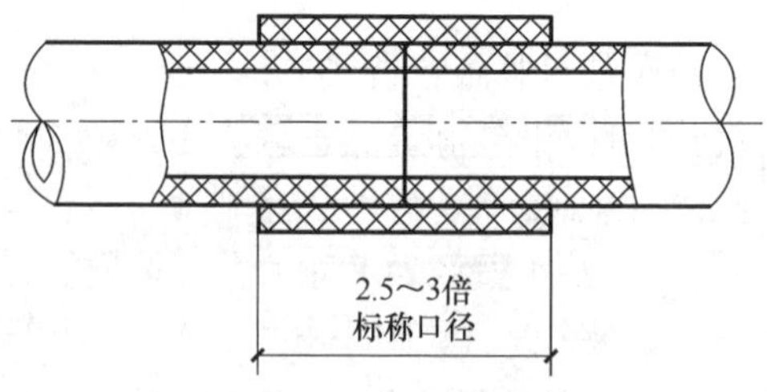

图 2-5　硬塑料管的套接法连接

8. 线管固定

（1）线管明线敷设。线管明线敷设时应采用管卡支持，线管直线部分、两管卡之间的距离应不大于表 2-4 所规定的距离。

在线管进入开关、灯头、插座和接线盒孔前 300mm 处和线管弯头两边，都需用管卡固定，如图 2-6 所示。

（2）线管在砖墙内暗线敷设。线管在砖墙内暗线敷设时，一般在土建砌砖时预埋，否则应先在砖墙上留槽或开槽，然后在砖缝里打入木榫并用钉子固定。

表 2-4　　明敷钢管管卡间距最大距离　　mm

<table>
<tr><td rowspan="2">管壁厚度</td><td colspan="4">钢管标称直径</td></tr>
<tr><td>12～20
（$\frac{1}{2}$～$\frac{3}{4}$ in）</td><td>25～32
（1～1$\frac{1}{4}$ in）</td><td>40～50
（1$\frac{1}{2}$～2 in）</td><td>70～80
（2$\frac{1}{2}$～3 in）</td></tr>
<tr><td>2.5 及以上</td><td>1.5</td><td>2.0</td><td>2.5</td><td>3.5</td></tr>
<tr><td>2.5 以下</td><td>1.0</td><td>1.5</td><td>2.0</td><td>—</td></tr>
<tr><td colspan="5">明敷硬塑料管管卡间距最大距离</td></tr>
<tr><td rowspan="2">敷设方向</td><td colspan="4">硬塑料管标称直径</td></tr>
<tr><td>20 及以下
（$\frac{3}{4}$ in 及以下）</td><td>25～40
（1～1$\frac{1}{2}$ in）</td><td colspan="2">50 及以上
（2 in 及以上）</td></tr>
<tr><td>垂直</td><td>1.0</td><td>1.5</td><td colspan="2">2.0</td></tr>
<tr><td>水平</td><td>0.8</td><td>1.2</td><td colspan="2">1.5</td></tr>
</table>

（3）线管在混凝土内暗线敷设。线管在混凝土内暗线敷设时，可用铁丝将管子绑扎在钢筋上，也可用钉子钉在模板上，用垫块将管子垫高 15mm 以上，使管子与混凝土模板间保持足够的距离，并防止浇筑混凝土时管子脱开，如图 2-7 所示。

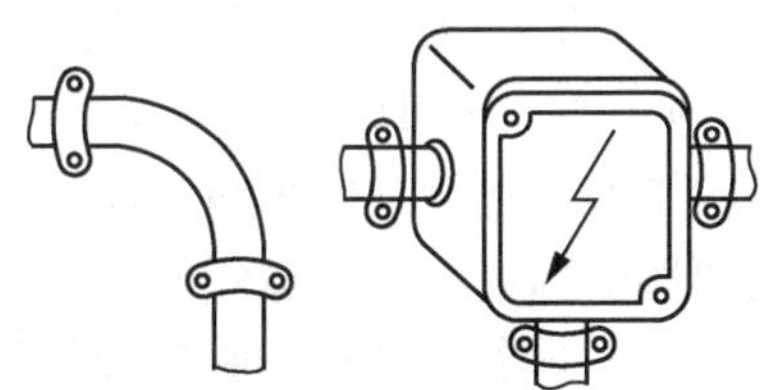

图 2-6　管口的固定

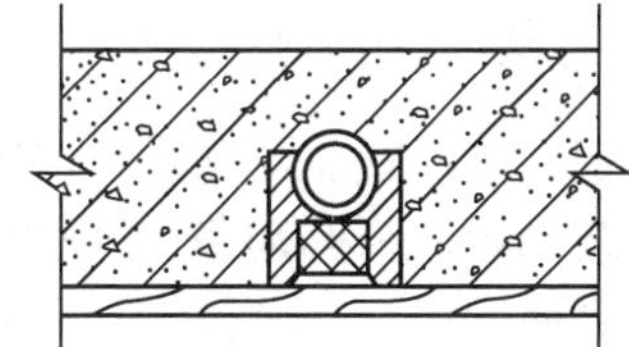

图 2-7　线管在混凝土模板上的固定

9. 装设补偿装置

（1）明配线。在建筑物伸缩缝处，安装一段略有弧度的软管，以便基础下沉时，借助软管弧度和弹性而伸缩，如图 2-8 所示。

（2）暗配线。在建筑物伸缩缝处装设补偿盒，在补偿盒的一侧开一长孔将线管穿入，无需固定，而另一侧用六角管子螺母将伸入的线管与补偿盒固定，如图 2-9 所示。

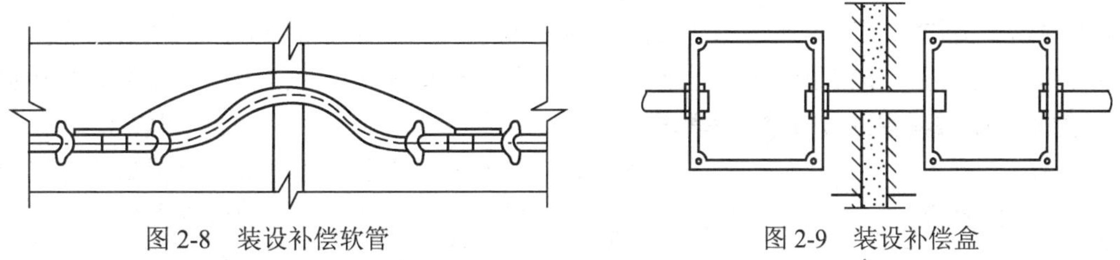

图 2-8　装设补偿软管　　图 2-9　装设补偿盒

10. 地线连接

金属管路应作整体接地连接，穿过建筑物变形缝时，应有接地补偿装置。如果采用跨接方法连接，跨接地线两端焊接面不得小于该跨接线截面的 6 倍。

（1）焊接：焊缝均匀牢固，焊接处应要清除药皮，刷防腐漆。跨接线的规格见表 2-5。

表 2-5　　**跨接地线规格**

管径（mm）	圆钢（mm）	扁钢（mm）
15～22	$\phi 6$	—
32～38	$\phi 8$	—
50～63	$\phi 10$	25×3
≥80	$\phi 8$×2	（25×3）×2

（2）卡接：镀锌钢管或可挠金属电线保护管，应用专用接地线卡连接，不得采用熔焊连接。

11．扫管穿线

穿线工作一般在土建地坪和粉刷工程结束后进行。

（1）将压力为 2.5×10Pa 的压缩空气吹入电线管，或将钢丝上绑以擦布在电线管内来回拉数次，以便除去线管内的灰土和水分，最后向管内吹入滑石粉，如图 2-10 所示。

（2）选用 1.2mm 的钢丝作引线，当线管较短且弯头较少时，可将钢丝引线由管子一端送向另一端。如果线管较长或弯头较多，将钢丝引线从一端穿入管子的另一端有困难时，可从管子的两端同时穿入钢丝引线，引线端弯成小钩，如图 2-11 所示。当钢丝引线在管中相遇时，用手转动引线使其钩在一起，然后把一根引线拉出，即可将导线牵引入管。

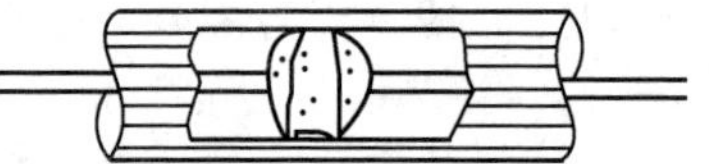

图 2-10　用布擦线管内壁

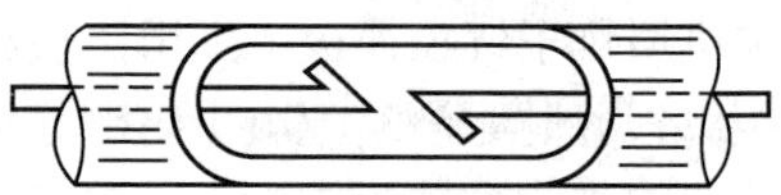

图 2-11　管两端穿入钢丝引线

（3）导线穿入线管前，在线管口应先套上护圈，接着按线管长度与两端连接所需的长度余量之和截取导线，削去两端导线绝缘层，同时在两端头标出同一根导线的记号，然后将所有导线按图 2-12 所示方法与钢丝引线缠绕。一个人将导线理成平行束并往线管内送，另一个人在另一端慢慢抽拉钢丝引线，如图 2-13 所示。

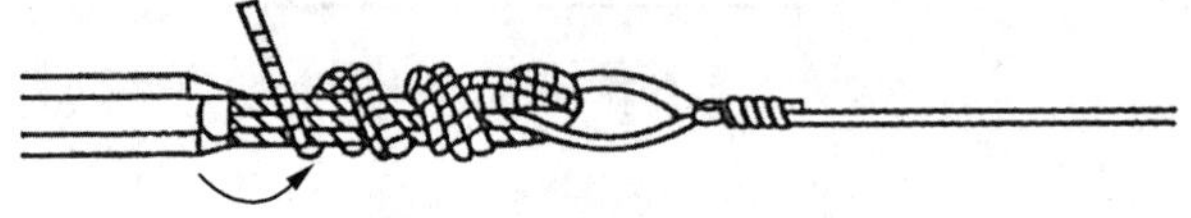

图 2-12　导线与引线的缠绕

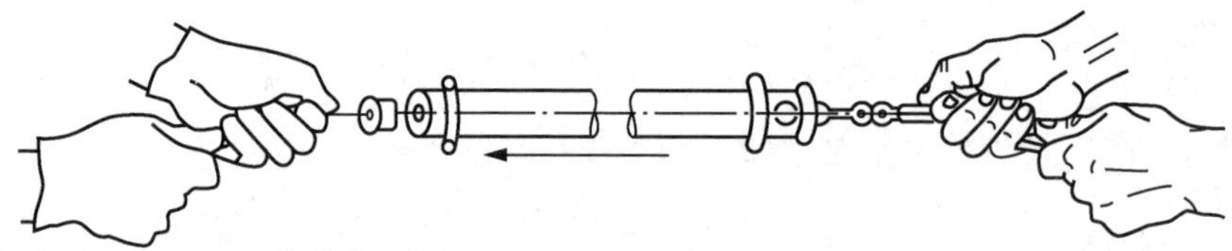

图 2-13　导线穿入管内的方法

2.2.4　典型配管施工工艺及要点

1．硬塑料管明配敷设

不同材质的线管敷设工艺细节略有不同，通常明配线管施工工艺流程为：

预制支架、吊架铁件及管弯→测定盒箱及管路固定点位置→管路敷设→变形缝处理。

（1）使用手动煨管器时，移动应适度，用力均匀；使用液压煨管器或煨管机时，模具应配套，管子的焊缝应在背面；采用热煨时，应灌满砂子，受热均匀，以免煨弯处凹扁过大或弯曲半径不够倍数。

（2）设置盒、箱、支架、吊杆时，定位应准确，固定应可靠，防止位置偏移。

（3）明配管、吊顶内或护墙板内配管时应采用配套管卡，固定牢固，管卡间距合理，防止固定点不牢、螺丝松动、固定点间距过大或不均匀。

（4）断管后应管口平整，及时处理毛刺，以防穿线时刮伤电线。

（5）管接头应安装在中间位置，不得松动，管接头承插应到位，黏结剂涂抹均匀，应用小毛刷均匀涂抹配套供应的黏结剂，插入时用力转动，承插到位。

（6）大管煨弯时，烘烤面积小，加热不均匀，有凹扁、裂痕及烤伤、变色现象。应灌砂用电热棒烘烤或用火烤，受热面积要大，受热要均匀，并用模具一次煨成。

（7）设置管卡前未拉线，测量有误，出现垂直与水平超偏，管卡间距不均匀：应使用水平尺复核，起终点水平，然后弹线、固定管卡；先固定起终两点，再加中间管卡；选择合适规格产品，并要用尺杆测量使管卡固定高度一致。

（8）对于较粗或多根明管的敷设也可采用吊装敷设，其做法如图 2-14 所示。

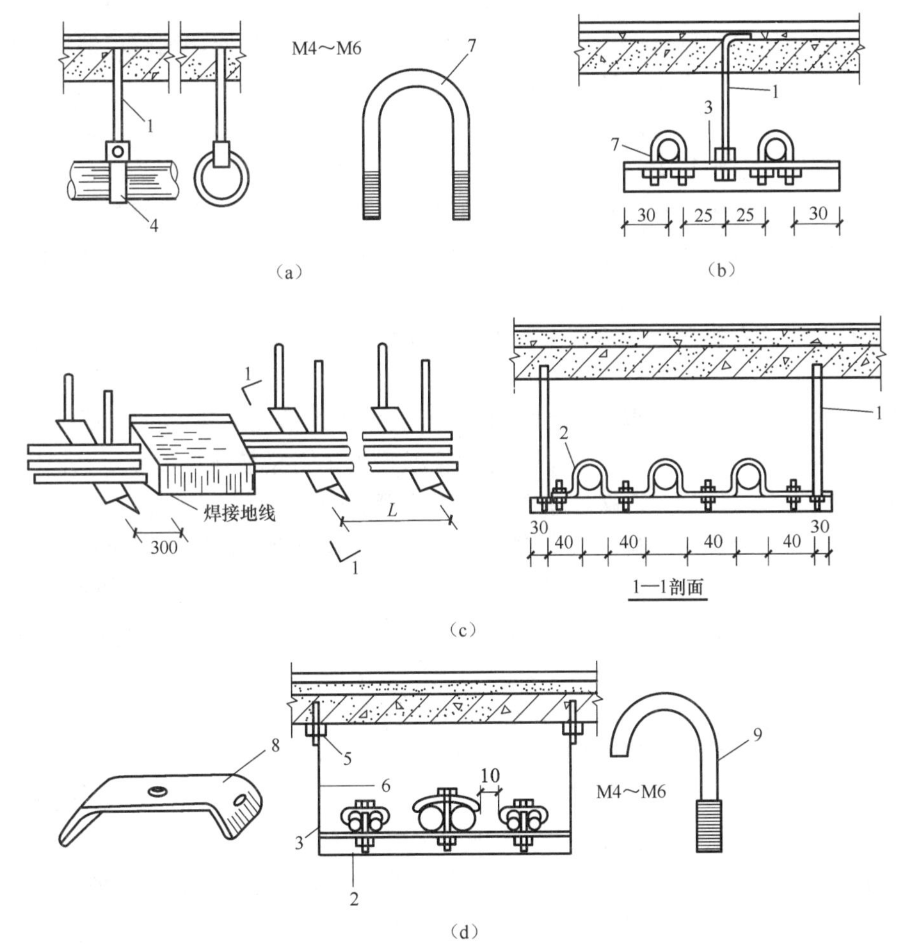

图 2-14　明管吊装敷设

（a）单管吊装；（b）双管吊装；（c）三管吊装；（d）多管吊装

1—圆钢（ϕ10）；2—角钢支架（L40×4）；3—角钢支架（L 30×3）；4—吊管卡；5—吊架螺栓（M8）；6—扁钢吊架（-40×4）；7—螺栓管卡；8—卡板（2～4mm）；9—管卡

2. 硬塑料管、半硬塑料管的暗配敷设

暗配线管施工工艺流程为：

弹线定位→箱、盒固定→管路敷设→扫管穿带线。

（1）现浇混凝土墙内管路暗敷设：管路应敷设在两层钢筋中间，进盒箱时应采用灯叉弯，管路每隔 1m 处用镀锌钢丝绑扎牢固，弯曲部位按要求固定，向上引管不宜过长，以能煨套为准，向墙外引管可使用“管帽”预留管口，待拆模后取出“管帽”，再接管。

（2）滑升模板敷设管路时，灯位管可先引至牛腿墙内，滑模过后支好顶板，再敷设管路至灯位。

（3）现浇混凝土楼板内管路暗敷设：根据建筑物内房间四周墙的厚度，弹十字线确定灯头盒的位置，将端接头、内锁母固定在盒子的管孔上，使用顶帽护口堵好管口，并堵好盒口。将固定好的盒子用机螺丝或短钢筋固定在底筋上，接着敷管。管路应敷设在负筋的下面、底筋的上面，管路每隔 1m 用镀锌钢丝绑扎牢固。引向隔断墙的管子，可使用“管帽”预留管口，拆模后取出“管帽”再接管。

（4）灰土层内管路暗敷设：在灰土层夯实后，进行管槽的开挖和剔凿，然后敷设管路，管路敷设后在管路的上面填上混凝土砂浆，厚度应不小于 15mm。

3. 钢管的明配敷设

钢管明配施工工艺流程为：

测量定位→支架安装→预支加工→箱、盒固定→管路敷设→扫管穿带线。

管路敷设水平或垂直敷设明配管允许偏差值，管路在 2m 以内时，偏差为 3mm，全长不应超过管子内径的二分之一。

（1）检查管路是否畅通，内侧有无毛刺，镀锌层或防锈漆是否完整无损，管子不顺直者应调直。

（2）敷管时，先将管卡一端的螺钉拧进一半，然后将管敷设在管卡内，逐个拧牢。使用铁支架时，可将钢管固定在支架上，不许将钢管焊接在其他管道上。

（3）管路连接应采用丝扣连接，或采用扣压式管连接。

（4）钢管与设备连接。应将钢管敷设到设备内，如果不能直接进入，应符合下列要求：

1）在干燥房屋内，可在钢管出口处加保护软管引入设备，管口应包扎严密。

2）在室外或潮湿房间内，可在管口处装设防水弯头，由防水弯头引出的导线应套绝缘保护软管，经弯成防水弧度后再引入设备。

3）管口距地面高度一般不宜低于 200mm。

4）埋入土层内的钢管，应刷沥青，包缠玻璃丝布后，再刷沥青，或应采用水泥砂浆全面保护。

（5）金属软管引入设备时，应符合下列要求：

1）金属软管与钢管或设备连接时，应采用金属软管专用接头连接，软管的长度在动力工程中不宜大于 0.8m，在照明工程中不宜大于 1.2m。

2）金属软管用管卡固定，其固定间距不应大于 1m，管卡与设备、器具、弯头中点、管端等边缘的距离应小于 0.3m。

3）不得利用金属软管作为接地导体。

（6）变形缝的处理：管路应做整体接地连接，穿过变形缝时应有补偿装置，采用跨接法。

明配管跨接线应美观牢固。

4．钢管的暗配敷设

钢管暗配施工工艺流程为：

测量定位→预支加工→箱、盒固定→管路敷设→扫管穿带线。

（1）随墙（砌体）配管。砖墙、加气混凝土块墙、空心砖墙配合砌墙立管时，该管最好放在墙中心；管口向上为好。为了使盒子平整，标高准确，可将管先立偏高 200mm 左右。然后将盒子稳好，再接短管。短管入盒、箱端可不套丝，用跨接线焊接固定，管口与盒、箱里口平。往上引管有吊顶时，管上端应煨成 90° 弯直进吊顶内。由顶板向下引管不宜过长，以达到开关盒上口为准。等砌好隔墙，先稳盒后接短管。

（2）大模板混凝土墙配管。可将盒、箱焊在该墙的钢筋上，接着敷管。每隔 1m 左右，用铅丝绑扎牢。进盒、箱要煨灯叉弯。向上引管不宜过长，以能煨弯为准。

（3）现浇混凝土楼板配管。先找灯位，根据房间四周墙的厚度，弹出十字线，将堵好的盒子固定牢，然后敷管。有两个以上盒子时，要拉直线。如果为吸顶灯或日光灯，应预制木砖。管进盒、箱长度要适宜，管路每隔 1m 左右用铅丝绑扎牢。如果有吊扇、花灯或超过 3kg 重的灯具，应焊好吊杆，放预埋件。

（4）预制圆孔板上配管。如果为焦渣垫层，管路需用混凝土砂浆保护。素土内配管可用混凝土砂浆保护，也可缠两层玻璃布、刷三道沥青油加以保护。在管路下先用石块垫起 50mm，尽量减少接头。管箍丝扣连接处抹油缠麻拧牢。

暗配的电线管路宜沿最近的路线敷设并应减少弯曲，埋入墙或混凝土内的管子，离表面的净距不应小于 15mm。进入落地式配电箱的电线管路，排列应整齐，管口应高出基础面不小于 50mm。

暗配管应尽量减少交叉，如交叉时，大口径管应放在小配套口径管下面，成排暗配管间距间隙应大于或等于 25mm。埋入地下的电线管路不宜穿过设备基础，在穿过建筑物基础时应加保护管。

金属的导管必须接地（PE）或接零（PEN）可靠，金属导管严禁对口熔焊连接；镀锌和壁厚小于等于 2mm 的钢导管不得套管熔焊连接，当非镀锌钢导管采用螺纹连接时，连接处的两端焊跨接接地线。

【扫码学习】

焊接钢管预埋施工工艺

2.3　线　槽　配　线

2.3.1　线槽分类及适用场所

在建筑电气工程中，常用的线槽有金属线槽和塑料线槽两种。

1．金属线槽

金属线槽配线一般适用于正常环境的室内场所明敷。因金属线槽多由厚度为 0.4～1.5mm 的钢板制成，其构造特点决定了在对金属线槽有严重腐蚀的场所不可使用。有槽盖的封闭式金属线槽，具有与金属导管相当的耐火性能，可用在建筑物顶棚内敷设。

为适应现代化建筑物电气线路复杂多变的需要，金属线槽也可以采取地面内暗装的布线方式：将电线或者电缆穿在经过特制的壁厚为 2mm 的封闭式矩形金属线槽内，直接敷设在混凝土地面、现浇钢筋混凝土楼板或者预制混凝土楼板的垫层内，称为地面内暗装金属线槽。

2. 塑料线槽

塑料线槽由槽底、槽盖及附件组成，由难燃型硬质聚氯乙烯工程塑料挤压成型的，规格较多，外形美观，可以起到装饰建筑物的作用。塑料线槽一般适用于正常环境的室内场所明敷，也用于科研实验室或者预制板结构而无法暗敷设的工程；还适用旧工程改造更换线路；同时也用于弱电线路吊顶内暗敷设场所。在高温和易受机械损伤的场所不采用塑料线槽布线为宜。

2.3.2 线槽配线一般要求

（1）线槽应敷设在干燥和不易受机械损伤的场所。

（2）线槽的连接应连接无间断，每节线槽的固定点不应少于两个，在转角、分支部应有固定点，并应紧贴墙面固定。

（3）线槽接口应平直、严密，槽盖应齐全、平整、无翘角。

（4）固定或连接线槽的螺钉或其他紧固件，紧固后其端部应与线槽内表面光滑相接。

（5）线槽的出线口应位置正确、光滑、无毛刺。

（6）线槽敷设应平直整齐；水平或垂直允许偏差为其长度的0.2%，且全长允许偏差为20mm；并列安装时，槽盖应便于开启。

2.3.3 线槽配线施工方法

线槽配线应配合土建的结构施工，预留洞孔、预埋铁和预埋吊杆、吊架等全部完成，顶棚和墙面的喷涂、油漆及壁纸全部完成后，方可进行线槽敷设。

1. 测量定位

根据设计图确定出进户线、盒、箱、柜等电气器具的安装位置，从始端至终端先干线后支线，找好水平或垂直线，用粉线袋沿墙壁、顶棚和地面等处，在线路的中心弹线，根据线槽固定点的要求分距，标出线槽支（吊）架的固定位置或线槽各固定点的位置。

2. 支（吊）架的安装

支（吊）架安装位置应准确，安装位置与图纸相符合，安装应平整牢固。支（吊）架的固定方式及配件的使用应满足设计要求和其承重要求，不应影响建筑结构安全。

根据支（吊）架形式设置，支（吊）架与建筑结构的固定常用预埋件法、膨胀螺栓法和穿楼板螺栓法。

（1）预埋件法：将预埋件按图纸坐标位置和支（吊）架间距，牢固固定在土建结构钢筋上。支（吊）架与预埋件焊接时，焊接应牢固，不应出现漏焊、夹渣、裂纹、咬肉等现象。

（2）膨胀螺栓法：结构现浇板内不设预埋件时，吊架与结构固定点（吊架根部）采用槽钢或角钢，通过膨胀螺栓与结构固定。采用膨胀螺栓固定支（吊）架时，应符合膨胀螺栓使用技术条件的规定，螺栓至混凝土构件边缘的距离不应小于8倍的螺栓直径；螺栓间距不小于10倍的螺栓直径。

（3）穿楼板螺栓法：在楼板下埋设吊件，确定吊卡位置后用冲击钻在楼板上打一透眼，然后在地面剔一个300mm长、深20mm的槽。将吊件嵌入槽中，用水泥砂浆将槽填平。

3. 线槽的安装

（1）线槽在墙上安装时，可采用膨胀螺栓安装。当线槽的宽度 $b \leqslant 100$mm时，可采用一个膨胀管固定；如线槽的宽度 $b > 100$mm时，应采用两个膨胀管并列固定。

线槽固定螺钉紧固后，其端部应与线槽内表面光滑相连，线槽槽底应紧贴墙面固定。线槽的连接应连续无间断，线槽接口应平直、严密，线槽在转角、分支处和端部均应有固定点。

金属线槽在墙上固定安装的固定间距为500mm，每节线槽的固定点不应少于两个。

塑料线槽槽底的固定点间距应根据线槽规格而定。固定线槽时，应先固定两端再固定中间，端部固定点距槽底终点不应小于50mm。

（2）线槽在支（吊）架上安装时，可根据吊装卡箍的不同形式的安装方法。当吊杆安装完成后，即可进行线槽的组装。

1）吊装金属线槽时，可根据不同需要，选择开口向上安装或开口向下安装。

2）吊装金属线槽时，应先安装干线线槽，后装支线线槽。

3）线槽安装时，应先拧开吊装器，把吊装器下半部套入线上，使线槽与吊杆之间通过吊装器悬吊在一起。

4）线槽与线槽之间应采用内连接头或外连接头连接，并用头或圆头螺栓配上平垫圈和弹簧垫圈用螺母紧固。

5）吊装金属线槽在水平方向分支时，应采用二通接线盒、三通接线盒、四通接线盒进行分支连接。

在不同平面转弯时，在转弯处应采用立上弯头或立下弯头进行连接，安装角度要适宜。

4. 线槽附件安装

线槽附件如直通、三通转角、接头、插口、盒和箱应采用相同材质的定型产品。槽底、盖与各种附件相对接时，接缝处应严实平整，无缝隙。

盒子均应两点固定，各种附件角、转角、三通等固定点不应少于两点（卡装式除外）。接线盒，灯头盒应采用相应插口连接。线槽的终端应采用终端头封堵。在线路分支接头处应采用相应接线箱。安装铝合金装饰板时，应牢固平整严实。

5. 保护地线安装

金属线槽的接地。金属线槽应可靠接地或接零，所有非导电部分的铁件均应相互连接，线槽的变形缝补偿装置处应用导线搭接，使之成为一连续导体。金属线槽不作设备的接地导体。当设计无要求时，金属线槽全长应有不少于2处与接地（PE）或接零（PEN）干线连接。非镀锌金属线槽连接板的两端跨接铜芯接地线，镀锌线槽间的连接板的两端不跨接接地线，但连接板两端应有不少于2处有防松螺母或防松垫圈的连接固定螺栓。

6. 槽内配线

在配线之前，应消除线槽内的积水与污物。放线时应边放边整理，不应出现挤压背扣、扭结、损伤绝缘等现象，并应将导线按回路（或系统）绑扎成捆，绑扎时应采用尼龙绑扎带或线绳，不允许使吊金属导线或绑线进行绑扎。导线绑扎好后，应分层排放在线槽内并做好永久性编号标志。

槽内配线应注意以下几点要求。

（1）同一交流回路的绝缘导线不应敷设于不同的金属槽盒内。

（2）绝缘导线接头应设置在专用接线盒（箱）或器具内，不得设置在槽盒内，盒（箱）的设置位置应便于检修。

（3）槽盒内敷线应符合下列规定：

1）同一槽盒内不宜同时敷设绝缘导线和电缆。

2）同一路径无防干扰要求的线路，可敷设于同一槽盒内；槽盒内的绝缘导线总截面积（包括外护套）不应超过槽盒内截面积的 40%，且载流导体不宜超过 30 根。

3）当控制和信号等非电力线路敷设于同一槽盒内时，绝缘导线的总截面积不应超过槽盒内截面积的 50%。

4）分支接头处绝缘导线的总截面面积（包括外护层）不应大于该点位盒（箱）内截面面积的 75%。

5）绝缘导线在槽盒内应留有一定余量，并应按回路分段绑扎，绑扎点间距不应大于 1.5m；当垂直或大于 45° 倾斜敷设时，应将绝缘导线分段固定在槽盒内的专用部件上，每段至少应有一个固定点；当直线段长度大于 3.2m 时，其固定点间距不应大于 1.6m；槽盒内导线排列应整齐、有序。

6）敷线完成后，槽盒盖板应复位，盖板应齐全、平整、牢固。

2.3.4 典型线槽施工工艺及要点

1．金属线槽敷设

金属线槽敷设施工工艺流程为：测量定位→线槽固定→保护地线安装→线槽内配线。

（1）金属线槽敷设时，吊点及支持点的距离应根据工程具体条件确定，一般应在直线段不大于 3m 或线槽接头处。线槽首端、终端、进出接线盒 0.5m 处及线槽转角处设置吊架或支架。

（2）线槽用吊架悬吊安装时，采用吊架卡箍吊装，吊杆为ϕ10 圆钢制成，吊杆和建筑物预制混凝土楼板或梁的固定可采用膨胀螺栓及螺栓套筒进行连接，如图 2-15 所示。使用 40mm×4mm 镀锌扁钢做吊杆时，固定线槽如图 2-16 所示。吊杆也可以使用不小于ϕ8 圆钢制作，圆钢上部焊接在 40mm×4mm 扁钢上，扁钢上部用膨胀栓与建筑物结构固定。

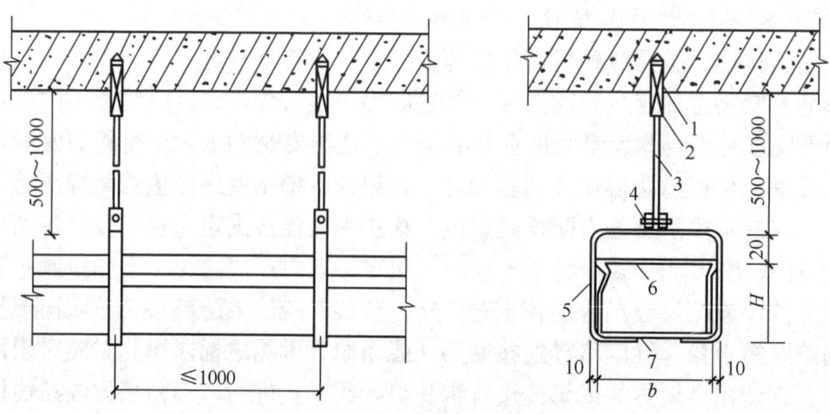

图 2-15　金属线槽用圆钢吊架安装（单位：mm）

1—膨胀螺栓；2—螺栓长筒；3—吊杆；4—螺栓；5—吊架卡箍；6—槽盖；7—金属线槽

（3）在吊顶内安装时，吊杆可用膨胀螺栓与建筑结构固定。当与钢结构固定时，不允许进行焊接，将吊架直接吊在钢结构的指定位置处，也可以使用万能吊具与角钢、槽钢、工字钢等钢结构进行安装。金属线槽在吊顶下吊装时，吊杆应固定在吊顶的主龙骨上，不允许固定在副龙骨或辅助龙骨上。

吊装金属线槽安装时，可以开口向上安装，也可以开口向下安装。先安装干线线槽，后装支线线槽。安装时拧开吊装器，把吊装器下半部套在线槽上，使线槽与吊杆之间通过吊装器悬吊在一起。

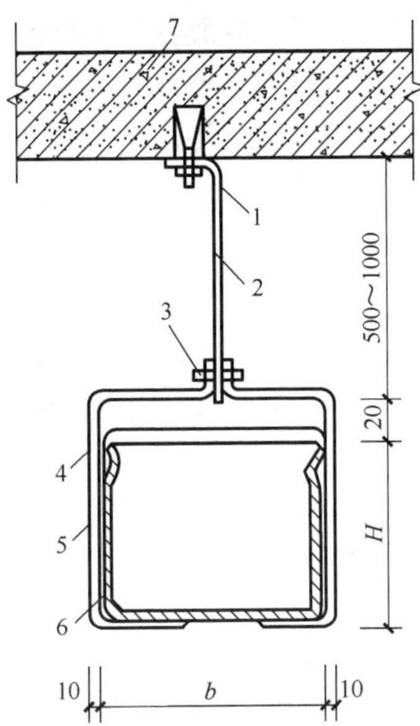

图2-16　扁钢吊架（单位：mm）

1—膨胀螺栓；2—扁钢吊杆；3—螺栓；4—槽盖；5—吊架卡箍；6—金属线槽；7—预制混凝土楼板或梁

2. 地面内暗装金属线槽敷设

地面内暗装金属线槽敷设工艺流程为：

测量定位→支架安装→线槽组装→线槽接地→线槽内配线。

（1）地面内暗装金属线槽敷设适用于正常环境下大空间且隔断变化多、用电设备移动性大或敷有多种功能线路的场所，暗敷于现浇混凝土地面、楼板或楼板垫层内。地面内暗装金属线槽组装示意图如图2-17所示。

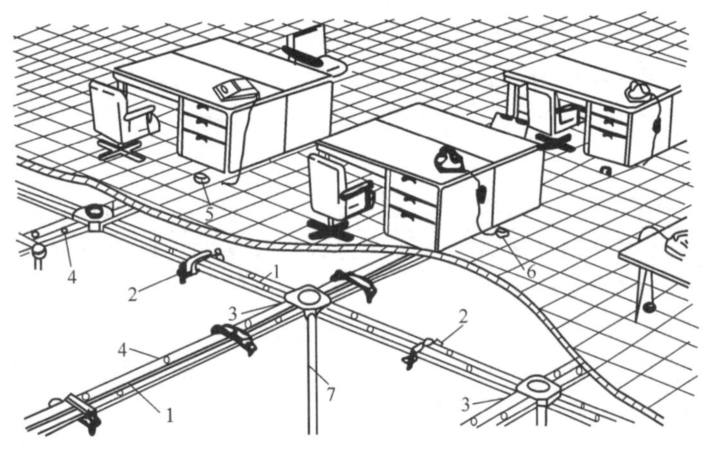

图2-17　地面内暗装金属线槽组装示意图

1—金属线槽；2—支架；3—分线盒；4—出线口；5—电源插座出线口；6—电话插座出线口；7—分支管

（2）金属线槽在地面内暗装敷设时，应根据单线槽或双线槽不同结构形式选择单压板或双压板，与线槽组装好后再上好卧脚螺栓。然后，将组合好的线槽及支架沿线路走向水平放置在地面或楼（地）面的抄平层或楼板的模板上，如图2-18所示，然后再进行线槽的连接。

（3）地面线槽安装时，应及时配合土建地面工程施工。根据地面的形式不同，先抄平，然后测定固定点位置，将上好卧脚螺栓和压板的线槽水平放置在垫层上，然后进行线槽连接。如线槽与管连接、线槽与分线盒连接、分线盒与管连接、线槽出线口连接、线槽末端处理等，都应安装到位，螺丝紧固牢靠。地面线槽及附件全部上好后，再进行一次系统调整，要根据地面厚度仔细调整线槽干线、分支线、分线盒接头、转弯、转角、出口等处，水平高度要求与地面平齐，并将各种盒盖盖好或堵严实，防止水泥砂浆进入，直至配合土建地面施工结束为止。

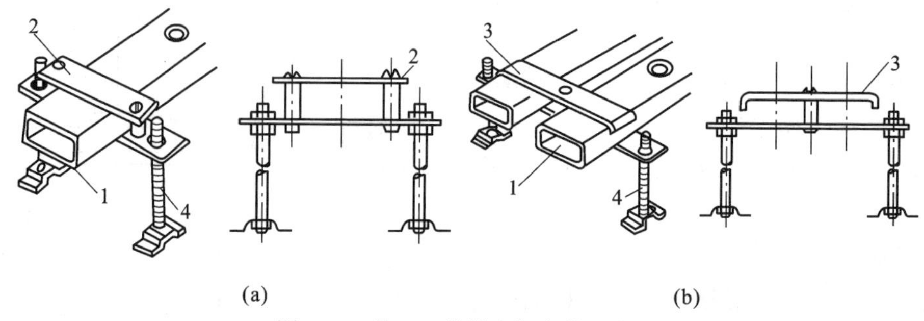

(a) (b)

图 2-18 单、双线槽支架安装示意图

（a）单线槽支架；（b）双线槽支架

1—线槽；2—支架单压板；3—支架双压板；4—卧脚螺栓

1）线槽支架的安装距离应视工程具体情况进行设置，一般应设置于直线段不大于 3m 或在线槽接头处、线槽进入分线盒 200mm 处。

2）地面内暗装金属线槽的制造长度一般为 3m，每 0.6m 设一个出线口。当需要线槽与线槽相互连接时，应采用线槽连接头。线槽的对口处应在线槽连接头中间位置上，线槽接口应平直，紧定螺钉应拧紧，使线槽在同一条中心轴线上。

3）地面内暗装金属线槽为矩形断面，不能进行线槽的弯曲加工，当遇有线路交叉、分支或弯曲转向时，必须安装分线盒。当线槽的直线长度超过 6m 时，为方便线槽内穿线也宜加装分线盒。

线槽与分线盒连接时，线槽插入分线盒的长度不宜大于 10mm。分线盒与地面高度的调整依靠盒体上的调整螺栓进行。双线槽分线盒安装时，应在盒内安装便于分开的交叉隔板。

4）组装好的地面内暗装金属线槽，不需露出地面的分线盒封口盖，不应外露出地面；需露出地面的出线盒口和分线盒口不得突出地面，必须与地面平齐。

5）地面内暗装金属线槽端部与配管连接时，应使用线槽与管过渡接头。当金属线槽的末端无连接管时，应使用封端堵头拧牢堵严。

2.4 母线槽安装

封闭式插接母线（简称母线槽）是由金属板（钢板或铝板）为保护外壳，导电排、绝缘材料及有关附件组成的母线系统，是建筑物低压配电的重要形式之一，它适用于高层建筑、干燥和无腐蚀性气体的室内或电气竖井内。母线槽具有结构紧凑、容量大、体积小、产品成套系列化等特点。母线槽按绝缘方式可分为空气式插接母线槽、密集绝缘插接母线槽和高强度插接母线槽三种。封闭式插接母线安装示意图如图 2-19 所示。

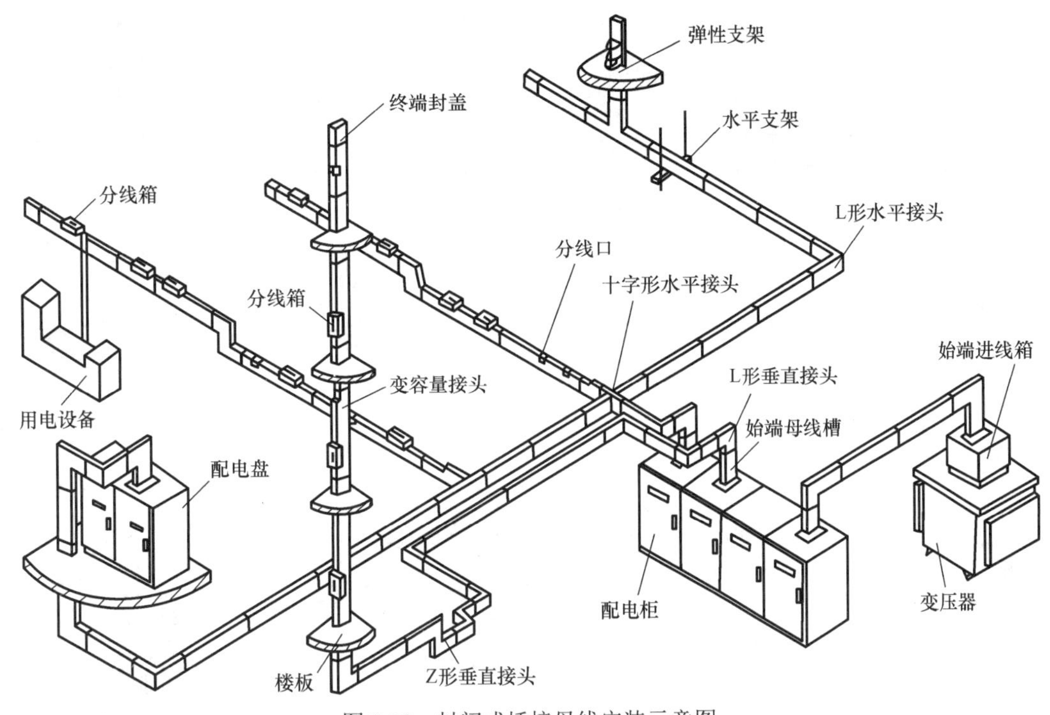

图 2-19　封闭式插接母线安装示意图

2.4.1　母线槽结构及分类

母线槽是一种把铜（铝）母线用绝缘夹板夹在一起（用空气绝缘或缠包绝缘带绝缘）置于金属板（钢板或铝板）中的母线系统。

母线槽按电压分有高压、低压之分，按线芯分有单相二线制、三相三线制、三相四线制和三相五线制之分，按导线材料分有铜、铝之分，按绝缘方式分有空气绝缘型和密集绝缘型之分，按工作环境分有室内和室外之分。封闭式插接母线结构如图 2-20 所示。

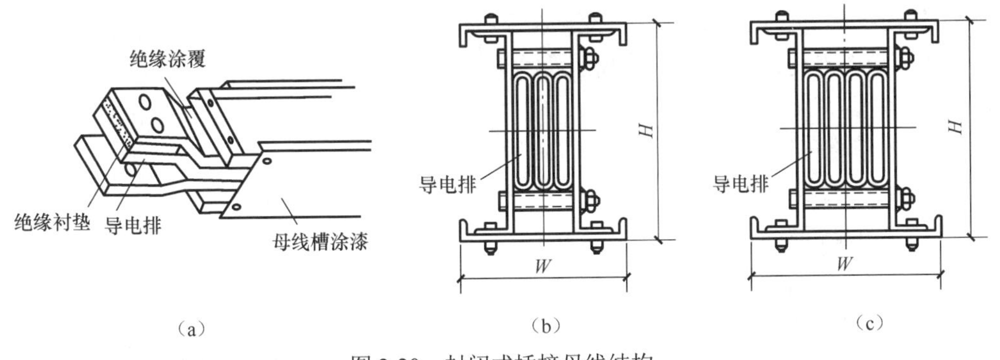

图 2-20　封闭式插接母线结构

母线槽的常用配件有直线母线槽、变容量接头、其他接头（L 形、T 形、Z 形、十字形）、母线伸缩节、分岔式母线槽、母线接续器、插接分线箱、始端母线槽和始端进线箱等。封闭式插接母线常用配件如图 2-21 所示。

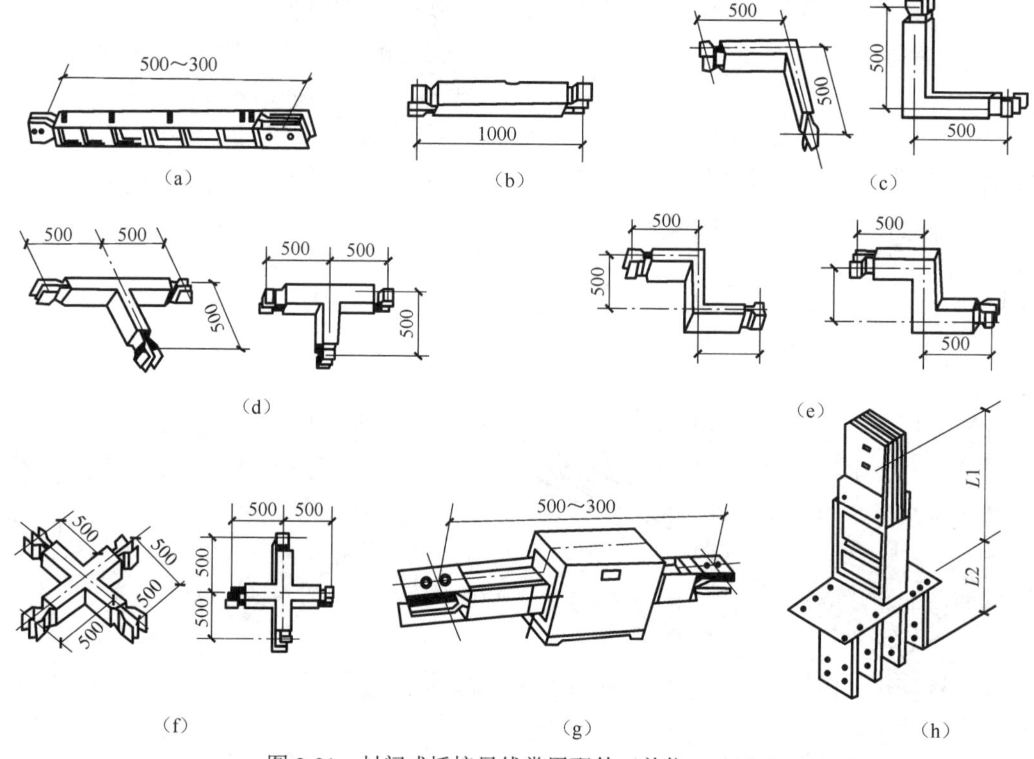

图 2-21　封闭式插接母线常用配件（单位：mm）

2.4.2　母线槽安装一般要求

（1）水平或垂直敷设的母线槽固定点应每段设置一个，且每层不得少于一个支架，其间距应符合产品技术文件的要求，距拐弯 0.4～0.6m 处应设置支架，固定点位置不应设置在母线槽的连接处或分接单元处。垂直敷设时，距地面 1.8m 以下部分应采取保护措施，但敷设在电气专业室内（如配电室、电气竖井、技术层等）时除外。

（2）母线槽段与段的连接口不应设置在穿越楼板或墙体处，垂直穿越楼板处应设置与建（构）筑物固定的专用部件支座，其孔洞四周应设置高度为 50mm 及以上的防水台，并应采取防火封堵措施。

（3）母线槽跨越建筑物的变形缝处时，应设置补偿装置；母线槽直线敷设长度超过 80m 时，每 50～60m 宜设置伸缩节，具体做法如图 2-22 所示。

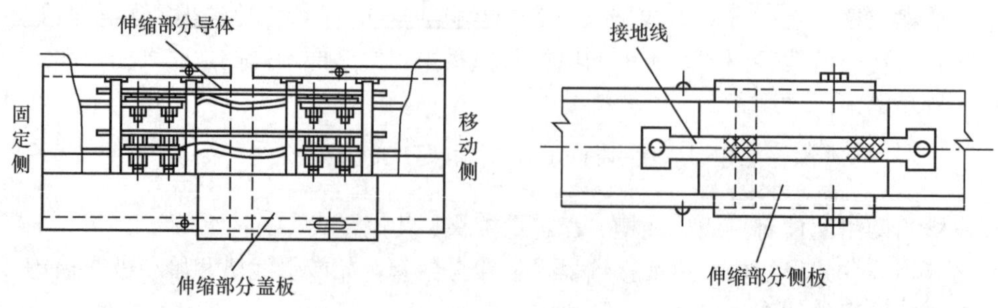

图 2-22　过变形缝的做法

（4）母线槽直线段安装应平直，水平度与垂直度偏差不宜大于1.5‰，全长最大偏差不宜大于20mm；照明用母线槽水平偏差全长不应大于5mm，垂直偏差不应大于10mm。

（5）外壳与底座间、外壳各连接部位及母线的连接螺栓应按产品技术文件要求选择正确、连接紧固。母线槽上无插接部件的接插口及母线端部应采用专用的封板封堵完好。

（6）母线槽与各类管道平行或交叉的净距应符合相关规范的规定。

2.4.3　母线槽安装施工方法

（一）母线槽安装的工艺流程

设备开箱清点检查→支（吊）架制作及安装→母线槽安装→母线槽测试、试运行。

（二）母线槽安装施工方法及要点

1. 设备开箱清点检查

（1）设备开箱清点检查，应由建设单位、监理单位、施工单位和供货商有关专业人员共同参与进线进场验收，并做好设备进场验收记录。

（2）母线槽分节标识清楚，外观无损伤变形现象，母线螺栓搭接面平整，其镀银层无麻面、起皮及未覆盖部分，绝缘电阻应符合设计要求。

（3）根据母线排列图和装箱清单，检查母线槽、进线箱、插接开关箱及附件，其规格、数量应符合要求。

2. 支（吊）架制作

（1）母线槽的安装宜采用厂家提供的支（吊）架。若供应商未提供配套支（吊）架，应根据施工现场的结构类型，支（吊）架可采用角钢、槽钢或圆钢制作，有“一”“L”“T”“∪”等主要形式。

（2）支（吊）架应用切割机下料，加工尺寸最大误差为5mm，应使用台钻、手电钻钻孔，严禁用气割开孔，孔径不得超过螺栓直径2mm。

（3）吊杆螺纹应用套丝板加工，不得有断丝。

（4）支架及吊架制作完毕，应除去焊渣，并刷两遍防锈漆和一遍面漆。

3. 支（吊）架安装

（1）安装支架前，必须拉线或吊线坠，以保证成排支（吊）架横平竖直，并按规定间距设置支架和吊架。

（2）母线水平敷设时，直线段支架间距不应大于2.5m，母线在管弯处及与配电箱、柜连接处必须安装支架。由于水平安装的母线主要为吊架式，要注意吊杆能承受母线槽的重量，通常采用直径12mm的镀锌螺杆，以便可以调节吊杆的高低和水平。支架固定螺栓丝扣外露2～4扣。

（3）母线垂直敷设时，在每层楼板上，每条母线应安装两个槽钢支架，一端埋入墙内，另一端用膨胀螺栓固定于楼板上。当上、下两层槽钢支架超过2m时，在墙上安装“一”型角钢支架，角钢支架用膨胀螺栓固定于墙壁上。

（4）支架及支架与埋件焊接处刷防腐漆应均匀，无漏刷。

4. 母线槽安装

（1）按照母线排列图，将各节母线、插接开关箱、进线箱运至各安装地点。一般从供电处朝用电方向安装。

（2）安装前应逐节遥测母线的绝缘电阻，电阻值不得小于10MΩ。

（3）母线槽安装形式有水平和垂直布置两种，固定方式有壁装和吊装两种，如图 2-23 所示。

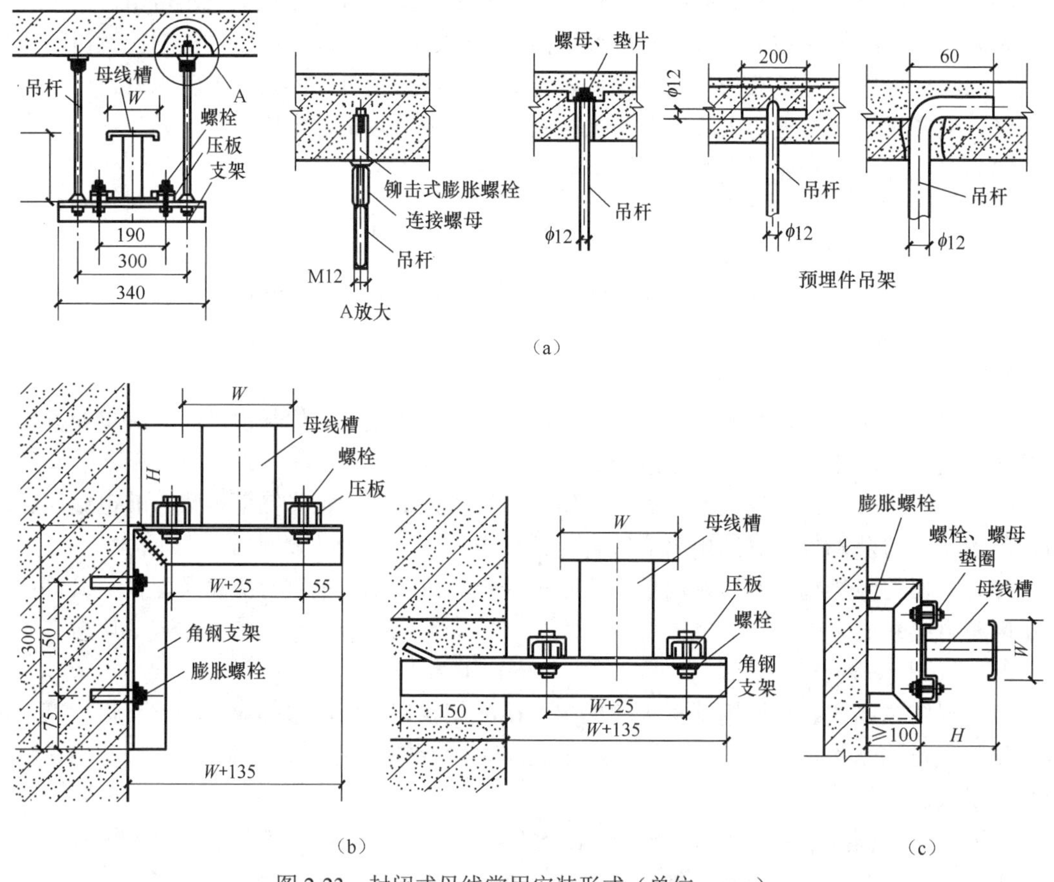

图 2-23　封闭式母线常用安装形式（单位：mm）

（4）当母线槽水平时，应用水平连接片及螺栓、螺母、平垫片、弹簧垫圈将母线固定于“U”形角钢支架上。水平安装母线时要保证母线的水平度，在终端加终端盖并用螺栓固定。

（5）当母线槽穿越楼板预留孔（如电气竖井）时，应先测量好位置，加工好槽钢固定支架并安装好支架，再用供应商配套的螺栓套上防震弹簧、垫片，拧紧螺母固定在槽钢支架上。

（6）母线槽的连接：

1）当节与节连接时两相邻段母线及外壳对准，连接后不使母线及外壳受额外应力。连接时将母线的小头插入另一节母线的大头中去，在母线间及母线外侧垫上配套的绝缘板，再穿上绝缘螺栓加平垫片、弹簧垫圈，然后拧上螺母，用力矩扳手拧紧，最后固定好上、下盖板。

2）母线槽连接采用绝缘螺栓连接。母线槽连接好后，其外壳即已连接成为一个接地干线，将进线母线槽、插接开关箱外壳上的接地螺栓与母线槽外壳之间用 16mm^2 软编织铜线连接好。

3）母线槽穿越防火墙、防火楼板时，应采取防火隔离措施。母线槽防火隔离安装如图 2-24 所示。

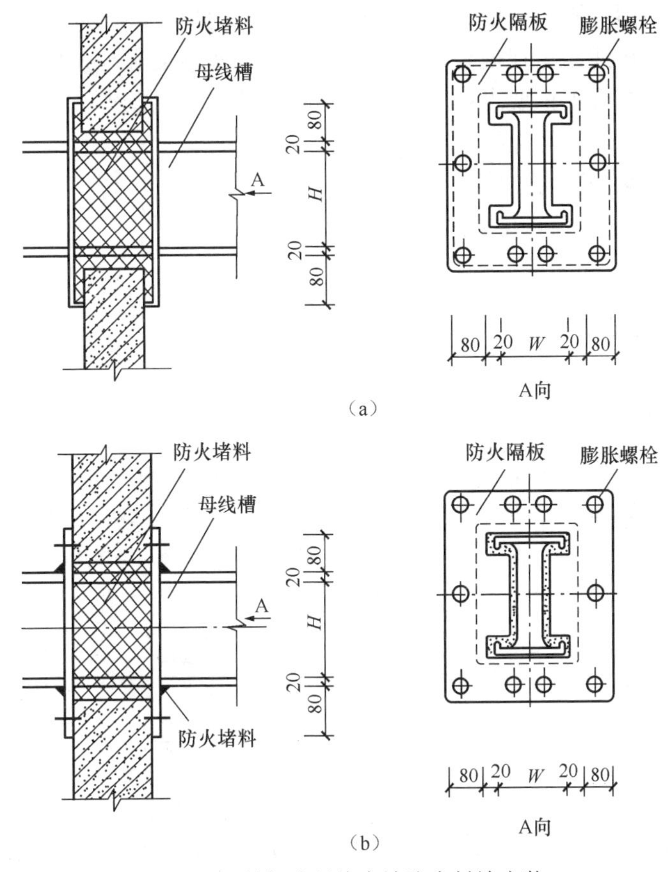

图 2-24　封闭式母线穿墙防火封堵安装

（a）方式 1；（b）方式 2

4）母线槽的端头应装封闭罩，引出线孔的盖子应完整。各节母线外壳的连接应是可拆的，外壳之间应有跨接线，并应可靠接地。

5. 母线槽测试、试运行

母线槽安装完毕应进行相关的测试、检查，然后进行试运行。

检查内容包括：相序应正确；接头连接应紧密；外壳接地应良好；供电侧设备安装、受电侧设备安装可靠、牢固；最后总体测量绝缘电阻并达到规定值。

母线槽空载受电试运行 24h，无异常，整理安装过程的施工记录、测量、试运行记录，并提交验收。

【扫码学习】

封闭式插接母线安装施工工艺

2.5 导线的连接

导线的连接是配线过程中非常重要的一项作，看似简单，其中包含很多技巧和学问，接头质量的好坏直接影响到能否可靠供、安全用电和电气设备的正常使用。因为接头接不好，会产生发热、闪弧、触电、燃烧、爆炸等现象。事实证明很多电气故障都是由导线接头质量不好引起的。不同截面、不同材质、不同股数、同根数的导线，均有不同的连接方法。

导线连接有两种形式，分别是导线与导线的连接（即接头连接）和导线与设备、器具的连接。导线的连接要符合下列要求：

（1）接触紧密，使接头处电阻最小；

（2）连接处的绝缘强度与非连接处相同；

（3）连接处的机械强度与非连接处相同；

（4）耐腐蚀。

2.5.1 单芯铜导线的连接

1. 直线连接

单芯铜导线直线连接有绞接法和缠卷法。

绞接法适用于 4.0mm² 及以下的单芯线连接。将两线互相交叉，用双手同时把两芯线互绞两圈后，扳直与连接线成 90°，将每个芯线另一芯线上缠绕 5 圈，剪断余头，如图 2-25（a）所示。双芯线连接时，两个连接处必须错开，保持距离，如图 2-25（b）所示。

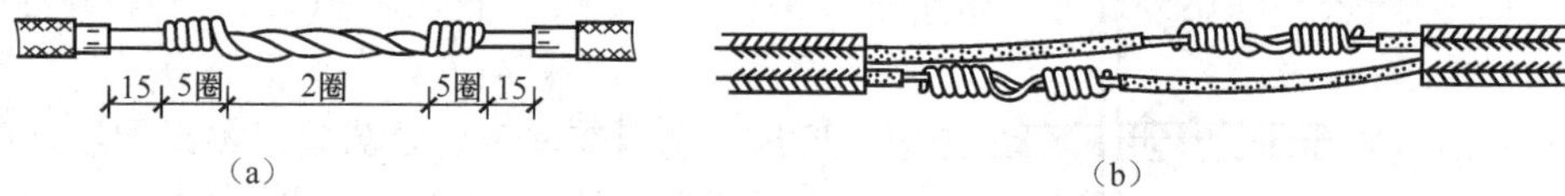

图 2-25 直线连接的绞接法（单位：mm）

（a）单芯线连接；（b）双芯线连接

缠卷法有加辅助线和不加辅助线两种，适用于 6.0mm² 及以上的单芯线直接连接。将两线相互并合，加辅助线（填一根同径芯线）后，用绑线在并合部位中间向两端缠卷，长度为导线直径的 10 倍。然后将两线芯端头折回，在此向外再单卷 5 圈，与辅助线捻绞 2 圈，余线剪掉。如图 2-26 所示。

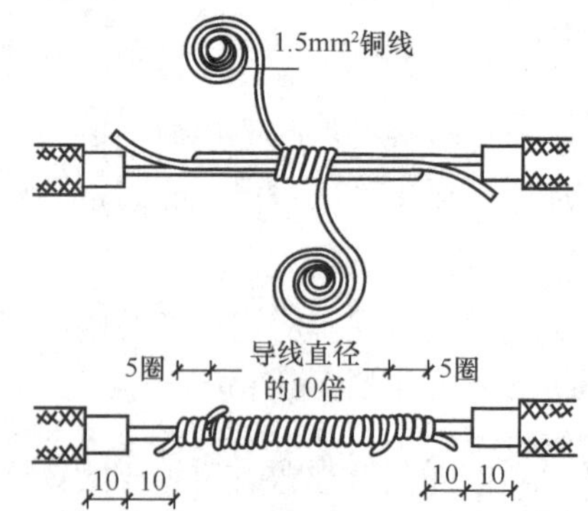

图 2-26 单芯线直线缠卷法（单位：mm）

2. 分支连接

分支连接适用于分支线路与主线路的连接。连接方法有绞接法和缠卷法以及用塑料螺旋接线钮或压线帽连接。绞接法适用于 4.0mm² 以下的单芯线，用分支的导线的芯线往干线上交叉，先粗卷 1～2 圈，然后再缠绕 5 圈，余线剪去，如图 2-27（a）所示，十字分支线连接如图 2-27（b）所示。

缠卷法适用于 6.0mm² 及以上的单芯线连接。将分支导线折成 90° 紧靠干线，其粗卷长度为导线直径的 10 倍，单卷 5 圈后剪断余线，如图 2-28 所示。

3. 并接连接

接线盒内单芯线并接两根导线时，将连接线端相并合，在距绝缘层 15mm 处将芯线捻绞 2 圈，留余线适当长度剪断、折回并压紧，防止线端部插破所包扎的绝缘层，如图 2-29 所示。

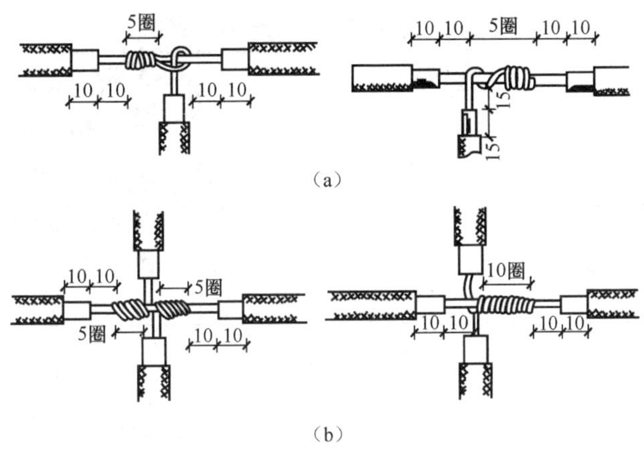

图 2-27　分支连接的绞接法（单位：mm）

（a）分支绞接法；（b）十字分支连接

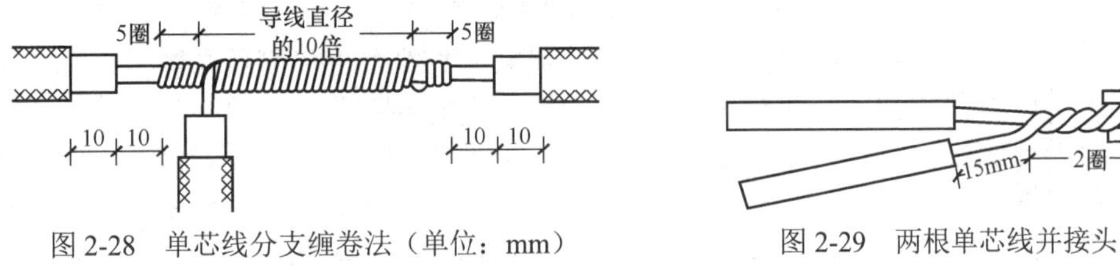

图 2-28　单芯线分支缠卷法（单位：mm）　　图 2-29　两根单芯线并接头

单芯线并接三根及以上导线时，将连接线端相并合，在距绝缘层 15mm 处用其中一根芯线在其连接线端缠绕 5 圈剪断，把余线头折回压在缠绕线上，如图 2-30 所示。

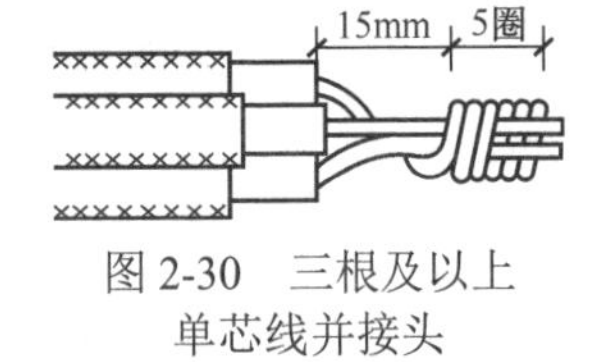

图 2-30　三根及以上单芯线并接头

绞线并接时，将线破开顺直并合拢，采用多芯导线分支连接缠卷法弯制绑线，在合拢线上缠卷，其长度为双根导线直径的 5 倍，如图 2-31 所示。

如果细导线为软线，则不同直径的导线接头应先进行挂锡处理。先将细线在粗线上距离绝缘层 15mm 处交叉，并将线端部向粗线端缠绕 5 圈，将粗线头折回，压在细线上，如图 2-32 所示。

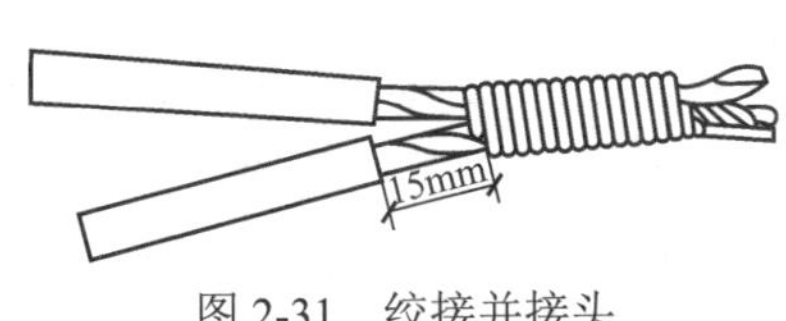

图 2-31　绞接并接头

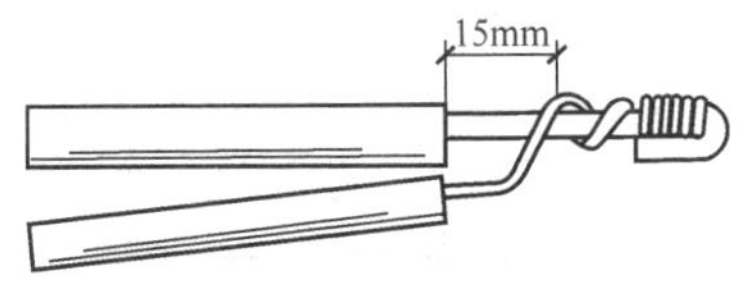

图 2-32　不同线径导线接头

4. 压接连接

（1）管状端子压接法。管状端子压接法，如图 2-33 所示，将两根导线插入管线端子，然后使用配套的压线钳压实。

（2）塑料压线帽压接法。塑料压线帽是将导线连接管（镀银铜管）和绝缘包缠复合为的一体的接线器件，外壳用尼龙注塑成型。如图 2-34 所示。单芯铜导线塑料压线帽压接可以用于接线盒内铜导线的连接，也可用于夹板配线的导线连接。单芯铜导线塑料压线帽，适用于 1.0～4.0mm^2 铜导线的连接。

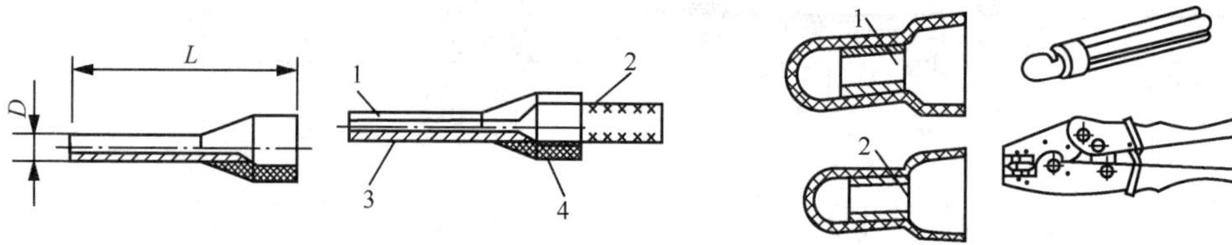

图 2-33 管状端子压接法

1—穿入导线；2—导线；3—端子管身；4—塑料护帽

图 2-34 塑料压线帽压接法

1—镀银紫铜管；2—铝合金套管

使用压线帽进行导线连接时，导线端部剥削绝缘露出线芯长度应与选用线帽规格相符，线芯插入压线帽内，如填充不实，可再用 1～2 根同材质、同线芯插入压线帽内填补，也可以将线芯剥出后回折插入压线帽内使用专用阻尼式手握压力钳压实。

（3）套管压接法。如图 2-35 所示，先将压接管内壁和导线表面的氧化膜及油垢等清除干净，然后将导线从管两端插入压接管内。当采圆形压接管时，两线各插到压接管的一半处。当采用椭圆形压接时，应使两线线端各露出压接管两端 4mm，然后用压接钳压接，使所有压坑的中心线处在同一条直线上。压接时，一般只要每端一个坑，就能满足接触电阻和机械强度的要求，但对拉力强度较高的场合，可每端压两个坑。压坑深度，控制到上下模接触为止。

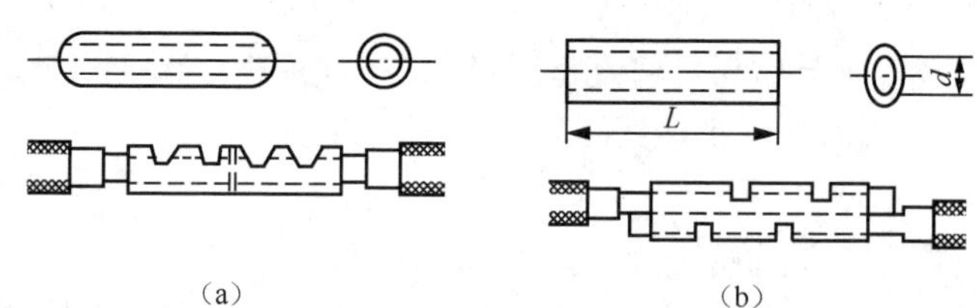

（a） （b）

图 2-35 套管直压连接

（a）单线圆管压接；（b）单线椭圆管压接

套管压接法能适用于各种截面的铜、铝导线压接。套管压接法突出的优点是操作工艺简便，不耗费有色金属。单股导线的分支和并头连接，均可采用压接法，如图 2-36 和图 2-37 所示。

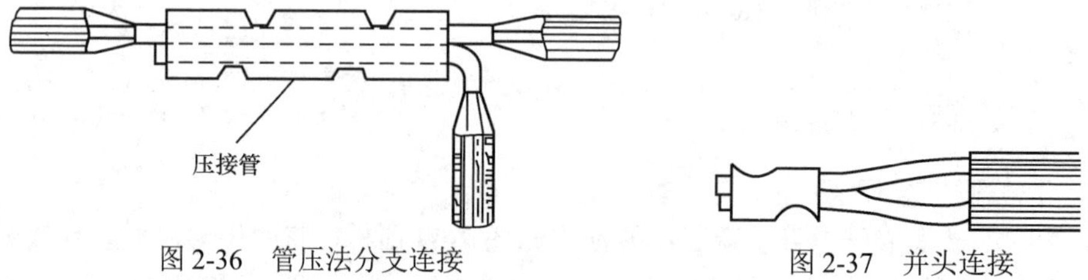

图 2-36 管压法分支连接

图 2-37 并头连接

2.5.2 多芯铜导线的连接

1. 直线连接

多芯铜导线的直线连接有单卷法、缠卷法和复卷法。

（1）单卷法。首先须将接合线的中心线切去一段，将其余线呈伞状张开，相互交叉，并将已张开的线端合拢，如图 2-38 所示。单卷法连接：取任意两相邻芯线，在接合处中央交叉，用一线端做绑扎线，在另一侧导线上缠卷 5～6 圈后，再用另一根芯线与绑扎线相绞后把原有扎线压在下面，接线按上述方法缠卷，缠绕长度为导线直径的 10 倍，最后缠卷的线端与一余线捻绞 2 圈后剪断。另一侧导线依此进行，应把芯线相绞处排列在一条直线上，如图 2-39 所示。

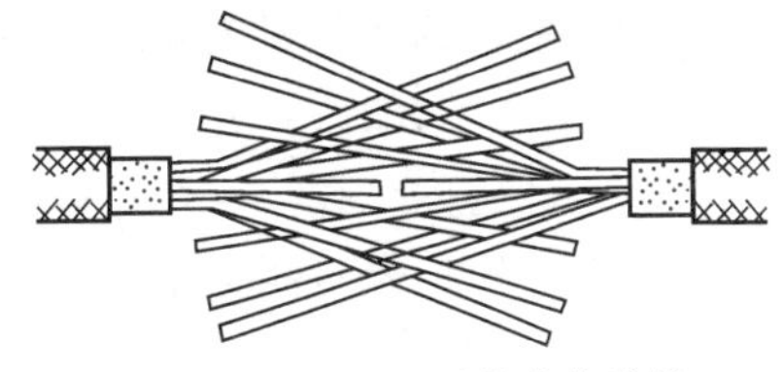

图 2-38　多芯铜导线直线连接

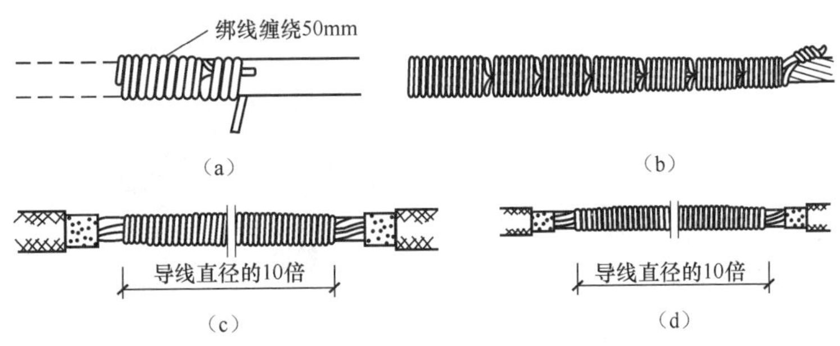

图 2-39　多股芯线直线单卷法

（2）缠卷法使用一根绑线连接时，先用绑线的中间在导线连接处的中间位置上开始向两端分别缠卷，缠卷完成后缠卷长度为导线直径的 10 倍，余下的线可与其中一根连接线的芯线捻绞 2 圈后剪掉余线。在连接低压空裸导线时，也可把其余的线端弯起折回，如图 2-40 所示。

（3）复卷法适用于多芯细而软的导线，把合拢后的导线一端用短绑线做临时绑扎，防止松散，将另一端芯线全部同时紧卷 3 圈，余线依阶梯形剪掉。另一侧依此方法进行，如图 2-41 所示。

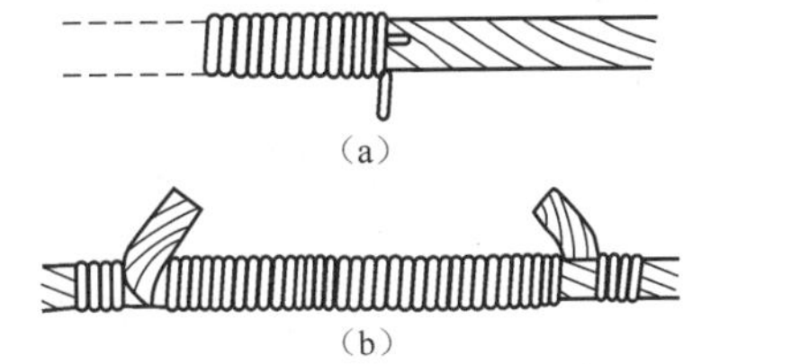

图 2-40　多芯导线直线缠卷连接

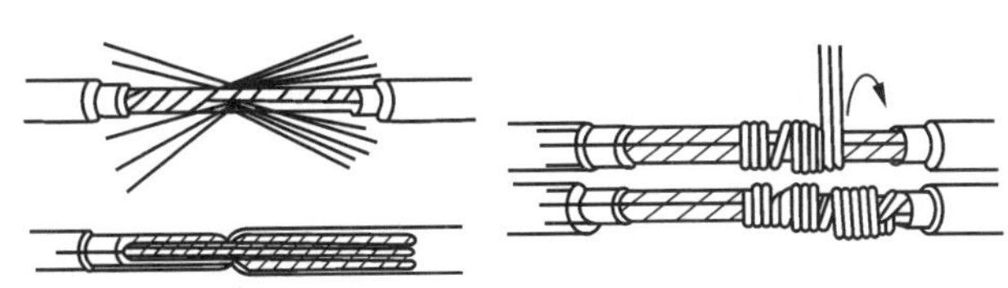

图 2-41　多芯导线直线复卷连接

2. 分支连接

多芯导线分支连接适用于室内鼓形和针式绝缘子配线的分支接头，有时也用于配电箱内干线与分支线的连接及室外低压架空接户线与线路干线的连接。连接方法有缠卷法、单卷法和复卷法三种。

（1）缠卷法。缠卷法是将分支线折成 90° 靠紧干线，在绑线端部相应长度处弯成半圆形，将绑线短端弯成半圆，形成 90° 与连接线靠紧，用长端缠卷，长度达到导线接合处直径的 5 倍时，将绑线两端都捻绞 2 圈，剪掉余线，如图 2-42 所示。

（2）单卷法。单卷法是将分支线破开根部折成 90° 紧靠干线，用分支线其中一根在干线上缠卷，缠卷 3～5 圈后剪断，再用另一根线继续缠卷 3～5 圈后剪断。依此方法直至连接到双根导线直径的 5 倍时为止，如图 2-43 所示，应使剪断线处在一条直线上。

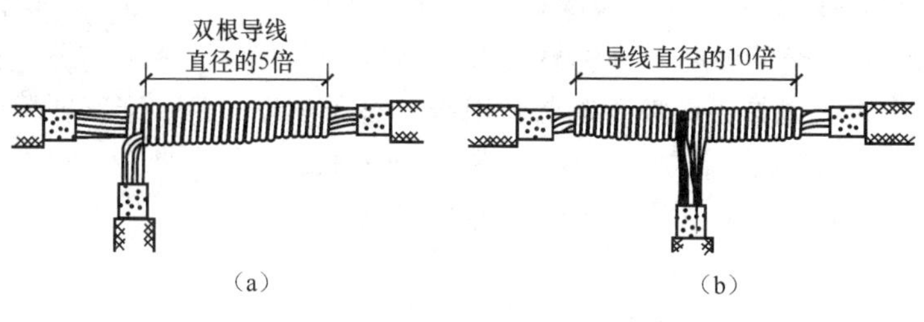

图 2-42　多芯线分支连接缠卷法

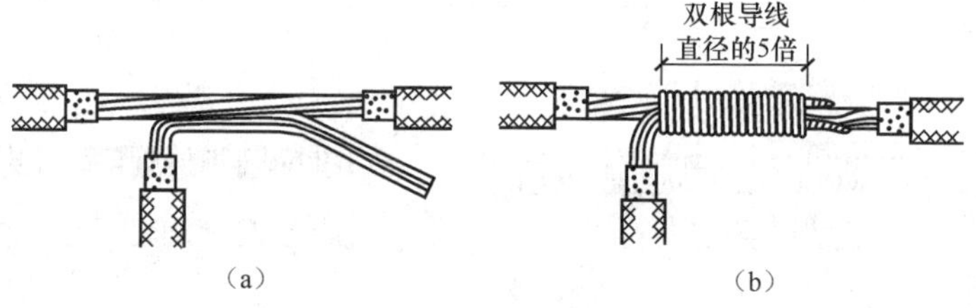

图 2-43　分支线单卷法

（3）复卷法。复卷法是先将分支线端破开劈成两半后与干线连接处中央相交叉，将分支线向干线两侧分别紧卷后，余线依阶梯形剪断，连接度为导线直径的 10 倍，如图 2-44 所示。

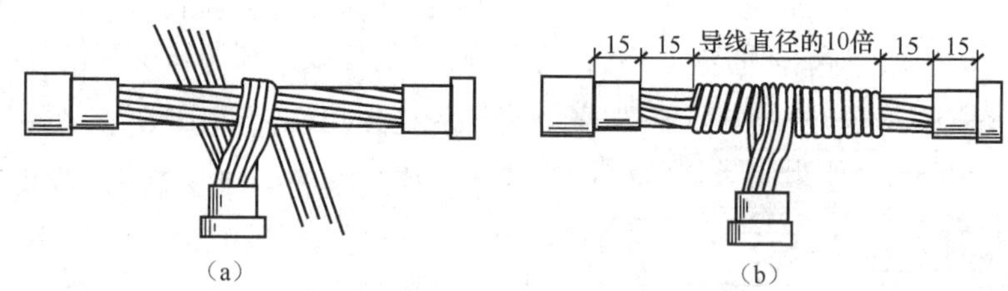

图 2-44　多芯分支线复卷法

3．人字连接

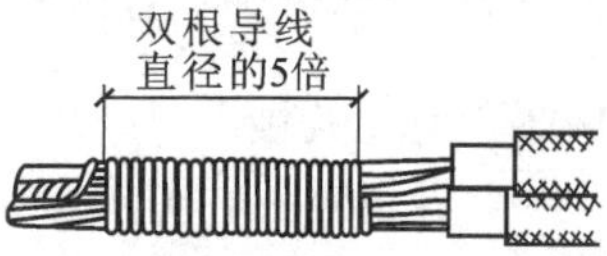

多芯铜导线的人字连接适用于配电箱内导线的连接，在一些地区也用于进户线与接户线的连接。多芯铜导线人字连接时，按导线线芯的接合长度剥去适当长度的绝缘层，并各自分开线芯进行合拢，用绑线进行绑扎，绑扎长度应为双根导线直径的 5 倍，如图 2-45 所示。

双根导线
直径的5倍

图 2-45　多芯铜导线人字连接

4．压接连接

多股线的压接连接有管状端子压接法和套管压接法，压接操作方法与单股线压接相同，不再赘述。

2.5.3　导线连接后绝缘恢复

导线连接好后，均应采用绝缘带包扎，以恢复其绝缘。经常使用的绝缘带有黑胶布、自黏性橡胶带、塑料带和黄蜡带等。应根据接头处环境和对绝缘的要求，结合各绝缘带的性能选用。包缠时采用斜叠法，使每圈压叠带宽的半幅。第一层绕完后，再用另一斜叠方向缠绕第二层，使绝缘层的缠绕厚度达到电压等级绝缘为止。包缠时要用力拉紧，使之包缠紧密坚实，以免潮气侵入。包缠绝缘带如图 2-46 所示。

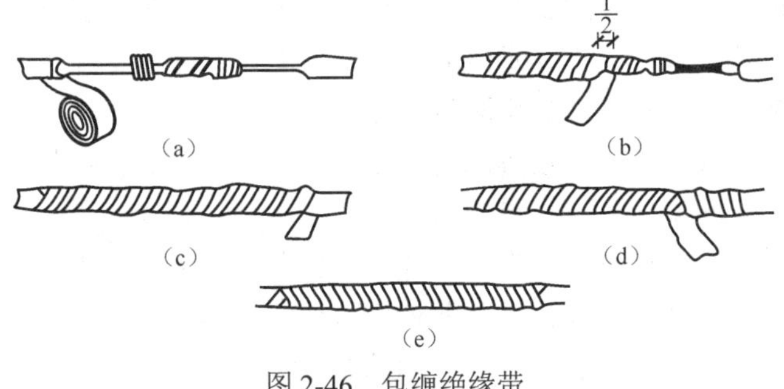

图 2-46　包缠绝缘带

项目3 室外架空线路安装

【知识目标】

（1）了解电力线路的分类及构成。

（2）掌握杆塔分类、结构与作用。

（3）熟悉架空线路安装施工方法。

【能力目标】

（1）能选择架空线路工程的主要机具。

（2）能制定架空线路施工的工艺流程。

（3）能确定杆上设备安装的技术标准。

【素质目标】

（1）增强安全意识，保障架空线路施工的人身安全。

（2）培养学生为人处世真诚、信守承诺的诚信素养。

3.1 架空线路安装基本知识

3.1.1 架空线路基本知识

电力线路是电力网的主要组成部分，其作用是输送和分配电能。电力线路一般分为输电线路和配电线路。输电电压等级 220kV 及以上称为高压输电线路，330kV、500kV、750kV 称为超高压输电线路，1000kV 及以上称为特高压输电线路。配电线路又可分为高压配电线（电压为 35kV 或 110kV）、中压配电线路（电压为 10kV 或 20kV）和低压配电线路（电压为 220/380V）。

架空电力线路主要是导线、杆塔、绝缘子、金具、拉线、基础、防雷设施及接地装置等构成的，它们的作用分别如下：

（1）导线用来传导电流，输送电能。

（2）杆塔用来支撑导线和地线，并使导线和导线之间、导线和地线之间、导线和杆塔之间以及导线和被跨越物之间，保持一定的安全距离。

（3）绝缘子用来固定导线，并使它们之间保持绝缘状态。

（4）金具在架空线路中主要起支持、固定、连接、接续、调节及保护的作用。

（5）拉线用来加强杆塔的强度，承担外部荷载的作用力。

（6）杆塔基础用来保证杆塔不发生倾斜或倒塌。

（7）防雷设施及接地装置的作用是当雷击线路时把电流引入大地来保护线路绝缘。

3.1.2 架空线路杆塔结构

架空线路杆塔主要由杆塔基础、杆塔、横担、导线、拉线、绝缘子及金具等组成，如

图 3-1 所示。

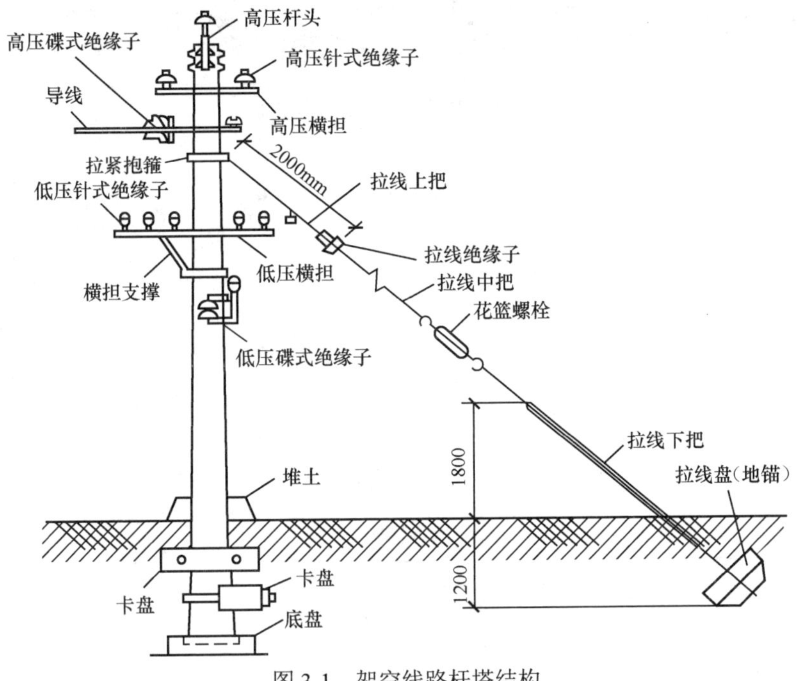

图 3-1　架空线路杆塔结构

1. 杆塔基础

电杆基础是架空线路电杆地下部分的总称，主要由底盘、卡盘和拉线盘等组成，其作用是防止电杆因垂直、水平负荷及事故负荷引起上拔、下压，甚至倾倒等。电杆基础一般均为钢筋混凝土预制件。

2. 杆塔

杆塔是用来支持架空导线的，使用时把它埋设在地上，装上横担及绝缘子，导线固定在绝缘子上。

（1）按杆塔材质可分为木杆、钢筋混凝土杆和金属杆塔。

1）木杆重量轻，价廉，制造、安装方便。但木材易腐且机械强度低，目前，我国已很少采用。

2）钢筋混凝土杆俗称水泥杆，结实耐用、使用年限长、维护简单、运行费用低；节约钢材，造价低，施工工期短。缺点是比较笨重、运输困难。

3）金属杆塔有铁塔、钢管杆和型钢杆等。优点是坚固、可靠，使用年限长，但钢材消耗量大，造价高，施工工艺比较复杂，维护工作量大。

（2）按在线路中的受力和作用可分为直线杆（中间杆）、耐张杆（承力杆）、转角杆、终端杆、跨越杆和分支杆，其装设部位和功能如图 3-2 所示，作用分类见表 3-1。

3. 横担

架空线路横担用来安装绝缘子、固定开关、电抗器、避雷器等，因此要求有足够的机械强度和长度。横担的种类常用的横担有木横担、铁横担和瓷横担三种，其外形如图 3-3 所示。

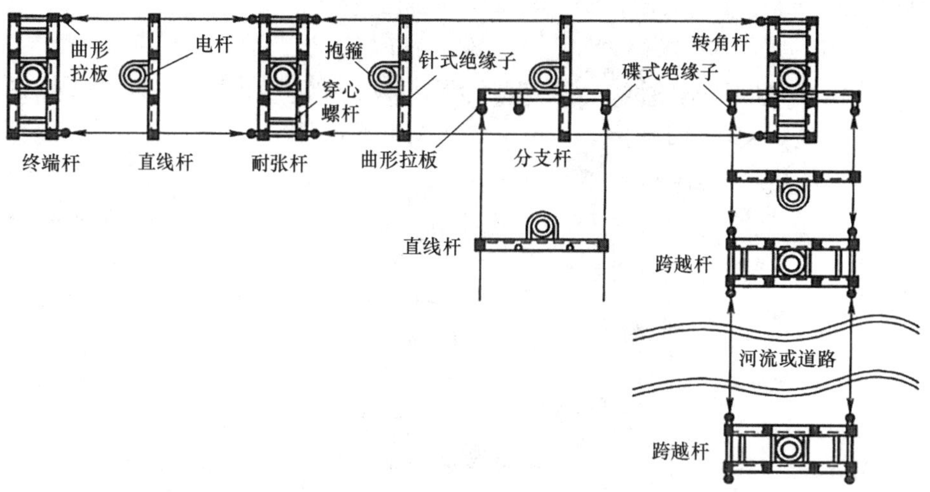

图 3-2 电杆装设部位和功能

表 3-1 电杆按作用分类

杆型	用途	有无拉线
直线杆（即中间杆）	能承受导线、绝缘子、金具及凝结在导线上的冰雪重量，同时能承受侧面的风力。广泛应用，占全部电杆数的 80%	无拉线
耐张（即分段杆）	能承受一侧导线的拉力，当线路出现倒杆、断线事故时，能将事故限制在两根耐张杆之间，防止事故扩大。在施工时还能分段紧线	采用四面拉线或顺线路方向人字拉线
转角杆	用于线路的转角处，能承受两侧导线的合力。转角在 15°～30°时，宜采用直线转角杆；转角在 30°～60°时，应采用转角杆；当转角在 60°～90°时，应采用十字转角杆	采用导线反向拉线或反合力方向的拉线
终端杆	用于线路的始端和终端，承受导线的一侧拉力	采用导线反向拉线
分支杆	用于线路分接支线时的支持点。向一侧分支的为 T 形分支杆；向两侧分支的为十字形分支杆	采用在分支线路的对应方向拉线
跨越杆	用于跨越河道、公路、铁路、工厂或居民点等地的支持点，故一般需加高	采用人字拉线

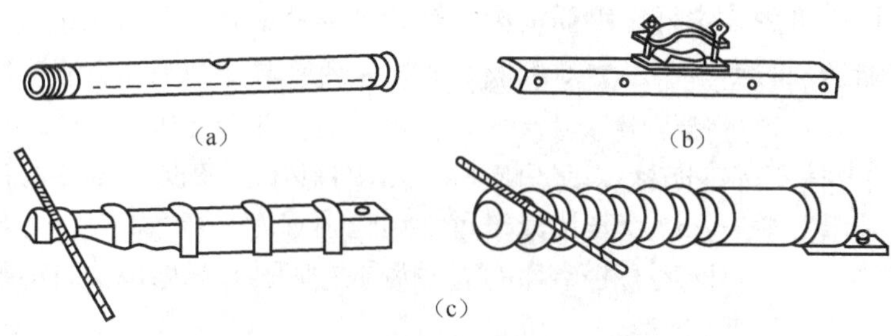

图 3-3 横担

（a）木横担；（b）铁横担；（c）瓷横担

常用的低压横担根据安装形式可分为正横担、侧横担、和合横担、交叉横担，如图 3-4 所示。正横担应用最广，侧横担在线路靠近建筑物而电杆又必须在小于与建筑物规定的距离内使用，和合（有平面和合与上下和合）横担用于转角、耐张、终端等承力杆，交叉横担用于分支或大型转角处。

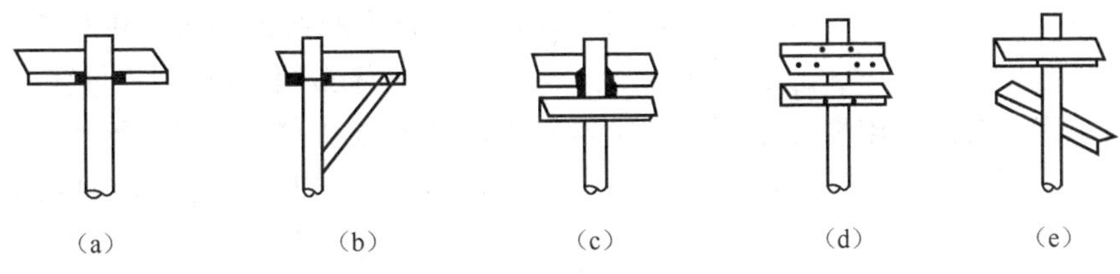

图 3-4　横担安装形式

（a）正横担；（b）侧横担；（c）和合横担；（d）和合上下横担；（e）交叉横担

4. 导线

导线的材料有铜、铝、钢、铝合金等。其中铜的导电率高、机械强度高。铝的导电率次于铜，密度小，且价格低，广泛应用于架空线路中，但铝的机械强度低，不适应大跨度架设，因此常采用钢芯铝绞线或钢芯铝合金绞线。

（1）裸导线的结构可以分为三类：单股导线、多股绞线和复合材料多股绞线。按材质不同可分为铜绞线（TJ）、铝绞线（LJ）、钢芯铝绞线（LGJ）、轻型钢芯铝（LGJQ）、加强型钢芯铝绞线（LGJJ）、铝合金绞线（LHJ）和钢绞线（GJ）等，应根据不同和环境进行选择。如铝绞线常用于 35kV 以下的档距较小的配电线路，且常作分支线使铝合金绞线常用于 110kV 及以上的输电线路上；钢绞线常用作架空地线、接地引下线及塔的拉线。

（2）绝缘导线按电压等级可分为中压（10kV）绝缘线和低压绝缘线；按材料可分为聚氯乙烯绝缘线、聚乙烯绝缘线和交联聚乙烯绝缘线。导线型号的表示举例见表 3-2。

表 3-2　导线型号表示举例

导线种类	代表符号	型号含义
铝绞线	LJ	LJ-25 标称截面为 25mm² 的铝绞线
钢芯铝绞线	LGJ	LGJ-35/6 铝芯部分标称截面为 35mm²、钢芯标称截面为 6mm² 的钢芯铝绞线
铜绞线	TJ	TJ-50 标称截面为 50mm² 的铜绞线
钢绞线	GJ	GJ-25 标称截面为 25mm² 的钢绞线
铝芯交联聚乙烯绝缘线	JKLYJ	JKLYJ-120 标称截面为 120mm² 的铝芯交联聚乙烯绝缘线

（3）架空配电线路干线、支线一般采用裸导线，但在人口密集的居民区、厂区内部的线路，为了安全也可以采用绝缘导线。从 10kV 高压线路到配电变压器高压套管的高压引下线应用绝缘导线；低压接线户和进线户也必须采用硬绝缘导线。

（4）架空导线在运行中除了受自身重量的荷载以外，还承受温度变化及冰、风等外载荷。为了保证安全，国家标准规定了架空导线最小允许截面，在实际工作中，所选择的导线不得小于规范所规定的值。

5. 拉线

拉线又叫扳线，是用来平衡电杆，不使电杆因导线的拉力或风力的影响而倾斜。凡受导线拉力不平衡的电杆，或受较大风力的电杆，或杆上装有电气设备的电杆，均需要装拉线。拉线主要由拉线抱箍、楔形线夹、拉线钢索（钢绞线）、UT 形线夹、花篮螺栓、拉线棒和拉线盘等组成。拉线按其作用可分为张力拉线和风力拉线两种；按其形式又可分为普通拉线、水平拉线、弓形拉线、共同拉线和 V 形拉线等，拉线类型如图 3-5 所示。

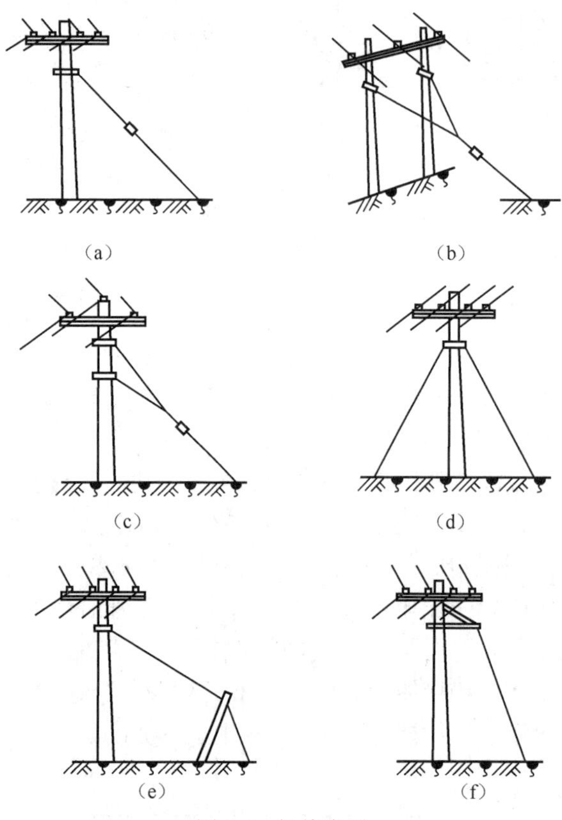

图 3-5 拉线类型

(a) 普通拉线；(b) Y 形水平拉线；(c) Y 形垂直拉线；(d) 人字拉线；(e) 高桩拉线；(f) 自身拉线

6. 绝缘子

绝缘子用来固定导线，并使导线间及导线对地绝缘。此外，绝缘子还承受导线的垂直负荷和水平拉力，所以选用时应考虑绝缘强度和机械强度。架空配电线路常用绝缘子有针式绝缘子、瓷横担绝缘子、悬式绝缘子、棒式绝缘子和蝶式绝缘子。

（1）针式绝缘子主要用于直线杆塔或角度较小的转角杆塔上。它制造简易、价格便宜，承受张力不大，耐雷水平不高，易闪络，故在 35kV 以下配电线路上应用较多。

（2）瓷横担绝缘子一般用于 10kV 配电线路直线杆，它能起到绝缘子和横担的双重作用。广泛应用于 10kV 配电线路上。

（3）悬式绝缘子具有良好的电气性能和较高的机械强度，一般作为耐张或绝缘子串使用。

（4）棒式绝缘子。一般只用在应力比较小的直立杆，且不宜用于跨越公路、铁路、市中心或航道等重要地区的线路。

（5）蝶式绝缘子常用于低压配电线路上，作为直线或耐张绝缘子，也可同悬式绝缘子配套，用于 10kV 配电线路耐张杆塔、终端杆塔或分支杆塔上。

绝缘子的材质一般分为电瓷和玻璃两种。近几年来，我国成功研制了各电压等级的合成绝缘子和合成横担，在电网中运行效果良好。合成绝缘子具有体积小、重量轻、机械强度高、抗污染性能强等优点。

7. 金具

常用金具指架空线路附件和紧固件，包括横担、螺栓、拉线棒、各种抱箍及铁件等。为延长使用寿命，保证电力工程输电正常，除地脚螺栓外，均应采用热浸镀锌制品。架空电力线路常用金具如图 3-6 所示。

（1）支持金具。支持金具的作用是支持导线或避雷线，使导线和避雷线固定于绝缘子或杆塔上，用于直线杆塔或耐张杆塔的跳线上，又称线夹，分为悬垂线夹和耐张线夹。

（2）连接金具。连接金具的作用是将悬式绝缘子组装成串，并将一串或数串绝缘子连接起来悬挂在担上。常用的连接金具有球头挂环、碗头挂板、U 形挂环、直角挂板、平行挂板、平行挂环、二联板和直角环等。

（3）接续金具。接续金具用于导线和避雷线的接续和修补等。它分为承力接续和非承力接续两种。

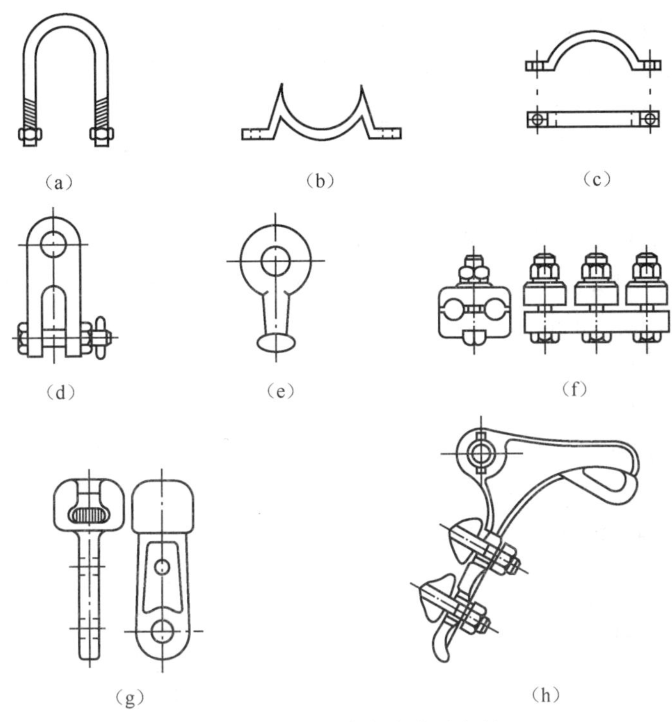

图 3-6　架空电力线路常用金具

(a) U 形抱箍；(b) M 形抱箍；(c) 半圆夹板；(d) 直角挂板；(e) U 形抱箍；(f) M 形抱箍；(g) 半圆夹板；(h) 直角挂板

1）承力接续金具主要有导线、避雷线的接续管等，其握着力不小于该导线、避雷线计算拉断力的 95%。

2）非承力接续金具主要有并沟线夹、带电装卸线夹、安普线夹和异径并沟线夹等，握着力不应小于该导线计算拉断力的 10%。

(4) 保护金具。保护金具主要有用于防止导线在绑扎或线夹处磨损的铝包带和防止导线、地线振动的防震锤。

(5) 拉线金具。拉线金具用于拉线的连接、紧固和调节，主要有：

1）连接金具。用于使拉线与杆塔、其他拉线金具连接成整体，主要有 U 形挂环等。

2）紧固金具。用于紧固拉线端部，与拉线直接接触，要求有足够的握着力度，主要楔形线夹等。

3）调节金具。用于施工和运行中固定与调整拉线的松紧，要求调节方便、灵活，主要有可调式和不可调式 UT 线夹。

3.2 架空线路安装

3.2.1 架空线路安装一般要求

(1) 混凝土电杆的埋设深度通常为杆高的 1/6。

(2) 横担的方向应安装在靠负荷的一侧。

（3）当面向负荷时，架空线在电杆上的排列次序左起依次是 L1、N、L2、L3、PE。

（4）当架空线路为多层架设时，自上而下的顺序是：高压、动力、照明及路灯。

（5）在同一档距内同一相导线的接头最多只能有 1 个。

（6）在同一档距内不得将不同截面、不同金属、不同绞向的导线相连接。

（7）拉线和电杆的夹角不应小于 45°，条件限制时也不得小于 30°。

（8）导线最大弧垂时与建筑物的垂直距离：10kV 不小于 3m；1kV 不小于 2.5m。

（9）边线最大倾斜时与建筑物的水平距离：10kV 不小于 1.5m；1kV 不小于 1.0m。

3.2.2 架空线路安装施工方法

（一）架空线路安装的工艺流程

测量放线定位→基坑开槽→底盘安装→横担组装→立杆→卡盘及拉线安装→导线架设→杆上电气设备安装→接户线安装→线路测试及运行。

（二）架空线路安装的施工方法及要点

1. 测量放线定位

基坑放线定位应根据设计提供的送电线路平、截面图和勘测地形图等，确定线路的走向，然后确定耐张杆、转角杆、终端杆等位置，最后确定直线杆的位置。

（1）杆坑定位。架空配电线路的杆坑位置，应根据设计线路图已定的线路中心线和规定线路中心桩位进行测量放线定位。

杆坑应采用经纬仪测量定位，逐点测出杆位后，随即在定位点处打入主、辅标桩并在标桩上编号。应在转角杆、耐张杆、终端杆和加强杆的杆位的标桩上标明杆型，便于设拉线坑。如果线路沿已有的道路架设，则可根据该道路的距离和走向定杆位。

施工前必须对全线路的坑位进行一次复测，其目的是检查线路坑位的准确性，尤其要检查转角坑的桩位、角度、距离、高差是否正确，防止坑位移。经复测确定主杆基坑坑位标桩、拉线中心桩及其辅助桩的位置，并画出坑口尺寸。

（2）拉线坑定位。直线杆的拉线位置与线路中心线应平行或垂直。转角杆的拉线位于转角的平分角线上（杆受力的反方向）。拉线与杆的中心线来角一般为 45°，如果受地形和建筑物的限制其角度可减小到 30°。

拉线坑的位置方向必须对准杆坑中心。拉线坑深度应根据拉线盘埋设深度确定。

2. 基坑开槽

杆坑有梯形和圆形两种。不带卡盘或底盘的杆坑，常规做法为圆形基坑，圆形坑土挖掘工作量小，对电杆的稳定性较好，可采用螺旋钻孔器、夹铲等工具进行挖掘。

梯形坑适用于杆身较高较重及带有卡盘的电杆，且便于立杆。坑深在 1.6m 以下应放二步阶的梯形基坑，坑深在 1.8m 以上可放三步阶的梯形基坑。

按灰线位置及深度要求挖坑。当采用人力立杆时，坑的一面应挖出坡道。核实杆位及坑深达到要求后，平整坑底并夯实。电杆埋设深度应符合设计规定，设计未作规定时，应符合表 3-3 所列的数值。

坑深允许偏差不应大于＋100mm、－50mm；双杆基坑的根开中心偏差不应超过±30mm，两杆坑深宜一致。

表 3-3　**电杆埋设深度**

杆长/m	8.0	9.0	10.0	11.0	12.0	13.0	15.0
埋深/m	1.5	1.6	1.7	1.8	1.9	2.0	2.3

注　遇有土质松软、流沙、地下水位较高等情况时，应做特殊处理。

3. 底盘安装

根据底盘重量，可采用人工作业或吊装方式将底盘入坑就位。底盘就位后，用线坠找好杆位中心，将底盘放平、找平。底盘的圆槽面应与电杆中心线垂直，找正后应填土夯实至底盘表面。

4. 横担组装

横担组装，一般都在地面上将电杆顶部横担、金具等全部组装完毕，然后整体立杆。

（1）将电杆、金具等分散运到杆位，并对照图纸核查电杆、金具等的规格和质量情况。

（2）用支架垫起杆身的上部，量出横担安装位置，套上抱箍，穿好垫铁及横担，垫好平光垫圈、弹簧垫圈，用螺母紧固。紧固时注意找平、找正。然后，安装连板、杆顶支座构箍、拉线等。横担组装应符合下列要求：

1）同杆架设的双回路或多回路线路，各层横担间的垂直距离不应小于表 3-4 的数值。

表 3-4　**同杆架设线路各层横担间的最小垂直距离**

架设方式	直线杆	分支或转角杆
1～10kV 与 1～10kV 间	800	500
1～10kV 与 1kV 以下间	1200	1000
1kV 以下与 1kV 以下间	600	300

2）220/380V 架空线路导线为水平排列，各排横担上的导线根数分别为二、四两种；导线间的水平距离为 0.4m，考虑登杆需要，接近电杆侧导线各距电杆中心 0.3m，最大允许挡距为 50m。

3）10（6）kV 铁、瓷横担架空线路为三角形排列，导线间的水平距离为 1.4m，当直线杆横担距顶相固定处为 0.3m（承力杆距杆顶导线固定处为 0.5m）时，其最大允许挡距为 90m；当直线杆横担距顶相固定处为 0.5m（承力杆距杆顶导线固定处为 0.8m）时，其最大允许挡距为 120m。高、低压合架时，高压横担距杆顶抱箍为 0.3m 时，其使用挡距为 50m。

4）横担的安装：当线路为多层排列时，自上而下的顺序为高压、动力、照明、路灯；当线路为水平排列时，上层横担距杆顶不宜小于 200mm；直线杆的单横担应装于受电侧，90° 转角杆及终端杆应装于拉线侧。

5）横担端部上下歪斜及左右扭斜均不应大于 20mm。双杆的横担，横担与电杆连接处的高差不应大于连接距离的 5‰；左右扭斜不应大于横担总长度的 1%。

6）螺栓连接要求：以螺栓连接的构件，螺杆应与构件面垂直，螺头平面与构件间不应有间隙。螺栓紧固后，螺杆螺纹露出的长度；单螺母不应少于 2 个螺距：双螺母可与螺母相平。当必须加垫圈时，每端垫圈不应超过 2 个。螺栓的穿入方向应符合规定。

5. 立杆

（1）立杆。立杆的方法很多。常用的有汽车式起重机立杆、三脚架立杆、倒落式立杆和架腿立杆等。

1）汽车式起重机立杆。这种方法既安全，效率又高，有条件的地方应尽量采用。立杆时，先将起重机开到距坑适当位置加以稳固。然后在电杆（从根部量起）1/2～1/3 处结一根起吊钢丝绳，再在杆顶向下 500mm 处临时结三根调整绳。起吊时，坑边站两人负责电杆根部入坑，另由 3 人各扯 1 根调整绳，站成以坑为中心的三角形，由 1 人负责指挥。当杆顶吊离地面约 0.5m 时，对各处绳扎的绳扣进行一次安全检查，确认没有问题后再继续起吊。

电杆竖起后，要调置于线路的中心线上，电杆中心与线路中心偏差不应超过 50mm。直线杆中心应垂直，其倾斜度不得大于电杆梢径的 1/2。承力杆应向承力方向倾斜，其倾斜度不应大于梢径。杆坑回填土时，每填 300mm 夯实 1 次，回填土夯实后应高出地面 300mm，以备沉降。

2）三脚架立杆。这种立杆方法比较简易，它主要是依靠装在三脚架上的小型卷扬机的上、下两只滑轮，以及牵引钢丝绳等来吊立电杆。立杆时，首先将电杆移到坑边，立好三脚架，做好防止三脚架下陷及根部活动的措施，然后在电杆梢部结 3 根拉绳，以控制杆身，在电杆杆身二分之一处，结一根短的起吊钢丝绳，套在滑轮吊钩上。准备工作做完后，即可开始吊杆。起吊时，用手摇卷扬机手柄，当杆梢离地 0.5m 时，对绳扣等做一次安全检查，确认无问题后，再继续起吊，将电杆竖起落于杆坑中。最后调整杆身，填土夯实。

3）倒落式立杆。立杆主要用人字桅杆、滑轮、卷扬机（或绞磨）、钢丝绳等。立杆前先将起吊钢丝绳的一端结在人字桅杆上，另一端绑结在电杆的 2/3 处（从根部量起）。然后再在电杆梢部结三根调整绳，从三个角度控制电杆，使总牵引绳经滑轮组引向卷扬机（或绞磨）。起吊时，人字抱杆与电杆同时起立，当电杆梢径离地约 1m 时，停止起吊，进行一次安全检查，确认无问题后再继续起吊。电杆起立至适当位置时，将电杆底部逐渐放入坑内，并调整电杆的位置。立到 70°时，反向临时拉线要适当拉紧，以防电杆倾倒。当杆身立至 80°时，卷扬机（或绞磨）应慢慢转动，将电杆调整正直，然后填土夯实。

4）架腿立杆。这种立杆方法是利用撑杆来竖立电杆，也叫撑式立杆。使用的工具比较简单，但劳动强度大。而且只能竖立低于 9m 的混凝土电杆。立杆的具体方法是:先将杆移至坑边，对正马道，坑壁竖一块木滑板，电杆梢部结 3 根拉绳，以控制杆身，防止起立过中倾倒。将电杆梢抬起，到适当高度时用撑杆交替进行，向坑心移动，电杆即逐渐竖起。

（2）杆身调整。所有电杆竖起后，都要进行杆身调整。调整杆位，一般可用杠子拨，或用杠杆与绳索联合吊起杆根，使移至规定位置。调整杆面，可用转杆器弯钩卡住，推动手柄使杆旋转。

1）直线杆的横向位移不应小于 50mm；电杆的倾斜不应使杆梢的位移大于半个杆直径。

2）转角杆应向外角预偏，紧线后不应向内角倾斜，向外角的倾斜不应使杆梢位移大于一个杆梢直径。转角杆的横向位移不应大于 50mm。

3）终端杆立好后应向拉线侧预偏，紧线后不应向拉线反方向倾斜，向拉线侧倾斜不应使杆梢位移大于一个杆梢直径。

6. 卡盘及拉线安装

（1）卡盘安装。将卡盘分散运至杆位，核实卡盘埋设位置及坑深，将坑底找平，并夯实。

1）卡盘上口距离地面不应小于 350mm。

2）直线杆卡盘应与线路平行并应在电杆左、右侧交替埋设；终端杆卡盘应埋设在受力侧，转角杆应分上、下两层埋设在受力侧。

3）将卡盘放入坑内，穿上抱箍，垫好垫圈，用螺母紧固。检查无误后回填土。回填土时应将土块打碎，每回填 500mm 应夯实一次，并设高出地面 300mm 的防沉土台。

（2）拉线施工。拉线一般由上把、中把、下把和地锚组成，拉线结构如图 3-7 所示。在地面以上部分，其最小截面不应小于 $25mm^2$，可用 3 股直径为 4mm 的镀锌绞合铁丝。在地下与地锚连接地拉线，其最小截面不应小于 $35mm^2$，可用 3 股直径为 4mm 的镀锌绞合铁丝或采用 12～19mm 的镀锌圆钢绞制而成。

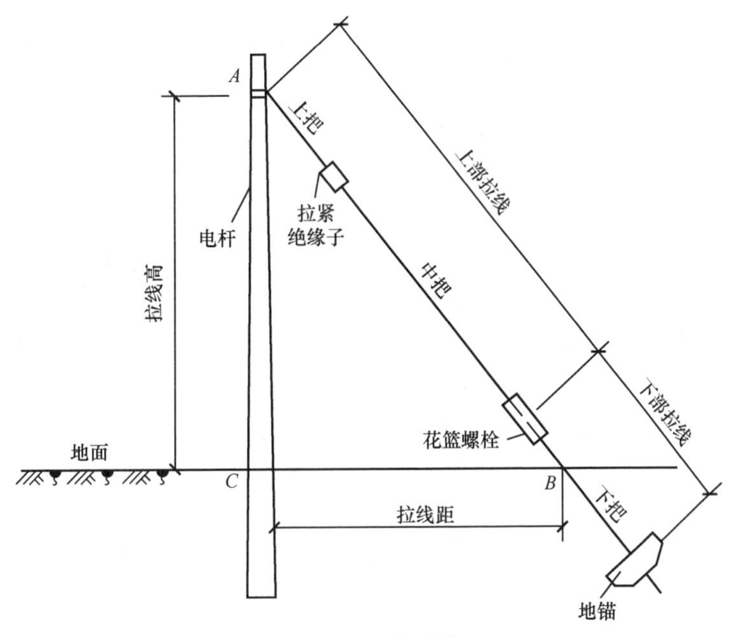

图 3-7　拉线结构

埋设拉线盘，目前普遍采用圆钢拉线棒制成拉线盘。拉线棒的下端套有螺纹，上端有拉环，安装时将其穿过水泥拉线盘孔，放好垫圈，拧上螺母即可。

拉线盘埋设深度和方向要符合设计要求。下把拉线棒装好后，将拉线盘放正，使底把拉环露出地面 500～700mm，随后就可分层填土夯实。

拉线的安装应符合下列要求：

1）拉线从导线之间穿过，应装设拉线绝缘子。

2）拉线坑深度按受力大小与地址情况确定，一般为 1.2～2.2m 深。在断开拉线的情况下，拉线绝缘子距地面应不小于 2.5m。

3）拉线棒一般采用镀锌防腐，最小直径为 16mm；拉线棒外露地面部分的长度应为 500～700mm。

4）水平拉线对路面中心的垂直距离不小于 6m；在拉线柱处不应小于 4.5m。

5）安装后对地平面夹角与设计值的允许偏差值：35kV 架空线路不应大于 1°；10kV 及以下不应大于 3°。

6）终端杆的拉线应设在线路中心线的延长线上；防风拉线应与线路方向垂直。当一条杆上装设多条拉线时，各拉线受力应一致。

7. 导线架设

架空电力配电线路电杆组立及拉线安装并调整好以后，便可以架设导线了。

（1）放线。一般的放线施工可以采用人力或汽车作为放线的牵引动力在地面上拖，可不用牵引设备及大量牵引钢绳，方法简便，缺点是需耗用大量劳动力，如果在地面上拖线，还容易磨损导线。也可以将线盘架设在汽车上，在行进中展放导线。

放线时，要单条放，避免导线磨损、断股和死弯（背花）。放线若需要跨过导线时，应将带电导线停电后再施工。

（2）导线的连接。导线的连接方法有很多，常用的接线法有钳压、液压、爆压和叉接缠绕法等。叉接缠绕适用于容量小、档距不大的低压架空线路及架空线路的过引跨接线的连接。钳压、液压和爆压常用于高压电力线路中。

钳压压接连接法是将被接导线重叠插入特制规格的椭圆形连接管内，然后用钳压器机械压钳或油压压接钳及凹凸模具在管外压下规定数目的凹坑；且线端露出长度应大于 20mm，压后应检查凹槽的深度，如不合格应进行调整。对接液压法连接是将被接导线对插入特制规格的圆形钢连接管，然后用导线压接机及其钢模，按照规定的压接顺序，将导和连接管压接成一体，再套入铝接管继续压接而成。爆压连接是在连接管内装上定量炸药，在其爆炸瞬间产生的高压气体作用下，使其产生塑形变形，使导线连接起来。插接缠绕法是把两根被连接导线的端头散开呈散状，散开长度根据导线直径而定（导线截面积在 $50mm^2$ 以下一般为 100～300mm，用钳子使其紧密地结合在一起，用自身的导线向后逐步缠绕而成。

导线连接的总体要求如下：

1）不同金属、不同规格、不同绞制方向的线材，不得在同一耐张段内连接。

2）接头处的机械强度不应低于原导线强度的 90%；接头处的电阻不应超过同长度原导线电阻的 1.2 倍。

3）导线的连接部分不得有线股缠绕不良、断股、缺股等缺陷。

4）在同一档距内，一根导线只允许有 1 个直线连接管及 3 个修补管，且它们的间距不宜小于 15m。

5）连接后接头部分的外观应平直，弯曲度应小于管长的 2%；大于 3%时应锯断重接；在 2%～3%时可垫木块用木槌校正。接头表面应无毛刺毛边，不允许有任何裂纹，两线端头露出管的长度应大于 20mm。

6）连接后的外形尺寸应用卡尺测量，并符合各种连接方法对应的尺寸误差。

（3）紧线。紧线的工作，一般应与弧垂测量和导线固定同时进行。在展放导线时，导线的展放长度应比档距长度略有增加，平地时一般可增加 2%；山地可增加 3%，还应尽可能在一个耐张段内，导线紧好后再剪断导线，避免导致成浪费。

紧线前做好耐张杆、转角杆和终端杆的拉线，然后分段紧线。紧线时应遵循先地线、后导线，先中相、后边相的原则。为了防止横担扭转，可先紧两边线，再紧中间线，或者 3 根线同时紧。

紧线时要根据当时的气温，确定导线的弧垂值。观测弧垂的方法有等长法和张力法。施工中常用等长法。弧垂观测时应先挂线端（即远方），后紧线场端（即近方）。弧垂观测挡的位置选择应符合规定。

35kV 架空电力线路的紧线弧垂应在挂线后随即检查，弧垂误差不应超过设计弧垂的＋5%和－2.5%；10kV 及以下架空线路的导线紧好后，弧垂的误差不应超过设计弧垂的±5%。同档内各相导线弧垂宜一致，水平排列的导线弧垂误差，10kV 及以下架空线路不应大于 50mm。

（4）导线在绝缘子上的固定。导线紧线完毕后，应立即将导线固定在横担的绝缘子上，通常用绑扎法。绑扎法因绝缘形式和安装地点不同而异，常用的有顶绑法、侧绑法和终端绑扎法。导线的固定或绑扎都有规定的方法和技术要求，必须遵守。

（5）附件的安装。架空线路受风的影响而产生共振，长期的强烈振动，将引起线路材料损坏、螺栓松动、断股断线等事故。为了减轻危害，有效的办法是安装防振锤和阻尼线，35kV及以上的线路一般都应设置。

8. 杆上电气设备安装

（1）电气设备的安装，应符合下列规定：

1）安装前应对设备进行开箱检查，设备及附件应齐全无缺陷，设备的技术参数应符合设计要求，出厂试验报告应有效。

2）安装应牢固可靠。

3）电气连接应接触紧密，不同金属连接，应有过渡措施。

4）绝缘件表面应光洁，应无裂缝、破损等现象。

（2）杆上设备安装要求：

1）固定电气设备的支架、紧固件为热浸镀锌制品，紧固件及防松零件齐全。

2）变压器储油柜、油位应正常，外壳应干净；套管表面应光洁，不应有裂纹、破损等现象；变压器接地应可靠，接地电阻值应符合设计要求。

3）跌落式熔断器水平相间距离应符合设计要求。熔断器应安装牢固、排列整齐，熔管轴线与地面的垂线夹角应为15°～30°。

4）断路器、负荷开关和高压计量箱的水平倾斜不应大于托架长度的1/100；引线应连接紧密；密封应良好，不应有油或气的渗漏现象；油位或气压应正常。

5）分相安装的隔离开关水平相间距离应符合设计要求。操作机构应动作灵活，合闸时动静触头应接触紧密，分闸时应可靠到位。三相连动隔离开关的分、合闸同期性应满足产品技术要求。

6）避雷器的水平相间距离应符合设计要求。避雷器与地面垂直距离不宜小于4.5m。引线应短而直、连接紧密，其截面应符合设计要求。接地应可靠，接地电阻值符合设计要求。

9. 接户线安装

接户线是指从架空电力线路电杆上引到建筑物外墙第一支持物的这段线路。建筑物外墙支持接户线的设施，包括接户杆（又称为第一支持物）。接户线按其电压可分为低压接户线和高压接户线。

电力线接户线的安装，其各部电气距离应满足设计要求。高压架空接户线自电杆至第一支持物之间距离（档距）不宜大于30m；低压接户线档距不宜超过25m，超过25m应加装接户杆。接户线固定在绝缘子或线夹上，固定时接户线不得本身缠绕，应用单股塑料铜线绑扎。在用户墙上使用挂线钩、悬挂线夹、耐线线夹和绝缘子固定。

（1）接户线安装应符合下列要求：绝缘接户线导线的截面不应小于下列数值：

1）高压：铜芯线，25mm^2，铝及铝合金芯线35mm^2。

2）低压：铜芯线，10mm^2，铝及铝合金芯线16mm^2。

（2）接户线不应从1～10kV引下线间穿过，接户线不应跨越铁路。跨越街道的低压绝缘接户线，至路面中心的垂直距离，不应小于下列数值：

1）通车街道6m；

2）通车困难的街道、人行道 3.5m；

3）胡同（里、弄、巷）3m。

（3）两个电源引入的接户线不宜同杆架设。

（4）绝缘接户线受电端的对地面距离，不应小于下列数值：高压 4m；低压 2.5m。

（5）分相架设的低压绝缘接户线与建筑物有关部分的距离，不应小于下列数值：

1）与接户线下方窗户的垂直距离，0.3m。

2）与接户线上方阳台或窗户的垂直距离，0.8m。

3）与阳台或窗户的水平距离，0.75m。

4）与墙壁、构架的距离，0.05m。

（6）低压绝缘接户线与弱电线路的交叉距离，不应小于下列数值。

1）低压接户线在弱电线路的上方，0.6m。

2）低压接户线在弱电线路的下方，0.3m。如不能满足上述要求，应采取隔离措施。

10. 线路测试及运行

架空线路安装结束后，应进行送电前的准备工作，主要有巡线检查，核对相序，测试电气参数、导线垂度、安全距离、电气间隙等，并整理有关安装记录、技术资料，所有内容合格后才能允许申请冲击试验或试运行。

（1）巡线检查

巡线检查的内容主要包括：

1）杆身、塔身、横担有无歪斜超差；绝缘子有无裂纹、污渍，绑扎是否松动；杆塔上或导线上有无杂物等。

2）相序是否正确。

3）用望远镜观测架空线有无断股、背花，接头是否良好；对地面距离是否符合要求，垂度有无变化等。

4）杆塔基础有无变化、松动，杆身、塔身有无缺陷等。

5）拉线有无松动，地锚有无异常，拉线方向、角度是否正确。

6）接地装置是否完整，连接是否可靠牢固，实测接地电阻值是否在规定范围内。

（2）绝缘电阻测试。根据线路的电压等级选择合适的绝缘电阻测试仪，进行绝缘电阻测试。35kV 高压线路用 5000V 摇表测试时阻值应大于 500MΩ，10kV 高压线路用 2500V 摇表测试时阻值应大于 300MΩ；低压线路用 500V 摇表测试时阻值应大于 1MΩ。

（3）升压试验。对于 35kV 及以上的线路应做升压试验，升压试验与耐压试验相同。升压试验时应派人人分段监视，随时将线路情况报告试验台人员；升压试验杆塔上面不得有人。

（4）合闸冲击试验。以上试验与检测合格后即可进行冲击合闸试验。合闸试验是在额定电压下，对空载线路冲击合闸三次。所谓冲击合闸就是将送电开关合闸后再立即拉闸，其时间间隔不作规定，但应小于 30s；每次拉闸后，再合闸的时间间隔应小于 20s。合闸的过程中，线路的所有绝缘不得有任何破坏。

（5）试运行。冲击合闸试验成功后，线路即可进行空载运行 72h。空载运行时应加强巡视，观察有无异常、闪络或其他不正常现象。空载运行时，用户或负载的开关必须有人监护。72h 空载试运行成功后即可正式投运。

项目4 电缆线路安装

【知识目标】

（1）了解电缆的结构特点，熟悉电缆选型。

（2）掌握电缆直埋、桥架敷设的施工工艺。

（3）熟悉在其他场所电缆敷设的施工方法。

【能力目标】

（1）能根据环境条件合理选择电缆的敷设方式。

（2）能根据电缆敷设方式确定施工工艺流程。

（3）具备电缆施工过程中的安全管理的能力。

【素质目标】

（1）培养电缆敷设过程中精益求精的工匠精神。

（2）培育成本控制意识，合理确定电缆的长度。

4.1 电缆基本知识

4.1.1 电缆的结构及特点

电缆是一种特殊的导线，它是将一根或数根绝缘导线组合成线芯，外面再加上密闭的包扎层。

在电力系统中，最常用的电缆有电力电缆和控制电缆两种，输配电能的电缆，称为电力电缆。用在保护、操作回路中来传导电流的是控制电缆。

1. 电缆的结构

电缆一般由线芯、绝缘层和保护层三个主要部分组成，其结构如图4-1所示。

（1）线芯。线芯导体有良好的导电性，可以减少输电时线路上能量的损失。电缆线芯导体分铜芯和铝芯两种。单芯或三芯电缆的截面为空心圆形，双芯电缆的截面为弓形，三芯、四芯的截面为扇形。

我国电缆线芯的标称截面有以下规格：1、1.5、2.5、4、6、10、16、25、35、50、70、95、120、150、185、240、300、400、500、625、800mm^2。

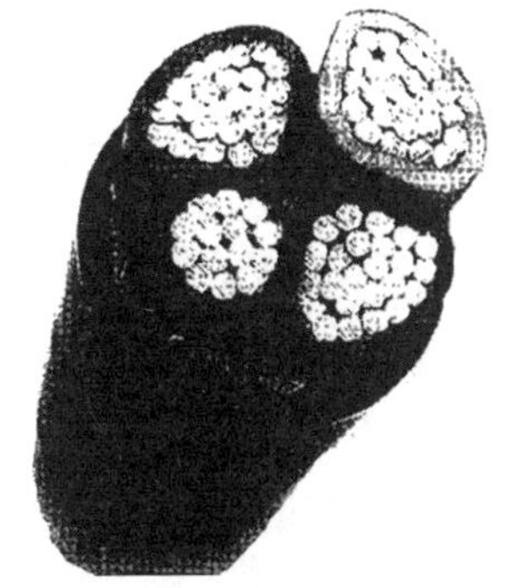

图4-1 电缆结构图

（2）绝缘层。绝缘层的作用是将线芯之间及保护层相隔离，因此必须要求绝缘性能、耐热性能良好。它决定电缆的基本性能。绝缘层有油浸纸绝缘、塑料绝缘（含聚乙烯、聚氯乙烯、交联聚乙烯、聚丁烯等）和橡皮绝缘等几种。

（3）保护层。保护层用来保护绝缘层，使电缆在运输、储存、敷设和运行中，绝缘层不受外力的损伤和水分的浸入，故应有一定的机械强度。

保护层分内保护层和外保护层，内保护层起密封、保护线芯和绝缘层的作用，由铝、铅、橡胶或塑包在绝缘层上，成为铅包、铝包、橡套和塑料护套等。外保护层用来保护内护层免受外界的机械伤和化学腐蚀，是由钢带或不同粗细的钢丝绕制而成的铠甲及黄麻等材料组成的衬垫。在钢铠层外还有一层保护其不受外界腐蚀的外皮层。

2. 电缆的特点

电缆型号规格很多，在实际使用中根据不同情况进行分类，可按电压等级、导电线芯面、导电线芯数、绝缘材料、传输电能的形式等分类。其中按绝缘材料类型可分为以下几类。

（1）油浸纸绝缘电缆。油浸纸绝缘电缆的优点是使用寿命长、成本低、结构简单、制造方便、易于安装和缺点是浸渍剂容易淌流，不宜做高落差敷设，允许工作场强较低。

（2）塑料绝缘电力电缆。

1）我国早期大量使用的低压电力电缆一般为油浸纸绝缘电力电缆和橡皮绝缘电力缆，随着世界范围内的石油化学工业大发展，塑料绝缘电力电缆由于制造工艺简单，没有敷设落差的限制，工作温度可以提高，电缆的敷设、维护、接续比较简便，又有较好的抗化学品的性能等优点，已成为电力电缆中正在迅速发展的一类重要品种。

2）按照常规绝缘材料可以细分为聚氯乙烯绝缘电缆、聚乙烯绝缘电缆和交联聚乙绝缘电缆。

聚氯乙烯绝缘电缆特点是：安装工艺简单，聚氯乙烯化学稳定性高，具有非燃性，材料来源充足，能适应高落差敷设，敷设维护简单方便；聚氯乙烯电气性能低于聚乙烯，工作温度高低对其机械性能有明显的影响。允许最高工作温度为65℃，－15℃以下低温环境不宜用聚乙烯绝缘电缆，聚氯乙烯材料在低温的情况下会发生脆化。

聚乙烯绝缘电缆有优良的介电性能，工艺性能好，易于加工，但抗电晕、游离放电性能差，耐热性差，受热易变形，易延燃，易发生应力龟裂。允许最高工作温度为70℃。

交联聚乙烯绝缘电缆的特点是：允许温升较高，故电缆的允许载流量较大；耐热性能好，有优良的介电性能，适宜于高落差和垂直敷设；抗电晕、游离放电性能差。10kV 及以下允许最高工作温度为90℃，20kV 及以下允许最高工作温度为80℃。

3）按照阻燃特性和耐火特性可以分为阻燃电缆和耐火电缆。

阻燃电缆的结构和普通电缆基本相同，不同之处在于它的绝缘层、护套、外护层以及辅助材料（包带及填充）全部或部分采用阻燃材料。

耐火电缆与普通电缆不同之处在于，耐火电缆的导体采用耐火性能好的铜导体，并在导体和绝缘层间增加耐火层，耐火层由多层云母带绕包而成。

耐火电缆与阻燃电缆的主要区别是：耐火电缆在火灾发生时能维持一段时间的正常供电，一般适用于应急照明和消防系统。

（3）橡皮绝缘电力电缆。橡皮绝缘电力电缆柔软性好，易弯曲，适宜作多次拆装的线路，耐寒性能较好，有较好的电气性能、机械性能和化学稳定性，对气体、潮气、水的渗透性较好，耐电晕、耐臭氧、耐热、耐油的性能较差，一般作低压电缆使用。

4.1.2 电缆的型号及参数

1. 电缆型号

我国电缆的型号是采用双语拼音字母组成，带外护层的电缆则在字母后加上两个阿拉伯数字。常用电缆型号字母含义及排列次序见表4-1。

表4-1　常用电缆型号字母含义及排列次序

类别	绝缘种类	线芯材料	内护层	其他特征	外护层
电力电缆不表示 K—控制电缆 Y—移动式软电缆 P—信号电缆 H—市内电话电缆	Z—纸绝缘 X—橡皮 V—聚氯乙烯 Y—聚乙烯 YJ—交联聚乙烯	T—铜（省略） L—铝	Q—铅护套 L—铝护套 H—橡套 VV—双层塑料护套 V—聚氯乙烯护套 Y—聚乙烯护套	D—不滴流 F—分相铅包 P—屏蔽 C—重型	两个数字（含义见表4-2）

电缆外护层的结构采用两个阿拉伯数字表示，前一个数字表示铠装层结构，后一个数字表示外被层结构。阿拉伯数字代号的含义见表4-2。

表4-2　电缆外护层代号的意义

第一个数字		第二个数字	
代号	铠装层类型	代号	外被层类型
0	无	0	无
1	—	1	纤维绕包
2	双钢带	2	聚氯乙烯护套
3	细圆钢丝	3	聚乙烯护套
4	粗圆钢丝	4	—

电缆的规格除标明型号外，还应说明电缆的额定电压、芯数、标称截面积和阻燃、耐热等。例如：VV22－10－3×95表示额定电压为10kV，三芯，标称截面积为95mm^{2}的聚氯乙烯绝缘铜芯电力电缆，铠装层为双钢带，外护层是聚氯乙烯护套。

2. 电缆常用型号

电缆常用型号见表4-3。

表4-3　电缆常用型号

型号		名称
铜芯	铝芯	
VV	VLV	聚氯乙烯绝缘聚氯乙烯护套电力电缆
VY	VLY	聚氯乙烯绝缘聚乙烯护套电力电缆
VV22	VLV22	聚氯乙烯绝缘钢带铠装聚氯乙烯护套电力电缆
VV23	VLV23	聚氯乙烯绝缘钢带铠装聚乙烯护套电力电缆
VV32	VLV32	聚氯乙烯绝缘细钢丝铠装聚氯乙烯护套电力电缆
VV33	VLV33	聚氯乙烯绝缘细钢丝铠装聚乙烯护套电力电缆
KVV22	KVLV22	聚氯乙烯绝缘钢带铠装聚氯乙烯护套控制电缆
YJV	YJLV	交联聚乙烯绝缘聚氯乙烯护套电力电缆
YJY	YJLY	交联聚乙烯绝缘聚乙烯护套电力电缆
YJV22	YJLV22	交联聚乙烯绝缘钢带铠装聚氯乙烯护套电力电缆
YJV23	YJLV23	交联聚乙烯绝缘钢带铠装聚乙烯护套电力电缆
YJV32	YJLV32	交联聚乙烯绝缘细钢丝铠装聚氯乙烯护套电力电缆
YJV33	YJLV33	交联聚乙烯绝缘细钢丝铠装聚乙烯护套电力电缆

3. 电缆的参数

电缆的电气参数有额定电压、直流电阻、载流量、绝缘电阻及介质损耗角正切等。电缆载流能力及温升是电缆选用的重要指标。

（1）载流量。载流量是指某种电缆允许传送的最大电流值。电缆导体中流过电流时，导体会发热，绝缘层中会产生介质损耗，护层中又有涡流等损耗。如果在某一个状态下发热量等于散热量中，电缆导体就有一个稳定的温度。使导线的稳定温度达到电缆最高允许温度时的载流量，称为允许载流量或安全载流量。

电缆的载流量主要取决于：规定的最高允许温度和电缆周围的环境温度、电缆各部分的结构尺寸及其材料特性（如绝缘热阻系数、金属的涡流损耗系数）等因素。

由于电缆导体的发热有一个时间过程才能达到稳定值，因此在实际应用中载流量就有三类：①长期工作条件下的允许载流量；②短时间允许通过的电流；③在短路时允许通过的电流。

（2）长期允许载流量。当电缆导体温度等于电缆的最高长期工作温度，而电缆中的发热与散热达到平衡时的电流，即为长期允许载流量。一般电缆的长期允许载流量可查有关手册得到数据，载流量与敷设方式有关，需要按照敷设方式查阅电缆载流量。

表 4-4 给出了常见电缆（无铠、铜芯）在空气中长期允许载流量。电缆导体的长期工作温度不应超过表 4-5 所规定的值（若与制造厂的规定有出入时，应以制造厂数据为准）。

表 4-4　常见电缆（无铠、铜芯）在空气中（25℃）长期允许载流量

导体截面/ mm^2	长期允许载流量，A				
	1～3kV		6kV	10kV	20～35kV
	聚氯乙烯绝缘二芯	聚氯乙烯绝缘三芯或四芯	聚氯乙烯绝缘三芯	交联聚氯乙烯绝缘三芯	交联聚氯乙烯绝缘三芯
2.5	23	19	—	—	—
4	28	27	—	—	—
10	57	49	52	—	—
16	77	67	70	—	—
25	102	89	92	129	116
35	123	106	110	159	148
50	156	134	139	182	174
70	190	166	166	223	213
95	233	200	206	276	239
120	272	233	239	317	271
150	312	272	273	359	297
185	—	317	317	413	323

表 4-5　电缆导体的长期允许工作温度　单位：℃

电缆种类	35kV 及以下	6kV	10kV	20～35kV
天然橡胶绝缘	65	65	—	—
聚氯乙烯绝缘	65	65	—	—
聚乙烯绝缘	—	70	70	—
交联聚乙烯绝缘	90	90	90	80

4.2 直埋电缆敷设

4.2.1 电缆敷设的一般要求

电缆线路的敷设方式很多，主要有电缆直埋式、电缆沿电缆沟、排管、隧道敷设、电缆穿管敷设、电缆沿桥架敷设等。采用哪种敷设方式，应根据电缆的根数、电缆线路的长度以及周围环境条件等因素决定。

1. 电缆敷设方法

电缆敷设方法按动力源可分为人工敷设和机械牵引敷设；按方向可分为水平敷设和垂直敷设。

2. 电缆敷设前的检查

电缆敷设前应检查：电缆通道畅通，排水良好；电缆型号、电压、规格应符合设计；电缆外观应无损伤，敷设前进行绝缘测试，合格后方可敷设；电缆放线架应放置稳妥，钢轴的强度和长度应符合电缆盘重量要求。敷设前应按设计和实际路径计算每根电缆的长度，合理安排每盘电缆，减少电缆接头。

3. 电缆敷设的一般要求

电缆敷设过程中，一般按下列程序：先敷设集中的电缆，再敷设分散的电缆；先敷设电力电缆，再敷设控制电缆；先敷设长电缆，再敷设短电缆；先敷设敷设难度大的电缆，再敷设敷设难度小的电缆。电缆敷设的一般规定如下。

（1）电力电缆在终端头与接头附近宜预留备用长度。

（2）电缆间或电缆与其他管道、建筑物相互接近或交叉时，其间距应符合设计的规定，电缆间或电缆与其他管道间要保持一定的距离。

（3）电缆支架的架设地点应选好，以敷设方便为准，一般应在电缆起止点附近为宜。架设时，应注意电缆轴的转动方向，电缆引出端应在电缆轴的上方，敷设方法可用人力或机械牵引。如图4-2所示。

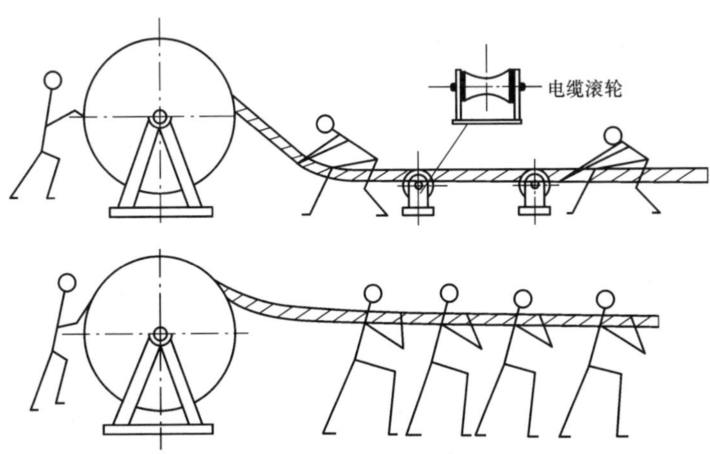

图4-2　人力牵引电缆示意图

（4）电缆穿过楼板时，应装套管，敷设完后应将套管用防火材料封堵严密。

（5）三相四线制系统中必须采用四芯电力电缆，不可采用三芯电缆加一根单芯电缆或以导线、电缆金属护套等作中性线，以免损坏电缆。

（6）电缆敷设时，不应破坏电缆沟、隧道、电缆井和人孔井的防水层。

（7）并联使用的电力电缆，应使用型号、规格及长度都相同的电缆。

（8）电缆敷设时，不应使电缆过度弯曲，电缆的最小弯曲半径应符合规范的规定。

（9）电缆进入电缆沟、隧道、竖井、建筑物、盘（柜）以及穿入管子时。出入口应封闭，管口应密封。

（10）电缆铠装及铜屏蔽层均应可靠接地，接地方法如图 4-3 所示。

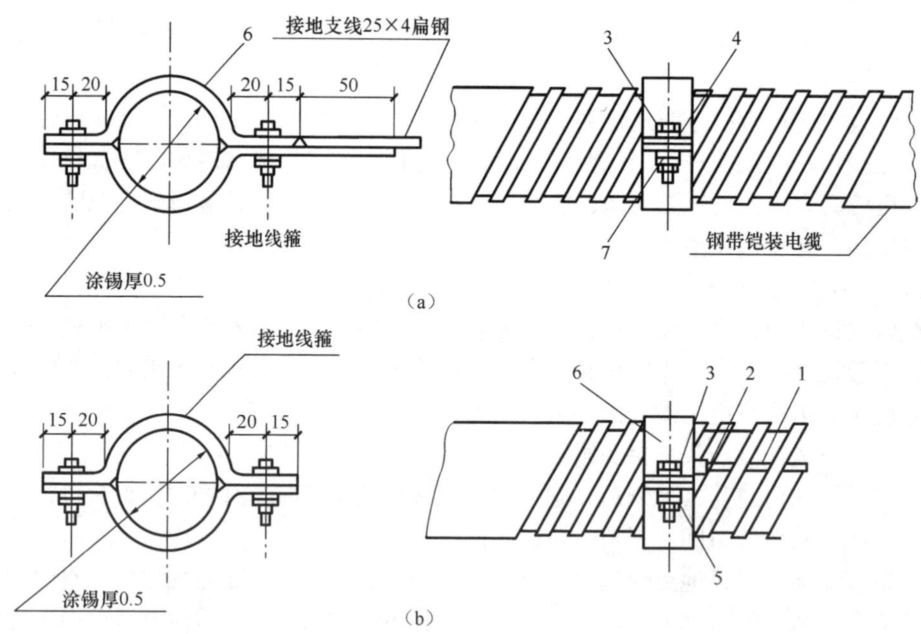

图 4-3　电缆钢铠作为接地装置（单位：mm）

（a）从电缆敷设的垂直方向引出；（b）从电缆敷设的平行方向引出

1—4mm² 裸铜接地线；2—40mm 铜接头；3—M8×30 螺栓；4—M8 垫圈；

5—M8 螺母；6—25×4 镀锌扁钢接地线箍；7—M8 弹簧垫圈

4.2.2　直埋电缆的施工工艺

电缆直埋敷设就是沿选定的路线挖沟，然后将电缆埋设在沟内。此种方式一般适用于沿同一路径，线路较长且电缆根数不多（8 根以下）的情况。电缆直埋敷设具有施工简便，费用较低，电缆散热好等点，但土方量大，电缆还易受到土壤中酸碱物质的腐蚀。

电缆直埋敷设的施工工艺如下：放线定位→挖沟→敷设电缆→回填土→埋标桩。

1. 放线定位

电缆沟定位放线，根据施工图将直埋电缆部分找准位置，用经纬仪放线或确定位置后，拉上线或用白灰画线挖槽。

2. 挖沟

电缆直埋敷设时，首先应根据选定的路径挖沟，电缆沟的宽度与电缆沟内埋设电缆的电压和根数有关。电缆沟的深度与敷设场所有关。电缆沟的形状基本上是一个梯形，对于一般土质，沟顶应比沟底宽 200mm。

（1）电缆的埋设深度距地面不小于 0.7m，穿越农田时不应小于 1m。在引入建筑物与建筑物交叉或绕过建处，可根据实际情况埋浅点，但应采取保护措施。在地区，电缆应埋入冻土层以下，当无法深埋时，应加保护。

（2）电缆之间、电缆与其他管道、道路、建筑物等之间平行交叉时的最小净距应符合表 4-6 的规定。

表 4-6　电缆之间、电缆与其他管道、道路、建筑物之间平行交叉时的最小净距

项　目		最小净距/m	
		平行	交叉
电力电缆间及其与控制电缆间	10kV 及以下	0.10	0.50
	10kV 以上	0.25	0.50
控制电缆间		—	0.50
不同使用部门的电缆间		0.50	0.50
热管道（管沟）及热力设备		2.00	0.50
油管道（管沟）		1.00	0.50
可燃气体及易燃液体管道（沟）		1.00	0.50
其他管道（管沟）		0.50	0.50
铁路路轨		3.00	1.00
电气化铁路路轨	交流	3.00	1.00
	直流	10.0	1.00
公路			1.00
城市街道路面		1.00	0.70
电杆基础（边线）		1.00	—
建筑物基础（边线）		0.60	—
排水沟		1.00	0.50

注　1. 电缆与公路平行的净距，当情况特殊时可酌减。

2. 当电缆穿管或者其他管道有保温层等保护设施时，表中净距应从管壁或保护设施的外壁算起。

3. 敷设电缆

敷设前应清除沟内杂物，在铺平夯实的电缆沟底铺一层厚度不小于 100mm 的细沙或软土，然后敷设电缆。

电缆敷设可用人力拉引或机械牵引。当电缆较重时，宜采用机械牵引；当电缆较短时，可采用人力拉引。

（1）一般常用慢速卷扬机直接牵引，牵引速度一般为 5～6m/min。在牵引过程中应注意滑轮是否翻倒，张力是否适当。特别应注意电缆进出口或弯曲处，电缆的外形和外护层有无擦伤或压扁等不正常现象，弯曲处滚轮设置必须保持电缆的弯曲倍数。电缆敷设利用牵引机压紧机构，调节上下排滚轮之间的开合倍数，不损伤电缆。

（2）电缆敷设完毕应检查，是否有损伤，在电缆两端、中间接头处，电缆井内、电缆穿管处，垂直位差处均应有适当余量，可作波浪状摆设，也可有意做 Ω 状敷设，并在隐蔽工程记录表明。

（3）当电缆敷设完毕，经检查无问题并经监理或建设单位确认后可回填。在电缆上面再铺以一层厚度不小于 100mm 的细沙或软土，并盖以混凝土保护板，其覆盖宽度应超过电缆两侧各 50mm。电缆直埋敷设示意图如图 4-4 所示。

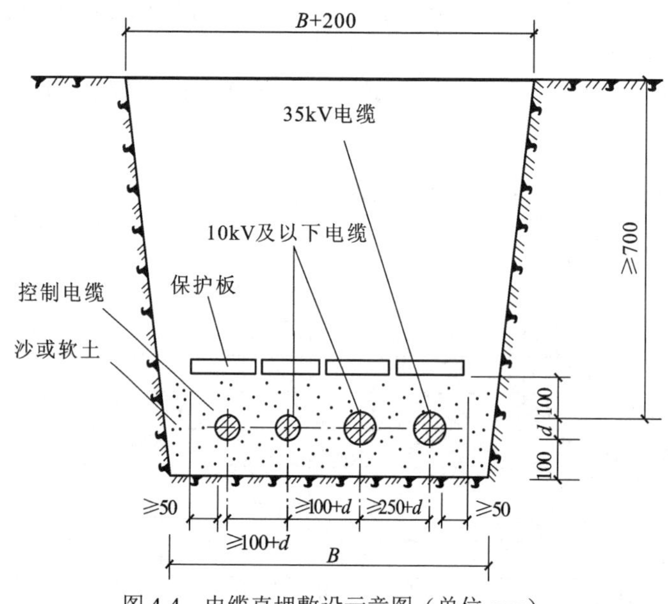

图 4-4　电缆直埋敷设示意图（单位 mm）

4. 回填土

电缆敷设完毕、应请建设单位、监理单位及施工单位的质量检查部门共同进行隐蔽工程验收，验收合格后方可覆盖、填土。填土时应分层夯实，覆土要高出地面 150～200mm，以备松土沉陷。

5. 埋标桩

直埋电缆在拐弯、接头、终端、进出建筑物等地设置明显标志桩或标示牌，注明线路编号、电压等级、电缆型号、截面、起止地点、线路长度等内容，以便为维修或今后敷设管路及改造提供依据。

直线段上每隔 50～100m 处应设标志桩，标志桩一般露出地面为 150mm。标志桩一般采用 C20 钢筋混凝土预制埋设。

标志牌应能防腐，标志牌一般采用镀锌钢板制作，规格为 150mm×150mm×0.6mm。标志牌固定在标志桩上，在有建筑物的地方标志牌应尽量安装在壕沟附近建筑物外墙上，安装高度底边距地面 45mm。

直埋电缆进出建筑物处，进入室内的电缆管口低于室外地面者，对其电缆管口按设计要求或相应标准做防水处理。电缆穿入管子后，管口应密封。

4.3 桥架内电缆敷设

电缆桥架是用于架设电缆的构架，具有结构简单，安装快速灵活，维护方便的优点。电缆桥架适用面非常广，电缆桥架布线通常用于电缆数量较集中的室内、室外及电气竖井等场所，在架空层、设备层、变配电室及走廊顶棚等都比较适合采用桥架。

电缆桥架槽较深，在一层内可敷设很多电缆而不会下滑；电缆在槽内易于排列整齐，不易产生挠度。

电缆桥架对架空敷设的电缆虽然有很多优点，但桥架耗费钢材较多，因而多适用于电缆数量较多的大中型工程，以及受通道空间限制又需敷设数量较多的场地，如电厂主厂房和电缆夹层的明敷电缆。

4.3.1 电缆桥架的选择

1. 电缆桥架的组成

电缆桥架一般是由直线段、弯通、桥架附件和支、吊架四部分成的。

（1）直线段：是指一段不能改变方向或尺寸的用于直接承托电缆的刚性直线部件。

（2）弯通：是指一段能改变电缆桥架方向或尺寸的一种装置，是于直接承托电缆的刚性非直线部件，也是由冷轧（或热轧）钢板成的。

（3）桥架附件是用于直线段之间、直线段与弯通之间的连接，以构成连续性刚性的桥架系统所必需的连接固定或补充直线段、弯通功能的部件，既包括各种连接板，又包括盖板、隔板、引下装置等部件。

（4）桥架支、吊架是直接支承托盘、梯架的主要部件。按部件功分包括托臂、立柱、吊架及其固定支架。

立柱是支承电缆桥架及电缆全部负载的主要部件。底座是立柱的连接支承部件，主要用于悬挂式和直立式安装。横臂主要同立柱配套使用，并固定在立柱上，支承梯架或槽形钢板桥，梯架或槽形钢板桥用连接螺栓固定在横臂上。盖板盖在梯形桥或槽形钢板桥上起屏蔽作用，能防尘、防雨、防晒或杂物落入。垂直或水平的各种弯头，可改变电缆走向或电缆引上引下。

2. 电缆桥架的结构类型

按材质进行划分，电缆桥架有冷轧钢板和热轧钢板之分，其表处理分为热镀锌或电镀锌、喷塑、喷漆三种，在腐蚀环境中可作防腐处理。此外，除钢制桥架外，还有铝合金桥架和玻璃钢桥架。铝合金和玻璃钢桥架仅适用于少数极易受腐蚀的环境。

按结构形式划分，电缆桥架有梯级式、托盘式、槽式和新型组合式桥架。其结构物特点如下：

（1）梯级式桥架是用薄钢板冲压成槽板和横格架（横撑）后，再将其组装成由侧边与若干个横档构成的梯形部件。梯级式桥架具有重量轻、成本低、安装方便、散热好、透气好等优点。适用于直径较大电缆的敷设，适合于高、低压动力电缆的敷设。

（2）托盘式桥架是用薄钢板冲压成基板，再将基板作为底板和侧板组装成托盘。基板有带孔眼和不带孔眼等四种形式，不同的底板与侧板又可组装成不同的形式，如封闭式托盘和非封闭式托盘等。

1）有孔托盘：是由带孔眼的底板和侧边所构成的槽形部件，或由整块钢板冲孔后弯制成的部件。

2）无孔托盘：是由底板与侧边构成的或由整块钢板制成的槽形部件。

3）组装式托盘：是由适于工程现场任意组合的有孔部件用螺栓或插接方式连接成托盘的部件，也称作组合式托盘。

托盘式电缆桥架应用广泛，它具有重量轻、载荷大、造型美观、结构简单、安装方便、防尘、防干扰等优点。它既适用电力电缆的安装，也适合于控制电缆的敷设。需要屏蔽电磁干扰的电缆线路或有防护外部影响（如户外日照、油、腐蚀性液体、易燃粉尘等）环境要求时，应选用托盘式电缆桥架。

（3）槽式桥架的线槽是用薄钢板直接冲压而成，是一种全封闭型电缆桥架，具有防尘、防干扰的优点。它最适用于敷设计算机电缆、通信电缆、热电偶电缆及其他高灵敏系统的控制电缆等。它对控制电缆的屏蔽干扰和重腐蚀中环境电缆的防护都有较好的效果。

（4）组合式电缆桥架是一种新型桥架，是电缆桥架系列中的第二代产品。它具有结构简单、配置灵活、安装方便、形式新颖等特点，适用于各种工程。

3. 电缆桥架的选择

（1）选择要求如下。

1）电缆桥架安装在室外时应加保护盖板，并应考虑冰荷载和风荷载。

2）选择电缆桥架的宽度时，应预留20%～30%的空位，以备增添电缆。

3）对需要隔离屏蔽的电缆可采用槽形桥，否则采用梯形桥槽形电缆桥和梯形电缆桥在车间内可以混合使用（但边高 h 需一致）。

4）电缆桥层间距在符合规范要求的条件下允许不统一，可按照各类电缆需要而定，以便充分利用空间。

5）立柱固定宜用预埋件，以减轻工人劳动强度与施工困难，从而加快施工进度。

6）电缆桥架按成套设备订货，编入设备清单内。

（2）托盘、梯架的选择。对于托盘、梯架的宽和高度，按下列要求选择。

1）所选托盘、梯架规格的承载能力应满足规定。其工作均布荷载不应大于所选托盘、梯架荷载等级的额定均布荷载。

2）托盘、梯架在承重额定均布荷载时及工作均布荷载下的相对挠度不应大于1/200。托盘、梯架直线段，可按单件标准长度选择。单件标准长度虽然规定为2、3、4、6m，但在实际工程中，为避免现场切割伤害表面防腐层，在明确长度后，也允许供需双方商定的非标长度。

3）电缆在桥架内的填充率，电力电缆可取40%～50%，控制电缆可取50%～70%，并应预先留有10%～25%的工程发展余量，以便日后增添电缆使用。

（3）各类弯通及附件的选择。选择各类弯通及附件规格，应适合工程布置条件，并与托盘、梯架配套，并在同类型中规格尺寸相吻合，以利于安装。并符合以下要求。

1）选用托盘、梯架弯通的弯曲半径，不应小于该桥架上的电缆最小允许弯曲半径的规定。

2）支、吊架在一定跨距条件下，应满足单（双）侧单（多）层的工作荷载及自重的承载要求。规格选择应按托盘、梯架相应规格层数及层间距离和跨距等条件配置，并应满足额定均布荷载及其自重的要求，支撑间距应小于允许支撑间距。在选择支、吊架规格时，其承重能力一般可以从厂家产品技术文件中查得。

3）连接板、连接螺栓等受力附件，应与托盘、梯架、托臂等本体结构强度相适应。

4.3.2 电缆桥架的安装

（一）安装要求

（1）电缆桥架水平敷设时，跨距一般为1.5～3.0m；垂直敷设时其固定点间距不宜大于2.0m。

当支撑跨距≤6m 时，需要选用大跨距电缆桥架；当跨距>6m 时，必须进行特殊加工订货。

（2）电缆桥架在竖井中穿越楼板外时，在孔洞周边抹 5cm 高的水泥防水台，待桥架布线安装完后，洞口用难燃物件封堵死。电缆桥架穿墙或楼板孔洞时，不应将孔洞抹死，桥架进出口孔洞收口平整，并留有桥架活动的余量。如孔洞需封堵时，可采用难燃的材料封堵好墙面抹平。电缆桥架在穿过防火隔墙及防火楼板时，应采取隔离措施。

（3）电缆梯架、托盘水平敷设时距地面高度不宜低于 2.5m，垂直敷设时不低于 1.8m，低于上述高度时应加装金属盖板保护，但敷设在电气专用房间（如配电室、电气竖井、电缆隧道、设备层）内除外。

（4）电缆梯架、托盘多层敷设时其层间距离一般为控制电缆间不小于 0.20m，电力电缆间不应小于 0.30m，弱电电缆与电力电缆间不应小于 0.5m，如有屏蔽盖板（防护罩）可减少到 0.3m，桥架上部距顶棚或其他障碍物不应小于 0.3m。

（5）电缆梯架、托盘上的电缆可无间距敷设。电缆在梯架、托盘内横断面的填充率：电力电缆不应大于 40%；控制电缆不应大于 50%。电缆桥架经过伸缩沉降缝时应断开，断开距离以 100mm 左右为宜。其桥架两端用活动插铁板连接不宜固定。电缆桥架内的电缆应在前端、尾端、转弯及每隔 50m 处设有注明电缆编号、型号、规格及起止点等标记牌。

（6）下列不同电压，不同用途的电缆如：1kV 以上和 1kV 以下电缆；向一级负荷供电的双路电源电缆；应急照明和其他照明的电缆；强电和弱电电缆等不宜敷设在同一层桥架上，如受条件限制，必须安装在同一层桥架上时，应用隔板隔开。

（7）强腐蚀或特别潮湿等环境中的梯架及托盘布线，应采取可靠而有效的防护措施。同时，敷设在腐蚀气体管道和压力管道的上方及腐蚀性液体管道的下方的电缆桥架应采用防腐隔离措施。

（二）施工工艺

电缆桥架安装施工工艺流程为：测量定位→支（吊）架安装→桥架组装→桥架安装→桥架保护接地。

1. 测量定位

桥架安装前，应根据设计图纸确定线路走向和接线盒、配电箱、电气设备的安装位置，用粉袋测量定位，并标出桥架、支（吊）架的位置。

2. 吊（支）架的安装

吊（支）架的安装一般采用标准的托臂和立柱进行安装，也有采用自制加工吊架或支架进行安装。通常，为了保证电缆桥架的工程质量，应优先采用标准附件。

（1）标准托臂与立柱的安装。当采用标准的托臂和立柱进行安装时，其要求如下：

1）成品托臂的安装。成品托臂的安装方式有沿顶板安装、沿墙安装和沿竖井安装等方式。成品托臂的固定方式多采用 M10 以上的膨胀螺栓进行固定。

2）立柱的安装。成品立柱是由底座和立柱组成，其中立柱由工字钢、角钢、槽型钢、异型钢、双异型钢构成，立柱和底座的连接可采用螺栓固定和焊接。其固定方式多采用 M10 以上的膨胀螺栓进行固定。

3）方形吊架安装。成品方形吊架由吊杆、方形框组成，其固定方式可采用焊接预埋铁固定或直接固定吊杆，然后组装框架。

（2）自制支（吊）架的安装。自制吊架和支架进行安装时，应根据电缆桥架及其组装图进行定位划线，并在固定点进行打孔和固定。固定间距和螺栓规格由工程设计确定。当设计无规定时，可根据桥架重量与承载情况选用。

自行制作吊架或支架时，应按以下规定进行：

1）根据施工现场建筑物结构类型和电缆桥架造型尺寸与重量决定选用工字钢、槽钢、角钢、圆钢或扁钢制作吊架或支架。

2）吊架或支架制作尺寸和数量，根据电缆桥架布置图确定。

3）确定选用钢材后，按尺寸进行断料制作，断料严禁气焊切割，加工尺寸允许最大误差为＋5mm。

4）型钢架的摵弯宜使用台钳用手锤打制，也可使用油压弯器用模具顶制。

5）支架、吊架需钻孔处，孔径不得大于固定螺栓＋2mm，严禁采用电焊或气焊割孔，以免产生应力集中。

3. 桥架组装

电缆桥架的直线段与直线段之间及直线段与弯通之间需要连接时，在其外侧用与之配套的直线连接板（简称直接板）和连接螺栓进行连接。有的桥架直线段之间连接时，在侧边内侧还可以使用内衬板进行辅助连接。

在同一平面上连接两段需要变换宽度或高度的直线段，可以配置变宽连接板或变高连接板，连接螺栓的螺母应置于桥架的外侧。在电缆桥架敷设时因受空间条件限制，不便装设弯通或有特殊要求时，可使用铰链连接板进行连接。

4. 桥架安装

（1）根据电缆桥架布置安装图，对预埋件或固定点进行定位，沿建筑物敷设吊架或支架。

（2）直线段电缆桥架安装，在直线端的桥架相互接槎处，可用专的连接板进行连接，接槎处要求缝隙平密平齐，在电缆桥架两边外面用螺母固定。

（3）电缆桥架在十字交叉、丁字交叉处施工时，可采用定型产品平四通、水平三通、垂直四通、垂直三通，进行连接，应以接槎边为中心向两端各≥300mm处，增加吊架或支架进行加固处理。

（4）电缆桥架在上、下、左、右转弯处，应使用定型的水平弯通、垂直凹（凸）转动弯通。上、下弯通进行连接时，其接槎边为中心边各≥300mm处，连接时须增加吊架或支架进行加固。

（5）对于表面有坡度的建筑物，桥架敷设应随其坡度变化。可用倾斜底座，或调角片进行倾斜调节。

（6）电缆桥架与盒、箱、柜、设备接口，应采用定型产品的引下装置进行连接，要求接口处平齐，缝隙均匀严密。

（7）电缆桥架的始端与终端应封堵牢固。

（8）电缆桥架安装时必须待整体电缆桥架调整符合设计图和规范规定后，再进行固定。

（9）电缆桥架整体与吊（支）架的垂直度与横档的水平度，应规范要求；待垂直度与水平度合格，电缆桥架上、下各层都对齐后将吊（支）架固定牢固。

（10）电缆桥架敷设安装完毕后，经检查确认合格，将电缆桥架内外清扫后，进行电缆线路敷设。

（11）在竖井中敷设合格电缆时，应安装防坠落卡，用来保护线路下坠。

（12）敷设在电缆桥架内的电缆不应有接头，接头应设置在接线箱内。

5. 桥架保护接地

在建筑电气工程中，电缆桥架多数为钢制产品，较少采用在工业工程中为减少腐蚀而使用的非金属桥架和铝合金桥架。为了保证电干线电路的使用安全，电缆桥架的接地或接零必须可靠。

（1）电缆桥架应装置可靠的电气接地保护系统。外露导电系统必须与保护线连接。在接地孔处，应将任何不导电涂层和类似的表层清理干净。

（2）为保证钢制电缆桥架系统有良好的接地性能，托盘、梯架之间接头处的连接电阻值不应大于 0.00033Ω。

（3）金属电缆桥架及其支架和引入或引出的金属导管必须与 PE 或 PEN 线连接可靠，且必须符合下列规定：

1）金属电缆桥架及其支架与 PE 或 PEN 连接处应不少于 2 处。

2）非镀锌电缆桥架连接板的两端跨接铜芯接地线，接地线的最小允许截面积应不小于 $4mm^2$。

3）镀锌电缆桥架间连接板的两端不跨接接地线，但连接板两端不少于 2 个有防松螺帽或防松螺圈的连接固定螺栓。

4）为保证桥架的电气通路，在电缆桥架的伸缩缝或软连接处需采用编织铜线连接，如图 4-5 所示。

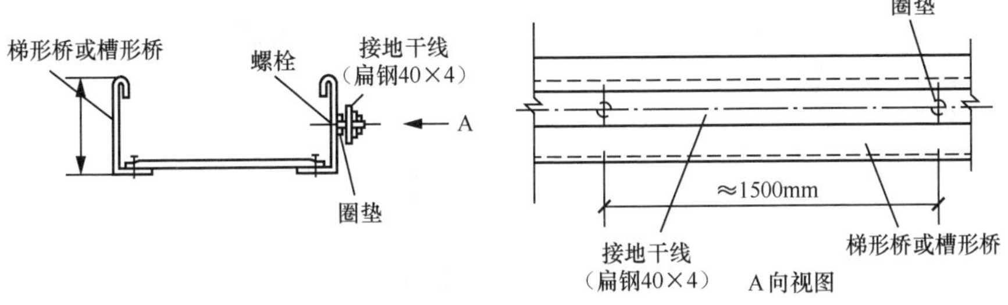

图 4-5　接地干线安装

5）对于多层电缆桥架，当利用桥架的接地保护干线时，应将各层桥架的端部用 $16mm^2$ 的软铜线并联连接起来，再与总接地干线相通。长距离电缆桥架每隔 30～50m 距离接地一次。

6）在具有爆炸危险场所安装的电缆桥架，如无法与已有的接地干线连接时，必须单独敷设接地干线进行接地。

7）沿桥架全长敷设接地保护干线时，每段（包括非直线段）托盘、梯架应至少有一点与接地保护干线可靠连接。

8）在有振动的场所，接地部位的连接处应装置弹簧垫圈，防止因振动引起连接螺栓松动，中断接地通路。

4.3.3　桥架内电缆敷设

1. 一般规定

（1）电缆在桥架内敷设时，应保持一定的间距；多层敷设时，层间应加隔栅分隔，以利通风。

（2）为了保障电缆线路运行安全，避免相互间的干扰和影响，下列不同电压、不同用途的电缆，不宜敷设在同一层桥架上；如果受条件限制需要安装在同一层桥架上时，应用隔板隔开。

1）1kV 以上和 1kV 以下的电缆；

2）同一路径向一级负荷供电的双路电源电缆；

3）应急照明和其他照明的电缆；

4）强电和弱电电缆。

（3）在有腐蚀或特别潮湿的场所采用电缆桥架布线时，宜选用外护套具有较强的耐酸、碱腐蚀能力的塑料护套电缆。

2. 电缆敷设

（1）电缆沿桥架敷设前，应防止电缆排列不整齐，出现严重交叉现象，必须事先就将电缆敷设位置排列好，规划出排列图表，按图表进行施工。

（2）施放电缆时，对于单端固定的托臂可以在地面上设置滑轮施放，放好后拿到托盘或梯架内；双吊杆固定的托盘或梯架内敷设电缆，应将电缆直接在托盘或梯架内安放滑轮施放，电缆不得直接在托盘或梯架内拖拉。

（3）电缆沿桥架敷设时，应单层敷设，电缆与电缆之间可以无间距敷设，电缆在桥架内应排列整齐，不应交叉，并敷设一根，整理一根，卡固一根。

（4）垂直敷设的电缆每隔 1.5～2m 处应加以固定；水平敷设的电缆，在电缆的首尾两端、转弯及每隔 5～10m 处进行固定，对电缆在不同标高的端部也应进行固定。大于 45°倾斜敷设的电缆，每隔 2m 设一固定点。

（5）电缆固定可以用尼龙卡带、绑线或电缆卡子进行固定。为了运行中巡视、维护和检修的方便，在桥架内电缆的首端、末端和分支处应设置标志牌。

（6）电缆出入电缆沟、竖井、建筑物、柜（盘）、台处及导管管口处等做密封处理。出入口、导管管口的封堵目的是防火、防小动物入侵、防异物跌入，均是为安全供电而设置的技术防范措施。

（7）在桥架内敷设电缆，每层电缆敷设完成后应进行检查；全部敷设完成后，经检验合格，才能盖上桥架的盖板。

3. 敷设质量要求

（1）在桥架内电力电缆的总截面（包括外护层）不应大于桥架有效横断面的 40%，控制电缆不应大于 50%。

（2）电缆桥架内敷设的电缆，在拐弯处电缆的弯曲半径应以最大截面电缆允许弯曲半径为准，电缆敷设弯曲半径与电缆外径比值不应小于表 4-7 的规定。

（3）室内电缆桥架布线时，为了防止发生火灾时火焰蔓延，电缆不应有黄麻或其他易燃材料外护层。

（4）电缆桥架内敷设的电缆，应在电缆的首端、尾端、转弯及每隔 50m 处，设有编号、型号及起止点等标记，标记应清晰齐全，挂装整齐无遗漏。

（5）桥架内电缆敷设完毕后，应及时清理杂物，有盖的可盖好盖板，并进行最后调整。

表 4-7　　电缆敷设弯曲半径与电缆外径比值

电缆护套类型		电力电缆		控制电缆
		单芯	多芯	多芯
金属护套	铅	25	15	15
	铝	30	30	30
	皱纹铝套和皱纹钢管	20	20	20
非金属护套		20	15	无铠装 10
				有铠装 15

4. 电缆桥架内电缆送电试运行

电缆桥架经检查无误时，可进行以下电缆送电试验：

（1）高压或低压电缆进行冲击试验。将高压或低压电缆所接设备或负载全部切除，刀开关处于断位置，电缆线路进行在空载情况下送额定电压，对电缆线路进行三次合闸冲击试验，如不发生异常现象，经过空载运行合格并记录运行情况。

【扫码学习】

金属电缆桥架安装施工工艺

（2）半负荷调试运行。经过空载试验合格后，将继续进行半负荷试验。经过逐渐增加负荷至半负荷试验，并观察电压、电流随负荷变化情况，并将观测数值记录好。

（3）全负荷调试运行。在半负荷调试运行正常的基础上，将全部负载全部投入运行，在 24h 运行过程中每隔 2h 记录一次运行电压、电流等情况，经过安装无故障运行调试后检验合格，即可办理移交手续，供建设单位使用。

4.4 其他场所电缆敷设

4.4.1 电缆沟内电缆敷设

电缆沟敷设方式主要适用于在厂区或建筑物内地下电缆数量较多，但不需采用隧道时；以及城镇人行道开挖不便，且电缆需分期敷设时。电缆隧道敷设方式主要适用于同一通道的地下中低压电缆达 40 根以上或高压单芯电缆多回路的情况，以及位于有腐蚀性液体或经常有地面水流溢出的场所。电缆沟和电缆隧道敷设具有维护、保养和检修方便等特点。

电缆沟内敷设电缆的施工工艺：砌筑沟道→制作、安装支架→电缆敷设→盖盖板。

1. 砌筑沟道

电缆沟和电缆隧道通常由土建专业人员用砖和水泥砌筑而成。其尺寸应按照设计图的规定，沟道砌筑好后，应有 5～7 天的保养期。室外电缆沟的断面如图 4-6 所示。电缆隧道内净高不应低于 1.9m，有困难时局部地区可适当降低。电缆隧道断面图如图 4-7 所示。图中尺寸 C 与电缆的种类有关，当电力电缆为 35kV 时，$C\geqslant$400mm；电力电缆为 10kV 及以下时，$C\geqslant$300mm；若为控制电缆，$C\geqslant$250mm。其他各部尺寸也应符合有关规定。

电缆沟和电缆隧道应采取防水措施，其底部应做成坡度不小于 0.5%的排水沟，积水可及时直接接入排水管道或经积水坑、积水井用水泵抽出，以保证电缆线路在良好环境下运行。

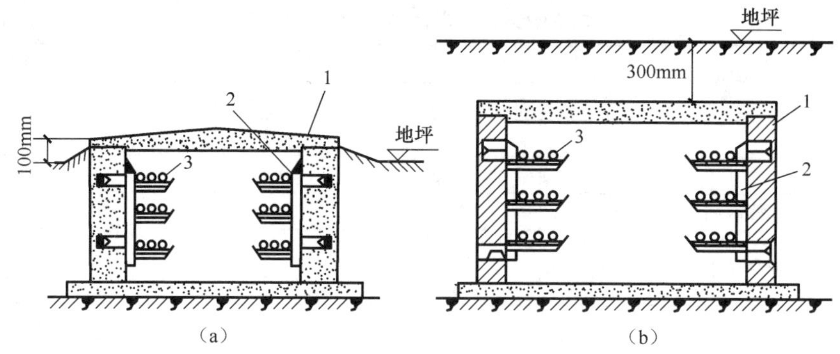

图 4-6 室外电缆沟的断面

(a) 无盖板电缆沟；(b) 有覆盖电缆沟

1—接地线；2—支架；3—电缆

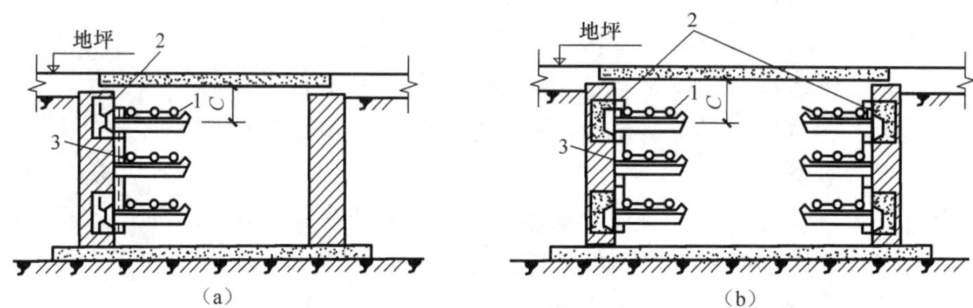

图 4-7 电缆隧道断面图

(a) 单侧支架；(b) 双侧支架

1—电力电缆；2—接地线；3—支架

2. 制作、安装支架

常用的支架有角钢支架和装配式支架，角钢支架需要自行加工制作，装配式支架由工厂加工制作。支架的选择、加工要求一般由工程设计决定，也可以按照标准图集的做法加工制作。安装支架时，宜先找好直线段两端支架的准确位置，先安装固定好，然后拉通线再安装中间部位的支架，最后安装转角和分岔处的支架。支架制作、安装一般要求如下：

（1）制作电缆支架所使用的材料必须是标准钢材，且应平直无明显扭曲。下料后长短误差应在 5mm 范围内，切口无卷边、毛刺。

（2）支架安装应牢固、横平竖直。同一层的横撑应在同一上，其高低偏差不应大于 5mm；支架上各横撑的垂直距离，其偏差不应大于 2mm。

（3）当设计无要求时，电缆支架最上层至沟顶的距离不应小于 150～200mm；电缆支架间垂直距离为 150～200mm；电缆支架最下层距沟底的距离不应小于 50～100m。

（4）室内电缆沟盖应与地面相平，对地面容易积水的地方，可用水泥砂浆将盖间的缝隙填实。室外电缆沟无覆盖时，盖板高出于 100mm；有覆盖层时，盖板在地面下 300mm。盖板搭接应有防水措施。

（5）支架在室外敷设时应进行镀锌处理，否则，宜采用涂磷化底漆一道，过氧乙烯漆两道。如支架用于湿热、盐雾以及有化学腐蚀地区时，应根据设计做特殊的防腐处理。

（6）为防止电缆产生故障时危及人身安全，电缆支架全长均应有良好的接地，当电缆线路较长时，还应根据设计进行多点接地。接地线应采用直径不小于ϕ12mm 镀锌圆钢，并应在电缆敷设前与支架焊接。

3. 电缆敷设

按电缆沟或电缆隧道的电缆布置图敷设电缆并逐条加以固定，固定电缆可采用管卡子或单边管卡子，也可用 U 形夹及Π形夹固定。电缆固定的方法如图 4-8 和图 4-9 所示。

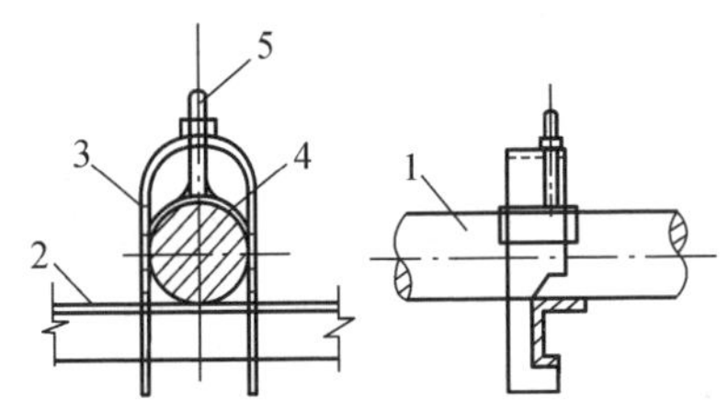

图 4-8　电缆在支架上用 U 形夹固定安装

1—电缆；2—支架；3—U 形夹；4—压板；5—螺栓

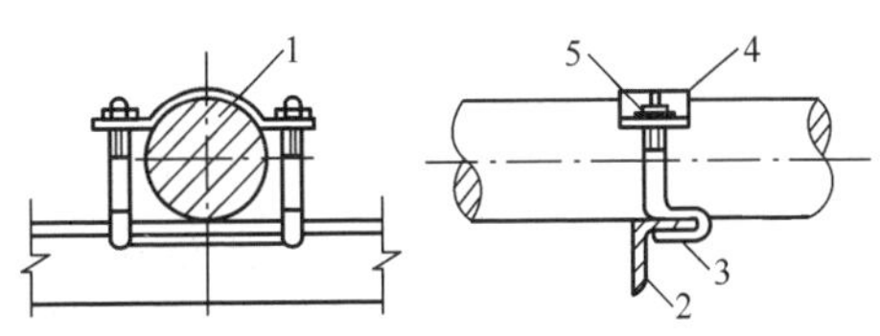

图 4-9　电缆在支架上用Π形夹固定安装

1—电缆；2—支架；3—Π形夹；4—压板；5—螺母

电缆沟或电缆隧道电缆敷设的一般规定：

（1）各种电缆在支架上的排列顺序：高压电力电缆应放在低压电力电缆的上层；电力电缆应放在控制电缆的上层；强电控制电缆应放在弱电控制电缆的上层。若电缆沟和电缆隧道两侧均有支架时，1kV 以下的电力电缆与控制电缆应与 1kV 以上的电力电缆分别敷设在不同侧的支架上。

（2）电力电缆在电缆沟或电缆隧道内并列敷设时，水平净距应符合设计要求，一般可为 35mm，但不应小于电缆的外径。

（3）敷设在电缆沟的电力电缆与热力管道、热力设备之间的净距，平行时不小于 1m，交叉时不应小于 0.5m。如果受条件限制，无法满足净距要求，则应采取隔热保护措施。

（4）电缆不宜平行敷设于热力设备和热力管道上部。

4. 盖盖板

电缆沟盖板的材料有水泥预制块、钢板和木板。采用钢板时，钢板应作防腐处理。采用木板时，木板应作防火、防蛀和防腐处理。电缆敷设完毕后，应清除杂物，盖好盖板，必要时尚应将盖板缝隙密封。

4.4.2　排管内电缆敷设

电缆排管敷设方式，适用于电缆数量不多（一般不超过 12 根），而与道路交叉较多，路径拥挤，又不宜采用直埋或电缆沟敷设的地段。穿电缆的排管大多是水泥预制块。排管也可采用混凝土管或石棉水泥管。

电缆排管敷设的施工工艺：挖沟→人孔井设置→安装电缆排管→覆土→埋标桩→穿电缆。

1. 挖沟

电缆排管敷设时，首先应根据选定的路径挖沟，沟的挖设深度为 0.7m 加排管厚度，宽度略大于排管的宽度。排管沟的底部应垫平夯实，并应铺设厚度不小于 80mm 的混凝土垫层。垫层坚固后方可安装电缆排管。

2. 人孔井设置

为便于敷设、拉引电缆，在敷设线路的转角处、分支处和直线段超过一定长度时，均应设置人孔井。一般人孔井间距不宜大于 150m，净空高度不应小于 1.8m，其上部直径不小于 0.7m。人孔井内应设集水坑，以便集中排水。人孔井由土建专业人员用水泥砖块砌筑而成。人孔井的盖板也是水泥预制板，待电缆敷设完毕后，应及时盖好盖板。

3. 安装电缆排管

将准备好的排管放入沟内，用专用螺栓将排管连接起来，既要保证排管连接平直，又要保证连接处密封。

排管安装的要求如下：

（1）排管孔的内径不应小于电缆外径的 1.5 倍，但电力电缆的管孔内径不应小于 90mm，控制电缆的管孔内径不应小于 75mm。

（2）排管应倾向人孔井侧有不小于 0.5%的排水坡度，以便及时排水。

（3）排管的埋设深度为排管顶部距地面不小于 0.7m，在人行道下面可不小于 0.5m。

（4）在选用的排管中，排管孔数应充分考虑发展需要的预留备用。一般不得少于 1～2 孔，备用回路配置于中间孔位。

4. 覆土

与直埋电缆的方式类似。

5. 埋标桩

与直埋电缆的方式类似，此处不再赘述。

6. 穿电缆

穿电缆前，首先应清除孔内杂物，然后穿引线，引线可采用毛竹片或钢丝绳。在排管中敷设电缆时，把电缆盘放在井坑口，然后用预先穿入排管孔眼中的钢丝绳，将电缆拉入管孔内，为了防止电缆受损伤，排管口应套以光滑的喇叭口，井坑口应装设滑轮，如图 4-10 所示。

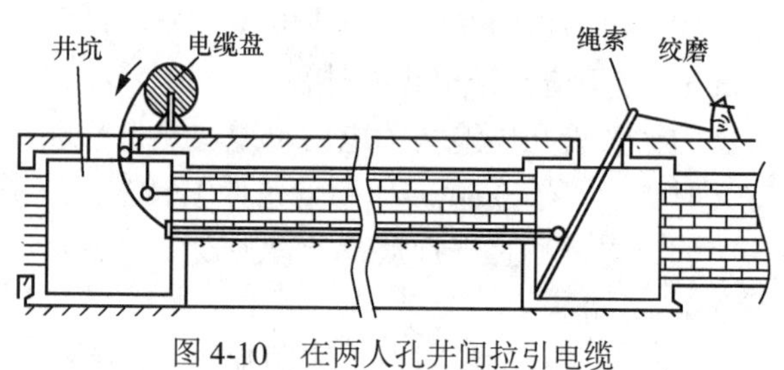

图 4-10 在两人孔井间拉引电缆

4.4.3 电缆竖井内电缆敷设

电缆竖井是高层建筑内垂直配电干线最主要的电气通道，是强电竖井与弱电竖井的总称。强电竖井主要敷设大电流动力及照明线路，弱电竖井主要敷设小电流电话、广播、火灾报警、防盗报警、电视、计算机网络等弱电信号线路。

电缆竖井的位置宜设在敷设中心，进出线方便，上下层对应贯通处。在每楼层竖井间应设维修检修门，并应向公共走廊开启。墙壁耐火门的耐火等级应满足消防有关规定。电缆竖井间内设备及管线施工完毕后，所有孔洞应作防火密闭封堵与隔离。

电缆竖井的数量要根据楼层面积大小和大楼形体供电半径大小及防火分区等综合考虑。一般楼层面积在 800～1000m^2 设强、弱电竖井各一个，超过 1000m^2 宜各设两个。当强、弱电合用竖井间时，强电设备与弱电设备宜分两侧墙面布置或采取隔离措施。

电缆竖井间的面积需根据管线及设备的多少确定。一般需进人操作的，其操作通道宽度不小于 0.8m，不进人操作的只考虑管线及设备安装，强电竖井间深度不宜小于 0.5m，弱电竖井间深度不宜小于 0.4m。电气竖井间的构造材料可以用砖、混凝土和钢筋混凝土等。竖井间内地坪宜高出本层地坪 150mm。电缆竖井内应设有照明灯及 220V、10A 单相三孔检修插座，超过 100m 的高层建筑电缆竖井间内应设火灾自动报警系统。如电缆竖井间内安装设备因工艺对环境有要求时，应满足工艺要求。

1. 电缆竖井配线一般要求

（1）竖井垂直配线时应考虑因数：顶部最大垂直变位和层间垂直变位对干线的影响，电缆及金属保护管自重所带来的负载影响及固定方式，垂直干线与分支干线的连接方法。

（2）竖井内垂直配线采用大容量单芯电缆、大容量母线作干线时，应满足下列条件：载流量一定要留有一定的裕度，分支容易、安全可靠、安装维修方便，以及造价低。

（3）电缆垂直敷设时，为保证管内电缆不应自重而拉断，应按规定设置拉线盒，盒内用线夹将电缆固定。为减少电动力效应，垂直干线在始端和终端固定外，中间应隔一定距离固定。

（4）封闭式母线、桥架及线槽等穿过楼板时，在楼层间应采用防火隔板及防火堵料封闭隔离。电缆在楼层间穿钢管时，两端管口空隙应作密封隔离。应设置竖井干线防火隔层，以免竖井成为自然抽风井，使火灾蔓延。

（5）竖井内的高压、低压和应急电源的电气线路，相互间的距离应不小于 0.3m，或采取隔离措施，且高压线路应设有明显标志。当强电和弱电线路在同一竖井内敷设时，应分别在竖井的两侧敷设或采用隔离措施以防干扰。对于回路数及种类较多的强电和弱电的电气线路，应设置在不同竖井内。

（6）竖井内接线盒、分线箱等在箱体前留有不小于 0.8m 的操作、维护距离。

（7）竖井内应敷设接地干线的接地端子，接地应可靠。

2. 电缆竖井内配线方式

电缆竖井内配线有电缆、线管、封闭式母线、线槽及电缆桥架等配线形式。具体的施工工艺如前所述，不再重复。

（1）竖井内线管配线。采用金属管配线时，配管由配电室引出后，一般可采用水平吊装的方式进入电气竖井内，然后沿支架在竖井内垂直敷设。当金属线管需穿楼板时，可直接预埋在楼层间，不必留置洞口，也不需要进行防火封堵。对消防设施配线则必须在金属管上采取防火保护措施。

（2）竖井内金属线槽配线。在电气竖井内金属线槽沿墙穿楼板安装时，可直接使用 M10×80 膨胀螺栓与墙体固定。也可采用扁钢或角钢支架固定，线槽槽底与支架之间用 M6×10 螺钉固定。线槽底部固定线槽的支架距地距离为 0.5m，固定支架之间距离为 1～1.5m。线槽支架应用 ϕ12mm 镀锌圆钢进行焊接连接作为接地干线。线槽穿过楼板处应设置预留孔，并预埋 40mm×40mm×4mm 固定角钢做边框，用 4mm 厚钢板作防火隔板与预埋角钢边框固定，预留洞处用防火堵料密封。

（3）电缆配线。竖井内电缆必须用支架和卡具支持与固定，每层最少加装两道卡固支架，支架固定点间距不大于 1.5m。在支架上每根电缆应用卡具固定。支架必须按设计要求，做好全程接地处理。电缆穿越顶板时，应设置套管，并应将套管缝隙用防火材料封堵严密。

（4）电缆桥架配线。电缆桥架用支架和螺栓固定，固定点间距不大于 2m，电缆在桥架内用圆钢支架或扁钢支架固定，固定点间距不大于 1.5m。竖井内电缆桥架安装如图 4-11 所示。

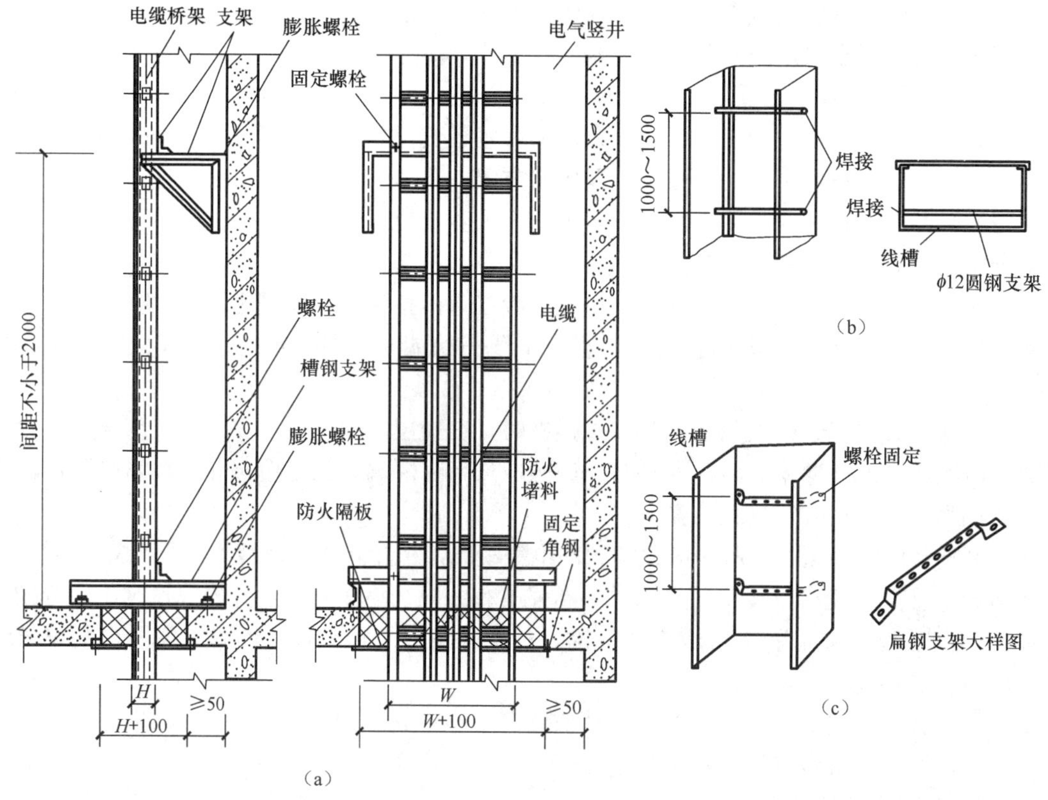

图 4-11 竖井内电缆桥架安装（单位：mm）

（a）竖井内电缆桥架垂直安装；（b）电缆在桥架内用圆钢支架固定；（c）电缆在桥架内用扁钢支架固定

3. 电缆竖井内电缆的敷设

敷设在竖井中的电缆必须具有能承受纵向拉力的铠装层，选用不可燃的塑料外护套阻燃电缆，也可选用裸细钢丝铠装电缆，优先选用交联聚乙烯电缆。电缆竖井敷设时，在电缆端部与牵引钢丝绳之间应加装防捻器，使电缆上的扭力能及时释放。

电缆竖井内敷设电缆应注意天气情况，下雨天气不能进行竖井电缆敷设，敷设前清理竖井内积水和杂物。在竖井的出风口装设强迫排风管道装置进行通风。严格执行受限空间作业安全措施，进入竖井内部前，进行气体检测，合格后方能进入作业，安排监护人，做好安全管理工作。

电缆竖井敷设，按施工场地条件和电缆结构，可选择上引法和下降法两种方法。按照选择的敷设方法，设置电缆盘、卷扬机、电缆敷设机以及滚轮，几台电缆敷设机使用联动控制开关串联在电路上，事先进行调试。配备可靠的通信联络设施和照明设施。检查竖井内电缆支架安装是否牢固，全长接地线是否焊接。

（1）上引法。自低端向高端敷设，电缆盘安放在竖井下端，卷扬机放在上端，电缆敷设机、卷扬机丝绳应具有提升竖井全长电缆重力的能力。

（2）下降法。自高端向低端敷设，电缆盘安放在竖井上口，用电缆敷设机将电缆推进到竖井口，利用电缆自重和安放在竖井中的敷设机，将电缆自上而下敷设，牵引钢丝绳引导电缆向下，卷机将钢丝绳收紧。如图4-12所示，采用下降法牵引敷设时，在电缆盘上要安装可靠的制动装置，所有电缆敷设机和卷扬机应有联动控制装置。

【扫码学习】

电缆沟内电缆敷设安装施工工艺

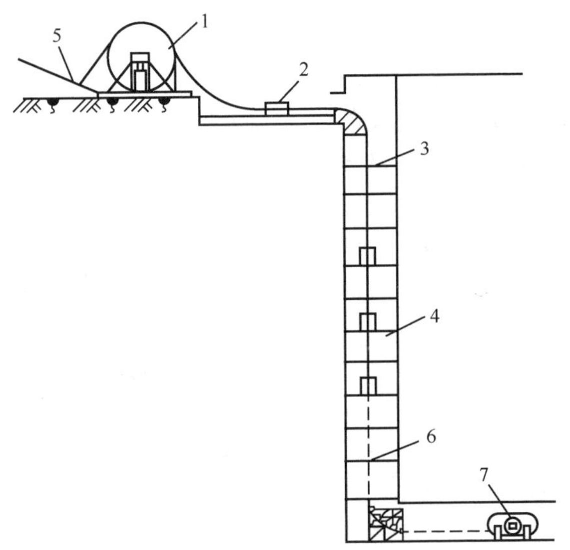

图4-12　竖井中用下降法敷设电缆

1—电缆盘；2—敷设机；3—电缆；4—竖井；5—制动装置；6—钢丝绳；7—卷扬机

项目5 电气设备安装

【知识目标】

（1）了解变压器、电动机等电气设备的基本结构及工作原理。

（2）掌握变压器、电动机等电气设备的安装工艺和技术要求。

（3）熟悉二次回路的编号方法，掌握盘内配线安装工艺要点。

【能力目标】

（1）能够根据要求选择变压器和电动机等电气设备。

（2）能够按照施工图纸进行电气设备的安装和调试。

（3）具备根据电气原理图绘制二次回路接线图技能。

【素质目标】

（1）提高学生的协作能力和沟通能力。

（2）培养学生的创新精神和实践能力。

5.1 变压器、箱式变电站安装

变压器是用来改变交流电压大小的一种重要的电气设备，其在电力系统和供电系统中占有很重要的地位。电力变压器有多种类型，各有各的安装要求。目前，10kV 配电用得比较多的是油浸式变压器，但高层、大型民用建筑内配电变压器要求采用干式变压器，而一些规划小区若设置专用变配电所不便，则选用箱式变电站。

5.1.1 变压器的相关知识

1. 变压器的用途

变压器的用途很多，具有变换电压、电流和阻抗的作用，还有隔离高电压或大电流的作用；特殊结构的变压器，还可以具有稳压特性、陡降特性或移相性等。如测量系变压器，可将大电流或高电压变成小电流或低电压，以便隔离高压和用于测量等。

变压器变压、变流、变阻抗的过程实际在传递电功率，此过程遵守能量守恒定律。传送一定的电功率时，电压越高则电流越小，损耗在线路的功率越少，所用导线的截面积也越小。可以节约有色金属材料和钢材，达到减少投资和降低运行费用的目的。

2. 变压器的分类

变压器可以按用途、绕组数目、相数、冷却方式等进行分类。

（1）按用途分为电力变压器、仪用变压器（如电压互感器、电流互感器等）、电炉变压器、整流变压器、电焊变压器和特殊变压器。

（2）按相数分为单相变压器和三相变压器。

（3）按铁芯形式分为芯式变压器和壳式变压器（如电炉变压器、电焊变压器等）。

（4）按绕组分为双绕组变压器、三绕组变压器和自耦变压器。

（5）按冷却方式分为干式变压器和油浸式变压器。

3. 变压器的基本结构及铭牌

（1）变压器的基本结构。变压器的基本结构可分为铁芯、绕组、油箱、套管。油浸式变压器的结构如图5-1所示。

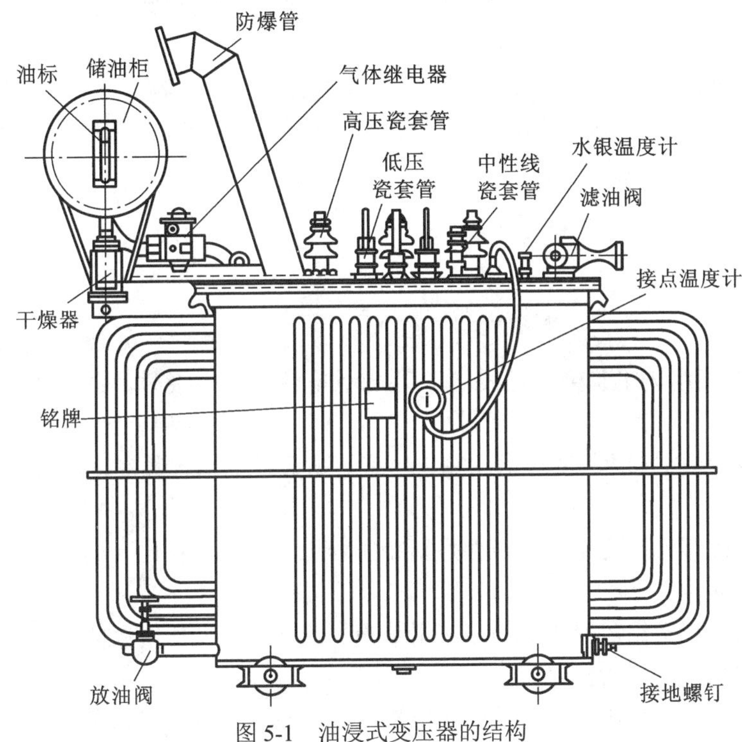

图5-1　油浸式变压器的结构

1）铁芯是变压器的磁路部分，由铁芯柱和铁轭两部分组成。铁芯的结构分为芯式和壳式；芯式变压器适用于大容量、高电压的电力变压器。铁芯常采用硅钢片，硅钢片厚则涡流损耗大，硅钢片薄则涡流损耗小。硅钢片中含硅量高时可以改善性能但并不是含硅量越高越好。

2）绕组是变压器的电路部分，一般用绝缘纸包铜线绕制而成。根据高、低方式的不同，绕组分为同心式和交叠式。

3）油箱是油浸变压器的外壳，变压器的器身置于油箱内，箱内灌满变压器油。油箱结构分为吊芯式油箱和吊箱壳式油箱。

4）变压器的引线从油箱内穿过油箱盖时，必须经过绝缘套管，以使高压引线和接地的油箱绝缘。绝缘套管一般是瓷质的，为了增加爬电距离，套管外线做成多级伞形，10～35kV套管多采用充油套管。

（2）变压器的铭牌。变压器的参数一般都标在铭牌上。按照国家标准，铭牌上除应标出变压器的名称、型号、产品代号、标准代号、制造厂名、出厂序号、制造年月外，还要标出变压器的技术参数。变压器除装设标有以上项目的主铭牌外，还应装设标有关于附件性能的铭牌，需要分别按所用附件（分接开关、冷却装置等）的相应标准列出。

4. 变压器的技术参数

（1）变压器的额定电压。变压器的额定电压指变压器长时间运行时所规定的工作电压，单位是 V 或 kV，用 U_N 表示。对于铭牌上的 U_N 值，一次侧绕组的额定电压是指变压器在空载时，变压器额定分接头对应的电压；二次侧额定电压是指在一次侧加上额定电压时，二次侧的空载电压值。对三相电力变压器，额定电压是指线电压。

（2）变压器的额定容量。变压器的额定容量是指在额定状态下变压器输出功率的保证值，单位为 kVA，用 S_N 表示。由于电力变压器的效率极高，规定一次侧、二次侧容量相同。对于三相变压器，额定容量是三相容量之和。

（3）变压器的额定电流。变压器的额定电流指变压器在额定容量下允许长期通过的电流，可以根据变压器的额定容量和额定电压计算出来，单位为 A 或 kA，用 I_N 表示。对三相电力变压器，额定电流是指线电流。

对于单相变压器，一、二次额定电流为 $I_N=\frac{S_N}{U_N}$；

对于三相变压器，一、二次额定电流为 $I_N=\frac{S_N}{\sqrt{3}U_N}$。

三相变压器绕组为Y连接时，线电流为绕组电流；△连接时，线电流为 $\sqrt{3}$ 倍的绕组电流。

（4）变压器的额定频率。变压器的额定频率是所设计的运行频率，我国规定为 50Hz，用 f_N 表示。

（5）变压器的极性。变压器的极性是指变压器原、副绕组在同一磁通的作用下所产生的感应电势之间的相位关系。

（6）变压器的连接组。变压器的连接组是指变压器高、低压绕组的连接方式以及以时钟序数表示的相对位移的通用标号。

（7）变压器的调压范围。变压器接在电网上运行时，变压器二次侧电压将由于种种原因发生变化，影响用电设备的正常运行，因此变压器应具备一定的调压能力。变压器调压方式通常分为无励磁调压和有载调压两种方式。

（8）变压器的空载电流。变压器空载运行时一次绕组中通过的电流称为空载电流，用 I_0 表示。它主要用于产生磁通，以形成平衡外施电压的反电动势。

（9）变压器的阻抗电压。阻抗电压也称短路电压（U_z%），它表示变压器通过额定电流时在变压器自身阻抗上所产生的电压损耗（百分值）。将变压器二次侧短路，在一次侧逐渐施加电压，当二次绕组通过额定电流时，一次绕组施加的电压 U_Z 与额定电压 U_N 之比的百分数，即 $U_Z\%=U_Z/U_N\times100\%$。

（10）变压器的电压调整率。电压调整率即说明变压器二次电压变化的程度大小，是衡量变压器供电质量的数据；其定义为：变压器一次绕组加额定频率的额定电压，在给定负载功率因数下二次空载电压 U_{2N} 和二次负载电压 U_2 之差与 U_{2N} 的比，即

$$\Delta U\%=\frac{U_{2N}-U_2}{U_{2N}}\times100\%$$

（11）变压器的效率。变压器的效率为输出的有功功率与输入的有功功率之比的百分数。通常中小型变压器的效率为 90%以上，大型变压器的效率在 95%以上。变压器的铁损和铜损相等时，变压器处于最经济运行状态。

5.1.2　油浸式变压器安装

油浸式变压器的其安装工艺流程如下：基础施工→开箱检查→变压器二次搬运→变压器稳装→变压器附件安装→变压器接线→变压器交接试验→变压器送电前检查→送电运行验收。

1. 变压器基础施工

在变压器运到安装地点前，应完成变压器安装基础墩的施工。变压器基础墩一般采用砖块砌筑而成，基础墩的强度和尺寸应根据变压器的质量和有关尺寸而定。有防护罩的变压器还应配备金属支座，变压器、防护罩均可通过金属支座可靠接地。接地线通常采用 40×40×4（mm）的镀锌扁钢与就近接地网用电焊焊接。

变压器就位前，要先对基础进行验收，并填写“设备基础验收记录”。基础的中心与标高应符合工程设计需要，轨距应与变压器轮距互相吻合，具体要求为：

（1）轨道水平误差不应超过 5mm；

（2）实际轨距不应小于设计轨距，误差不应超过＋5mm；

（3）轨面对设计标高的误差不应超过±5mm。

2. 设备开箱检查

（1）设备开箱检查应由安装单位、供货单位会同建设单位代表共同进行，并做好记录。

（2）按照设备清单、施工图纸及设备技术文件核对变压器本体和附件备件的规格型号是否符合设计图纸要求，是否齐全，有无丢失及损坏。

（3）变压器本体外观检查无损伤及变形，油漆完好无损伤。

（4）油箱封闭是否良好，有无漏油、渗油现象，油标处油面是否正常，发现问题应立即处理。

（5）绝缘瓷件和环氧树脂铸件有无损伤、缺陷及裂纹。

3. 变压器二次搬运

（1）变压器二次搬运应由起重工作业，电工配合。最好采用汽车吊吊装，也可采用吊链吊装，距离较长最好用汽车运输，运输时必须用钢丝绳固定牢固，并应行车平稳，尽量减少振动；距离较短且道路良好时，可用卷扬机、滚杠运输。

（2）变压器搬运时，应注意保护绝缘子，最好用木箱或纸箱将高低压绝缘子罩住，使其不受损伤。

（3）变压器搬运过程中，不应有冲击或严重振动情况，利用机械牵引时，牵引的着力点应在变压器重心以下，以防倾斜，运输斜角不得超过 15°，防止内部结构变形。

（4）用千斤顶顶升大型变压器时，应将千斤顶放置在油箱专门部位。大型变压器在搬运或装卸前，应核对高低压侧方向，以免安装时调换方向发生困难。

4. 变压器稳装

（1）变压器就位可用汽车吊直接甩进变压器室内，或用道木搭设临时轨道，用三步搭设、吊链吊至临时轨道上，然后用吊链拉入室内合适位置。

（2）变压器就位时，应注意其方位和距墙尺寸与图纸相符，允许误差为±25mm。图纸无标注时，纵向按轨道定位，横向距离不得小于 800mm，距门不得小于 1000mm，并适当照顾屋内吊环的垂线位于变压器中心，以便于吊芯。

（3）变压器基础的轨道应水平，轨距与轮距应配合，装有气体继电器的变压器，应使其顶盖沿气体继电器气流方向有1%～1.5%的升高坡度（制造厂规定不需安装坡度者除外）。

（4）变压器宽面推进时，低压侧应向外；窄面推进时，储油柜侧一般应向外。在装有开关的情况下，操作方向应留有1200mm以上的宽度。

（5）油浸变压器的安装，应考虑能在带电的情况下，便于检查储油柜和套管中的油位、上层油温、气体继电器等。

（6）装有滚轮的变压器，滚轮应能转动灵活，在变压器就位后，应将滚轮用能拆卸的制动装置加以固定。

（7）变压器的安装应采取抗地震措施，稳装在混凝土地坪上的变压器安装如图5-2所示，有混凝土轨梁宽面推进的变压器安装如图5-3所示。

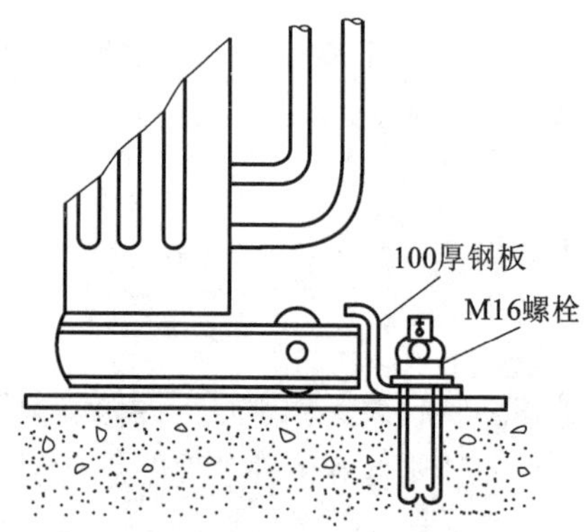

图5-2 稳装在混凝土地坪上的变压器

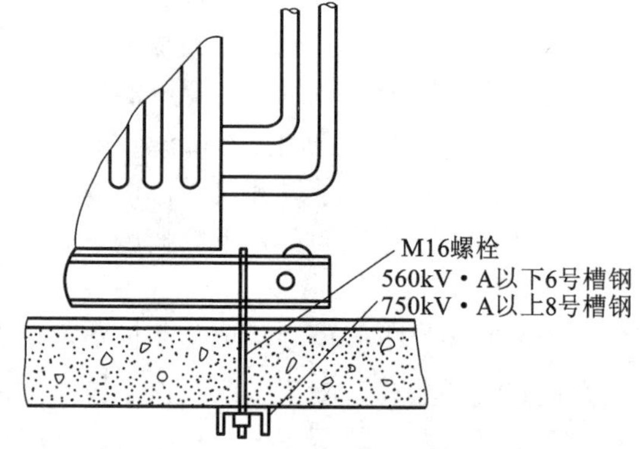

图5-3 由混凝土轨梁宽面推进的变压器安装

5. 附件安装

（1）气体继电器安装。

1）气体继电器安装前应经检验鉴定。

2）气体继电器应水平安装，观察窗应装在便于检查的一侧，箭头方向应指向储油柜，与连通管的连接应密封良好。截油阀应位于储油柜和气体继电器之间。

3）打开放气嘴，放出空气，直到有油溢出时将放气嘴关上，以免有空气使继电保护器误动作。

4）当操作电源为直流时，必须将电源正极接到水银侧的接点上，以免接点断开时产生飞弧。

5）事故喷油管的安装方位，应注意到事故排油时不致危及其他电器设备；喷油管口应换为割划有“十”字线的玻璃，以便发生故障时气流能顺利冲破玻璃。

（2）防潮呼吸器的安装。

1）防潮呼吸器安装前，应检查硅胶是否失效，如已失效，应在115～120℃温度烘烤8h，使其复原或更新。浅蓝色硅胶变为浅红色，即已失效；白色硅胶无需鉴定一律烘烤。

2）防潮呼吸器安装时，必须将呼吸器盖子上橡皮垫去掉，使其通畅，并在下方隔离器具中安装适量变压器油，起滤尘作用。

（3）温度计的安装。

1）套管温度计安装，应直接安装在变压器上盖的预留孔内，并在孔内加以适当变压器油。刻度方向应便于检查。

2）电接点温度计安装前应进行校验，油浸变压器一次元件应安装在变压器顶盖上的温度计套筒内，并加适当变压器油；二次仪表挂在变压器一侧的预留板上。

3）干式变压器一次元件应按厂家说明书位置安装，二次仪表安装在便于观测的变压器护网栏上。软管不得有压扁或死弯，弯曲半径不得小于 50mm，富余部分应盘圈并固定在温度计附近。

（4）电压切换装置的安装。

1）变压器电压切换装置各分接点与线圈的连线应紧固、正确，且接触紧密、良好。转动点应正确停留在各个位置上，并与指示位置一致。

2）电压切换装置的拉杆、分接头的凸轮、小轴销子等应完整无损，转动盘应动作灵活，密封良好。

3）电压切换装置的传动机构（包括有载调压装置）的固定应牢靠，传动机构的摩擦部分应有足够的润滑油。

4）有载调压切换装置的调换开关的触头及铜辫子软线应完整无损，触头之间应有足够的压力（一般为 8～10kg）。

5）有载调压切换装置转动到极限位置时，应装有机械联锁与带有限位开关的电气联锁。

6）有载调压切换装置的控制箱一般应安装在值班室或操作台上，连线应正确无误，并应调整好，手动、自动工作正常，挡位指示正确。

7）电压切换装置吊出检查调整时，暴露在空气中的时间应符合表 5-1 的规定。

表 5-1　调压切换装置露空时间

环境温度/℃	>0	>0	>0	<0
空气相对湿度/ %	65 以下	65～75	75～85	不控制
持续时间不大于/h	24	16	10	8

6. 变压器接线

（1）变压器的一、二次连线、地线、控制管线均应符合相应各章的规定。

（2）变压器一、二次引线的施工，不应使变压器的套管直接承受应力，如图 5-4 所示。

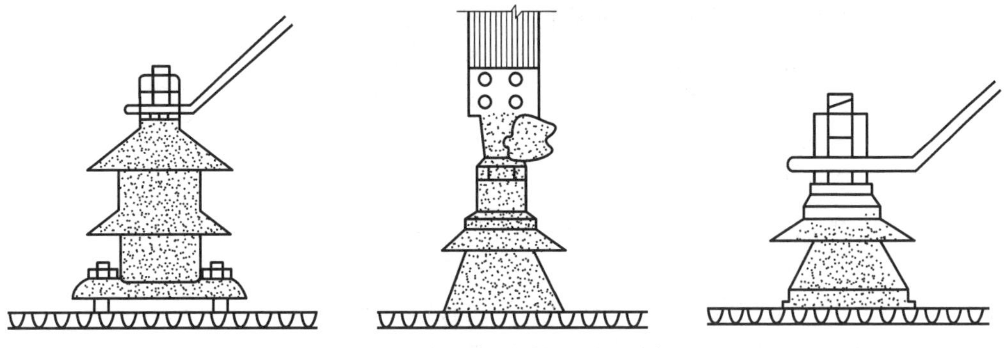

图 5-4　母线与变压器高压端子连接图

（3）变压器工作中性线与中性点接地线，应分别敷设。工作中性线宜用绝缘导线。

（4）变压器中性点的接地回路中，靠近变压器处，宜做一个可拆卸的连接点。

（5）油浸变压器附件的控制导线，应采用具有耐油性能的绝缘导线。靠近箱壁的导线，应用金属软管保护并排列整齐，接线盒应密封良好。

7. 变压器交接试验

变压器的交接试验应由当地供电部门许可的试验室进行，试验标准应符合《电气装置安装工程 电气设备交接试验标准》(GB 50150—2016)，当地供电部门规定及产品技术资料的要求。变压器交接试验的内容包括以下几项：

（1）测量绕组连同套管的直流电阻；

（2）检查所有分接头的变压比；

（3）检查变压器的三相联结组别和单相变压器引出线的极性；

（4）测量绕组连同套管的绝缘电阻、吸收比或极化指数；

（5）测量绕组连同套管的介质损耗角正切值；

（6）测量绕组连同套管的直流泄漏电流；

（7）绕组连同套管的交流耐压试验；

（8）绕组连同套管的局部放电试验；

（9）测量与铁芯绝缘的各紧固件及铁芯接地线引出套管对外壳的绝缘电阻；

（10）绝缘油试验；

（11）有载调压切换装置的检查和试验；

（12）额定电压下的冲击合闸试验。

8. 变压器送电前检查

变压器试运行前应做全面检查，确认符合试运行条件时方可投入运行。变压器试运行，必须由质量监督部门检查合格。变压器试运行前的检查内容包括以下几项：

（1）各种交接试验单据齐全，数据符合要求；

（2）变压器应清理、擦拭干净，顶盖上无遗留杂物，本体及附件无缺损且不渗油；

（3）变压器一、二次引线相位正确，绝缘良好；

（4）接地线良好；

（5）通风设施安装完毕，工作正常，事故排油设施完好，消防设施齐备；

（6）油浸变压器油系统油门应打开，油门指示正确，油位正常；

（7）油浸变压器的电压切换装置放置正常电压挡位；

（8）保护装置整定值符合规定要求，操作及联动试验正常；

（9）干式变压器护栏安装完毕。各种标志牌挂好，门装锁。

9. 送电运行验收

（1）送电试运行：

1）变压器第一次投入时，可全压冲击合闸，冲击合闸时一般可由高压侧投入；

2）变压器第一次受电后，持续时间不应少于 10min，并无异常情况；

3）变压器应进行 3～5 次全压冲击合闸，情况正常，励磁涌流不应引起保护装置误动作；

4）油浸变压器带电后，检查油系统是否有渗油现象；

5）变压器运行时要注意冲击电流，空载电流，一、二次电压及温度，并做好详细记录；

6）变压器空载运行 24h，无异常情况时方可投入负荷运行。

（2）验收。变压器开始带电起，24h 后无异常情况，应办理验收手续。验收时，应移交可资料和文件：

1）变更设计证明；

2）产品说明书、试验报告单、合格证及安装图纸等技术文件；

3）安装检查及调整记录。

5.1.3　干式变压器的安装

在防火要求较高的场所、人员密集的重要建筑物内（如地铁、高层建筑、剧院、商场、候机大楼等）、企业主体车间的无油化配电装置中（如电厂、钢厂、石化等），应选用干式电力变压器。当场地较小时，如技术经济指标合理、与居民住宅连体的和无独立变压器室的配电站、难以解决油浸电力变压器事故排油造成环境污染的场所和在与重要建筑物防火间距不够的户外箱式变电站宜选用干式电力变压器。

干式变压器安装除与油浸式变压器的安装相同要求外，还应注意以下几点：

1. 安装前的检查

（1）所有紧固件紧固绝缘件完好；

（2）金属部件无锈蚀、无损伤、铁芯无多点接地；

（3）绕组完好，无变形、无位移、无损伤、内部无杂物、表面光滑无裂纹；

（4）引线连接导体间和对地的距离符合国家现行有关标准的规定，或合同要求裸导体表面无损伤、毛刺和尖角，焊接良好；

（5）规定接地的部位有明显的标志，并配有符合标准的螺帽、螺栓（就位后即行接地，器身水平固定牢固）。

2. 安装环境要求

（1）干式电力变压器安装的场所符合制造厂对环境的要求，室内清洁，无其他非建筑结构的贯穿设施，顶板不渗漏；

（2）基础设施满足载荷、防震、底部通风等要求；

（3）室内通风和消防设施符合有关规定，通风管道密封良好，通风孔洞不与其他通风系统相通；

（4）温控、温显装置设在明显位置，以便于观察；

（5）室门采用不燃或难燃材料，门向外开，门上标有设备名称和安全警告标志，保护性网门、栏杆等安全设施完善。

3. 维修距离要求

干式变压器施工图无注明时，安装维修最小环境距离应符合如图5-5所示和表5-2内的规定。

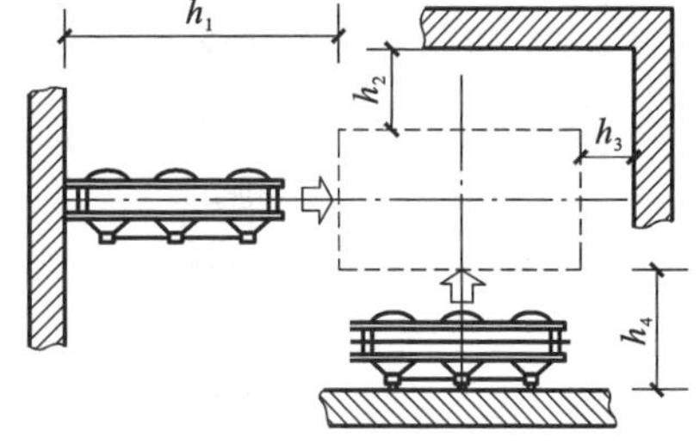

图5-5　干式变压器维修最小距离

表5-2　干式变压器维修最小距离

部位	周围条件	最小距离/mm
h_1	有导轨 无导轨	2600 2000
h_2	有导轨 无导轨	2200 1200
h_3	距离	1100
h_4	距墙	600

4. 安装技术要求

（1）变压器安装后，其水平度和垂直度不应大于 1mm；且前面与盘柜前面应在同一面上，其偏差不应大于 1mm。

（2）连接螺栓、螺母、垫片应采用镀锌件。

（3）母线的连接应良好，绝缘支撑件、安装件应牢固可靠；母线相间及对地距离不小于 20mm。

（4）变压器本体上外壳铁构件及铁芯接地点用 50mm^2 以上多股铜芯线与接地网可靠连接；变压器底座槽钢基础接地网可靠连接。

（5）变压器控制回路接线完成后，应检查前后门电磁锁联锁逻辑、温控装置和风扇冷却装置动作的正确可靠性。

（6）干式变压器在额定电压下空载合闸 3 次，合格后方可带负荷运行。

5.1.4 箱式变电站的安装

箱式变电站在建筑电气工程中，以住宅小区室外设置为主要形式，本体有较好的防雨雪和通风性能，但其底部不是全密闭的，故而要注意防积水入侵，其基础的高度及周围排水通道设置应在施工图上加以明确。

1. 箱式变电站安装时，应符合下列规定

（1）箱式变电站及落地式配电箱的基础应高于室外地坪，周围排水通畅。箱式变电站的固定形式有两种，用地脚螺栓固定的螺帽齐全，拧紧牢固；自由安放的应垫平放正。

（2）箱式变电站内外涂层完整、无损伤，有通风口的风口防护网完好。

（3）箱式变电站的高低压柜内部接线完整、低压每个输出回路标记清晰，回路名称准确。

（4）金属箱式变电站及落地式配电箱，箱体应与 PE 线或 PEN 线连接可靠，且有标识。

2. 箱式变电站安装工艺流程为

测量定位→基础型钢安装→箱式变电站就位、安装、接地→接线→试验→验收。

（1）测量定位。按施工图设计的位置、标高、方位进行测量放线，确定箱式变电站安装的底盘线和中心轴线，并确定地脚螺栓的位置。

（2）基础型钢安装。

1）预制加工基础型钢的型号、规格应符合施工图的设计要求。按设计尺寸进行下料和调直，做好防锈处理。根据地脚螺栓位置及孔距尺寸，进行制孔。制孔必须采用机械制孔。

2）基础型钢架安装 按放线确定的位置、标高、中心轴线尺寸，控制准确的位置稳好型钢架，用水平尺或水准仪找正、找平。与地脚螺栓连接牢固。

3）基础型钢与地线连接，将引进箱内的地线扁钢与型钢结构基架的两端焊牢，然后涂两遍防锈漆。箱式变电站的安装如图 5-6 所示。

（3）箱式变电站就位、安装、接地。

1）就位。要确保作业场地清洁、通道畅通。将箱式变电站运至安装的位置，吊装时，应充分利用吊环将吊索穿入吊环内，吊索受力应均匀一致，确保箱体平稳、安全、准确地就位。

2）按设计布局的顺序组合排列箱体。找正两端的箱体，然后挂通线，找准调正，使其箱体正面平顺。

3）组合的箱体找正、找平后，应将箱与箱用镀锌螺栓连接牢固。

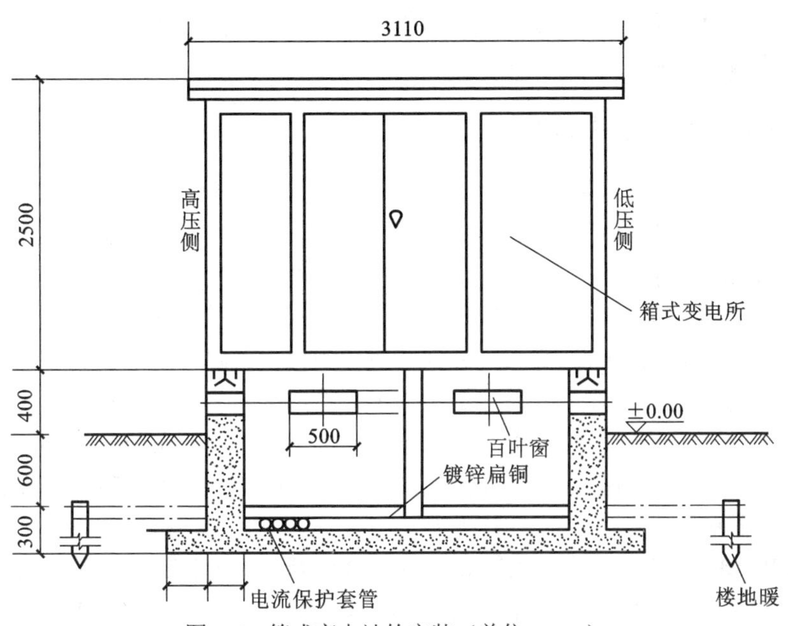

图 5-6　箱式变电站的安装（单位：mm）

4）接地。箱式变电站接地，应以每箱独立与基础型钢连接，严禁进行串联。接地干线与箱式变电站的 N 母线和 PE 母线直接连接，变电箱体、支架或外壳的接地应用带有防松装置的螺栓连接。连接均应紧固可靠，紧固件齐全。

5）箱式变电站，用地脚螺栓固定的螺帽齐全，拧紧牢固，自由安放的应垫平放正。

（4）接线。

1）高压接线要求，既要有终端变电站接线，也应有适应环网供电的接线。

2）接线的接触面应连接紧密，连接螺栓或压线螺丝应牢固，与母线连接时紧固螺栓采用力矩扳手紧固。

3）相序排列准确、整齐、顺直、美观。涂色标识正确。

4）设备接线端，母线搭接或卡子、夹板处，明设地线的接线螺栓处等两侧 10～15mm 处均不得涂刷涂料。

（5）试验及验收。

1）箱式变电站电气交接试验，变压器、高压开关及其母线等应按相关规定进行试验。

2）高压开关、熔断器等与变压器组合在同一个密闭空间的箱式变电站，其高压电气交接试验必须按随带的技术文件执行。

3）低压配电装置的电气交接试验。

【扫码学习】

变配电室及竖井内接地干线安装施工工艺

5.2　成套配电柜及配电箱的安装

配电柜（箱、屏、盘）在供配电系统中承担接受电能、分配电能的重要任务。对负载的监测、计量、参数显示、保护等都是通过配电箱（柜、屏、盘）上的设备和仪器、仪表来实现的。

配电柜（箱、屏、盘）按电压分，有高压柜和低压柜之分；按用途分，有配电柜、动力柜、照明柜、计量柜、控制柜等。

5.2.1 成套配电柜的相关知识

1. 高压配电装置的用途及分类

高压成套配电装置是将每个单元的断路器、隔离开关、电流互感器、电压互感器，以及保护、控制、测量等设备集中装配在一个整体柜内，根据电气主接线的要求，选择所需的功能单元，由多个功能单元（高压开关柜）在发电厂、变电站或配电所安装后组成的配电装置。

高压成套配电装置按其结构特点可分为金属封闭式、金属封闭铠装式、金属封闭箱式开关柜等；按断路器的安装方式可分为固定式和手车式；按安装地点可分为户外式和户内式。

开关柜应具有“五防”联锁功能，即防误分/合断路器，防带负荷拉合隔离开关，防带电接地线或合接地开关，防带接地线（或接地开关）合断路器，防误入带电间隔。

（1）10kV 开关柜。

1）KYN28-10 型高压开关柜。KYN28-10 型高压开关柜为具有“五防”联锁功能的中置式金属铠装高压开关柜，用于额定电压为 3～10kV，额定电流为 1250～3150A，单母线接线的发电厂、变电站和配电中。

开关柜柜体是由薄钢板构件组装而成的装配式结构，柜内由接地薄钢板分隔为主母线室、小车室、电缆室和继电器室。

2）XGN-10 型金属封闭固定式开关柜。XGN-10 型金属封闭固定式开关柜适用于 3～10kV 三相交流 50Hz 单母线或单母线带母线系统中，作为接受和分配电能之用。

3）RGC 型金属封闭单元组合 SF_6 开关柜。RGC 型高压开关柜为金属封闭单元组合 SF_6 式高压开关柜。常用于额定电压 3～24kV、额定电流 630A 单母线的发电厂、变电站和配电所中。

（2）10kV 环网柜。户外环网柜又称环网供电单元，它是由两路以上的开关共箱组成的预装式组合电力设备。

1）HXGHI-10 型环网柜。HXGHI-10 型环网柜主要由母线室、断路器室和仪表室等部分组成。

母线室在柜的顶部，三相母线水平排列。母线室前部为仪表室，母线室与仪表室之隔板隔开。仪表室内安装电压表、电流表、换向开关、指示器和操作元件等。计量柜室可安装有功电能表、无功电能表、峰谷表（可装设 1 台多功能电能表）和断路器室自上而下安装负荷开关、熔断器、电流互感器、避雷器、带电显示器和电缆头等设备。开关柜具有“五防”联锁功能。

环网柜的高压母线截面要根据本配电所的负荷电流与环网穿越电流之和选择，以保证运行中高压母线不过负荷运行。

2）SM6 环网终端柜。环网终端柜作为高压受电和控制设备，应设置必要的过电压保护（避雷器）和继电保护，（熔断器）装置。

（3）35kV 开关柜。

1）JYN1-35（F）型金属封闭型开关柜。JYN1-35（F）型交流金属封闭型移开式开关柜系三相户内装置的金属封闭开关作为额定电压为 35kV 的单母线或单母线分段系统的成套装置。JYN1-35（F）开关柜在一般条件下允许相间及相对地距离不小于 300mm，开关由型钢及弯制钢板焊接而成，分柜体和小车两大部分。柜体以接地的金属板或绝缘板分隔车室、母线室、隔离触头室、电缆室、继电器室、端子室等。小车按其用途区分为断路器隔离小车、避雷器小车、V 形接法电流互感器小车、Y 形接法电压互感器小车、单相电压安器小车、所用变压器小车等。

2）KYN10-40.5 型铠装移开式金属封闭型开关柜。KYN10-40.5 型铠装移开式金属封闭型开关柜适用于三相交流，额定电压为 35kV、40.5kV，额定电流为 2000A 的单母线户内系统。开关柜主要由柜体和可移开部件（车）组成。开关柜由型钢及弯制钢板焊接而成，柜内用接地的金属隔板按功能分隔成 4 个独立隔室，即小车室、母线室、电缆室、继电器室。开关柜设计了可靠的“五防”闭锁系统。

2. 低压配电装置的用途及分类

低压配电装置又叫开关柜或配电柜，它是将低压电路所需的开关设备、测量仪表、保护装置和辅助设备等，按一定的接线方案安装在金属柜内构成的一种组合式电气设备，用以控制、保护、计量、分配和监视等。适用于发电厂、变电站、厂矿企业中作为额定工作电压不超过 380V 低压配电系统中的动力、配电、照明配电之用。

低压配电装置按结构体征可分为固定式和手车式（抽屉式）两大类；按基本结构可分为焊接式和组合式两种；按用途可分为低压配电柜和动力、照明配电控制箱。

固定式低压配电柜按外部设计不同可分为开启式和封闭式。低压配电系统通常包括计量柜、受电柜、馈电柜、无功功率补偿柜等。

（1）GGD 型低压配电柜。GGD 型低压配电柜适用于发电厂、变电站、工业企业等电力用户，在交流 50Hz、额定工作电压 380V、额定电流 3150A 的配电系统中作为动力、照明及配电设备，用以电能转换、分配与控制。

GGD 型配电柜具有分断能力强、防护等级高、机械强度高、绝缘性能好、安装简单、使用方便等优点。

（2）GCL 低压抽出式开关柜。GCL（K）系列抽出式开关柜用于交流 50（60）Hz，额定工作电压 660V 及以下，额定电流 400～4000A 的电力系统中作为电能分配和电动机控制使用。

GCL 系列抽出式开关柜柜体分为母线室区、功能单元区和电缆区，一般按上、中、下顺序排列。

（3）GCK 系列电动开关柜。CCK 系列电动控制柜柜体共分水平母线区、垂直母线区、电缆区和设备安装区等 4 个互相隔离的区域，功能单元分别安装在各自的小室内。

（4）GCS 低压抽屉式开关柜。GCS 抽屉式（抽出式）低压开关柜，除具有一般抽屉式开关柜的特点外，还可与计算机接口实现高度自动化。

（5）MNS 低压抽屉式开关柜。MNS 低压抽屉式开关柜是采用标准模件的组合式低压开关柜，开关柜结构紧凑齐全，具有通信功能。

5.2.2　成套配电柜（盘）的安装

配电柜的安装的施工工艺：设备开箱检查→设备搬运→柜（盘）安装→柜（盘）上方母线配制→柜（盘）二次回路接线→柜（盘）试验→送电运行验收。

1. 设备开箱检查

设备开箱检查由安装单位、供货单位及监理单位人员共同进行，并做好检查记录。按照设备清单、施工图纸及设备技术资料，核对柜本体及内部配件、备件的规格型号应符合设计图纸要求；附件、备件齐全；产品合格证、技术资料、说明书齐全。柜（盘）本体外观检查应无损伤及变形，油漆完整无损。

2. 设备搬运

设备运输根据设备质量、距离长短可采用汽车、汽车吊配合运输、人力推车运输或滚杠运输。设备运输、吊装时应注意以设备吊点。柜（盘）顶部有吊环者，吊索应穿在吊环内；无吊环者，吊索应挂在四角主要承力结构处，不得将吊索吊在设备部件上。吊索的绳长应一致，以防柜体变形或损坏部件。

3. 柜（盘）安装

（1）基础型钢的埋设。基础型钢的埋设方法有下列三种：直接埋设、预留沟槽埋设和地脚螺栓埋设法。

1）直接埋设法。先在埋设位置找到型钢中心线，再按图纸的标高尺寸测量其安装高度和位置，做上记号。将型钢放在所测量的位置上，使其与记号对准，用水平尺调好水平度。水平低的型钢可用铁片垫高，以达到要求值。找平一般用水平尺，超过 10m 的要用水准仪。水平调好后可将型钢固定。固定方法一般是将型钢焊在钢筋上，也可用铁丝绑在钢筋上。

2）预留沟槽埋设法。在土建浇筑混凝土时，根据图纸要求在型钢埋设位置先预埋固定基础型钢用的铁件（筋或钢板）或基础螺栓，同时预留出沟槽。沟槽宽度应比基础型钢宽；深度为基础型钢深度减去二次抹灰层厚度，再加深 10mm 作为调整裕度。待混凝土凝固后（二次抹灰前），将基础型钢放入预留沟槽内，加垫铁调平后与预埋铁件焊接或用基础螺栓固定，型钢周围用混凝土填充并捣实。

3）地脚螺栓埋设法。在土建施工做基础时，先按底座尺寸预埋地脚螺栓，待基础凝固后再将槽钢底座固定地脚螺栓上。基础型钢顶部应高出地平面 10mm（手车式柜除外）。埋设的基础型钢应良好的接地，一般均用扁钢将其与接地网焊接，接地点不少于 2 处，且漏出地面的部分应防锈漆。

基础型钢埋设允许偏差，不直度：每米＜1mm，全长＜5mm；水平度：每米＜1mm，全长＜5mm。基础型钢安装后，其顶部宜高出地面 10～20mm。

（2）柜（盘）安装。柜（盘）安装，应按施工图纸的布置，按柜体布置图将柜放在基础型钢上。单独柜（盘）只找柜面和侧面的垂直度。成列柜（盘）各台就位后，先找正两端的柜，在从柜下至上 2/3 高的位置绷上小线，逐台找正，柜不标准以柜面为准。找正时采用 0.5mm 铁片进行调整，每处垫片最多不能超过 3 片。柜（盘）就位，找正、找平后，除柜体与基础型钢固定外，柜体与柜体、柜体与侧挡板均用镀锌螺钉连接。

盘柜的固定。用电焊或螺栓将配电柜底座固定在基础型钢上。如用电焊，每个柜的焊缝不应少于 4 处，每处焊缝长约 10mm；焊缝应在柜体的内侧。

盘柜安装的技术要求有：

1）开关柜的水平误差应不大于 1‰，垂直误差不大于其高度的 1.5‰。

2）柜体排列要求：单列时，柜前走廊以 2.5m 为宜；双列布置时，柜间操作走廊以 3m

为宜。

3）拼装顺序：按工程需要与安装图纸的要求，将开关柜运至需安装的特定位置，组合排列为10台以上，拼柜工作应从中间部位开始。

4）成列盘柜安装完后，其偏差应满足：相邻两盘顶部水平偏差不得超过2mm，成列顶部水平偏差不得超过5mm；相邻两盘边的盘面偏差不得超过1mm，成列盘面偏差不得过5mm；盘间接缝不得超过2mm。

4. 柜（盘）上方母线配制

（1）主母线安装。

1）把各段硬母线摆在工作台或地面上，按设定的连接顺序组装成一个整体，检查各部尺寸应与测量结果相符。

2）用扭矩扳手对各连接部位进行检查。

3）将硬母线整体一次放到安装位置，用母线金具临时固定一下，然后经仔细调整安装位置后再固定牢靠。

（2）分支母线安装。

1）分支母线、设备连接线的测量、下料、煨弯工作与前述主母线程序相同。当该母线较短且弯曲部位在两处以上时，可先用裸线材煨制一个样板，然后再依样加工。

2）分支母线或连接线加工好后，直接放在安装位置测定连接位置及其安装孔中心。

3）用台钻或打孔机打孔，修整接触面，切除连接部位以外的多余部分。

4）安装分支母线或设备连接线。

（3）技术要求。

1）母线安装前应矫正平直，切断面应平整。

2）绝缘子和盘柜、支架的固定应平整牢固，不应使其所支持的母线受到额外应力。

3）母线在支持绝缘子上的固定点应位于母线全长或两个母线补偿器间的中点。

4）连接用的螺栓、螺母、平垫圈、弹簧垫圈大小要适当，除弹簧垫圈外均应有防渡板。

5）母线与设备端子连接时，如果是铜铝连接或铜母线与铝母线连接，则应采用铜铝过渡极。

6）用压板连接母线时，最好用铜螺栓。用夹板时，不允许四角同时使用铁质螺栓，应在方形夹板的一边用两个铜螺栓，最好用非磁性夹板，以减少涡流损耗。

7）母线及其固定装置应无显著的棱角，以防止尖端放电。

5. 柜（盘）二次回路接线

（1）按原理图逐台检查柜（盘）上的全部电气元件是否相符，其额定电压和控制、操作电源电压必须一致。

（2）按图敷设柜与柜之间的控制电缆连接线。

（3）控制线校线后，将每根芯线绕成圆圈，用镀锌螺钉、眼圈、弹簧垫连接在每个端子板上。端子板每侧一般一个端子压一根线，最多不能超过两根，并且两根线间加眼圈。多股线应搪锡，不准有断股。

6. 柜（盘）试验调整

（1）交接试验。高压试验应按电气设备交接试验标准进行。试验标准符合现行国家规范及产品技术资料要求。

（2）模拟试验。按图纸要求，分别模拟试验控制、连锁、继电保护和信号动作，正确无误，灵敏可靠。拆除临时电源，将被拆除的电源线复位。

7. 送电运行验收

（1）送电前的准备工作。

1）一般应由建设单位备齐试验合格的验电器、绝缘靴、绝缘手套、临时接地编织铜线、绝缘胶垫、粉末灭火器等。

2）底清扫全部设备及变配电室、控制室的灰尘。用吸尘器清扫电器、仪表元件。另外，室内除送电需用的设备用具外，其他物品不得堆放。

3）检查母线上、设备上有无遗留下的工具、金属材料及其他物件。

4）试运行的组织工作，明确试运行指挥者、操作者和监护人。

5）安装作业全部完毕，质量检查部门检查全部合格。

6）试验项目全部合格，并有试验报告单。

7）继电保护动作灵敏可靠，控制、连锁、信号等动作准确无误。

（2）送电。

1）将电源送至室内，经验电、校相无误。

2）对各路电缆摇测合格后，检查受电柜总开关处于“断开”位置，再进行送电，开关试送 3 次。

3）检查受电柜三相电压是否正常。

（3）验收。送电空载运行 24h，无异常现象，办理验收手续，交建设单位使用。同时，提交变更洽商记录、产品合格证、说明书、试验报告单等技术资料。

5.2.3 配电箱的安装

配电箱大多用于照明与小容量动力设备。配电箱有明装和嵌入式（暗装）两种。明装时，可以直接将配电箱固定在墙上，也可通过支架固定。

配电箱的安装工艺为：弹线定位→配电箱安装→箱内配线→检查试验→送电试运行。

1. 弹线定位

根据设计要求找出配电箱位置，并按照箱的外形尺寸进行弹线定位；弹线定位的目的是对有预埋木砖或铁件的情况，可以更准确地找出预埋件，或者可以找出金属胀管螺栓的位置。

2. 配电箱安装

明装配电箱时，土建装修的抹灰、喷浆及油漆应全部完成。

（1）膨胀螺栓固定配电箱。小型配电箱可直接固定在墙上。按配电箱的固定螺孔位置，常用电钻或冲击钻在墙上钻孔，且孔洞应平直不得歪斜。根据箱体重量选择塑料膨胀螺栓或金属膨胀螺栓的数量和规格。螺栓长度应为埋设深度（一般为 120～150mm）加箱壁厚度以及螺栓和垫圈的厚度，再加上 3～5 扣螺纹的余量长度。也可用预埋木砖，用木螺丝固定配电箱。安装示意图如图 5-7 所示。

（2）铁架固定配电箱。中大型配电箱可采用铁支架，铁支架可采用角钢和圆钢制作。安装前，应先将支架加工好，并将埋筑端做成燕尾，然后除锈，刷防锈漆。再按照标高用水泥砂浆将铁架燕尾端埋筑牢固，待水泥砂浆凝固后方可进行配电箱的安装。在柱子上安装时，可用抱箍固定配电箱。安装示意图如图 5-8 所示。

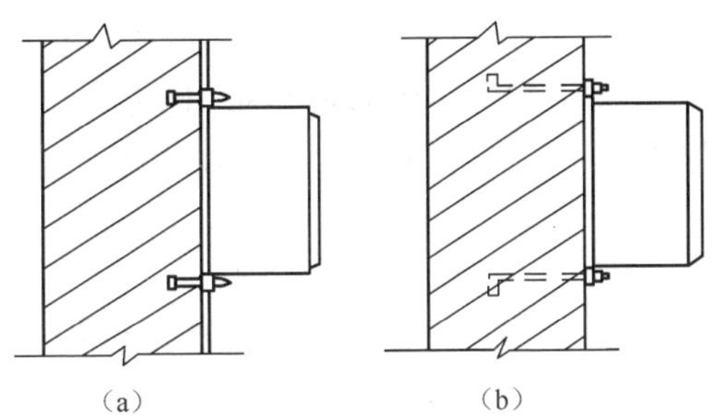

图 5-7　悬挂式配电箱安装
(a) 墙上胀管螺栓安装；(b) 墙上螺栓安装

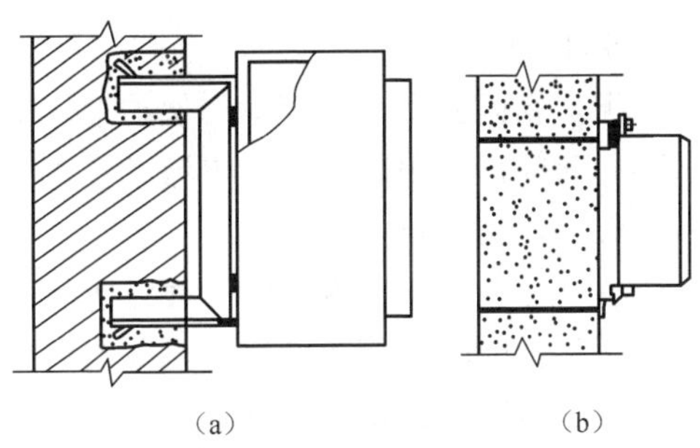

图 5-8　支架固定配电箱
(a) 用支架固定；(b) 用抱箍固定

暗装配电箱时，按设计指定位置，在土建砌墙时先去掉盘芯，配电箱箱底预埋在墙内。然后用水泥砂浆填实周边并抹平，如箱背与外墙平齐时，应在外墙固定金属网后再做墙面抹灰。不得在箱背板上抹灰。预埋前应需要砸下敲落孔压片。配电箱宽度超过 300mm 时，应考虑加过梁，避免安装后箱体变形。应根据箱体的结构形式和墙面装饰厚度来确定突出墙面的尺寸。预埋时应做好线管与箱体的连接固定，线管露出长度应适中。安装配电箱盘芯，应在土建装修的抹灰、喷浆及油漆工作全部完成后进行。

当墙壁的厚度不能满足嵌入式要求时，可采用半嵌入式安装，使配电箱的箱体一半在墙面外，一半嵌入墙内，其安装方法与嵌入式相同。

3. 箱内配线

根据电具、仪表的规格、容量和位置，选好导线的截面和长度，加以剪断进行组配。盘后导线应排列整齐，绑扎成束。压头时，将导线留出适当余量，削出线芯，逐个压牢。但是多股线需用压线端子。

配电箱的进出线有三种形式：第一种是暗配管明箱进出线形式，如图 5-9 所示。第二种是明配管明箱进出线形式，如图 5-10 所示。第三种是暗配管暗箱进出线形式，如图 5-11 所示。

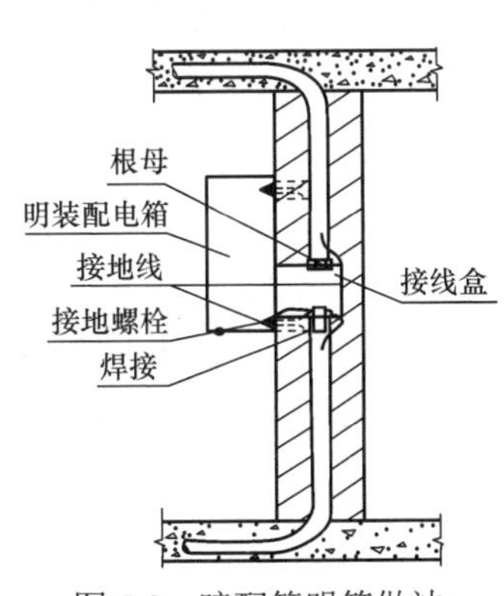

图 5-9　暗配管明箱做法

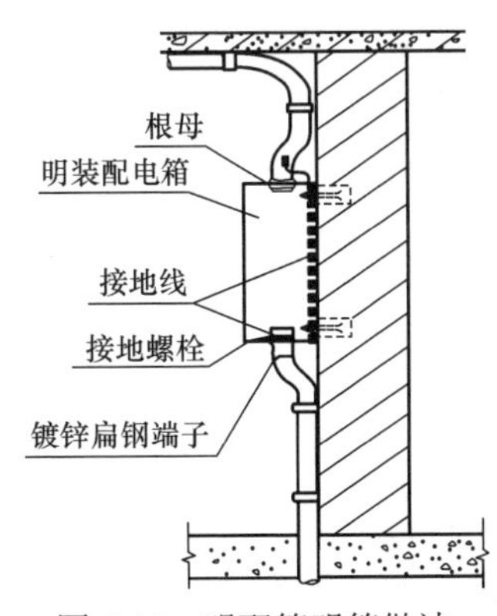

图 5-10　明配管明箱做法

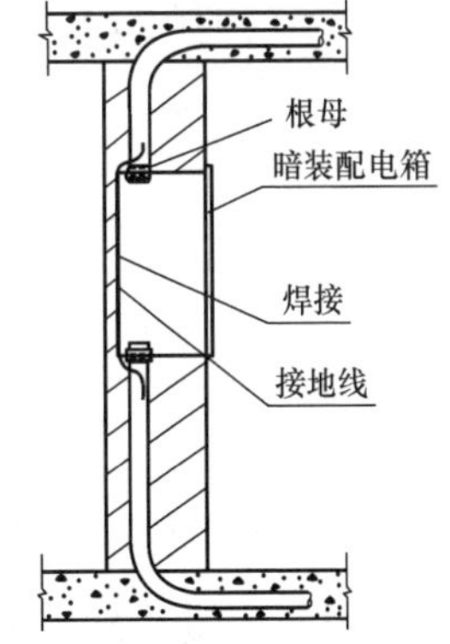

图 5-11　暗配管暗箱做法

4. 检查及试验

配电箱的检查及试验主要包括绝缘电阻测试和剩余电流动作测试。

对于低压配电箱线路的线间和线对地绝缘电阻值，馈电线路不应低于 0.5MΩ，二次回路不应小于 1MΩ。

配电箱内的剩余电流动作保护器（RCD）应在施加额定剩余动作电流（$I_{\Delta n}$）的情况下测试动作时间，并填写《剩余电流动作测试记录》技术资料，且测试值应符合设计要求。

5. 送电试运行

安装作业全部完成，所有线路绝缘电阻测试都符合要求，可以送电试运行。

试运行前配电箱上所有的开关等全部置于断开位置。每次合闸送电后应检查有无异常情况，电流电压是否正常，各种仪表指示是否正常。

6. 技术要求

（1）配电箱（盘）暗装时，其底口距地一般为 1.5m；明装时底口距地 1.2m；明装电能表板底口距地不得小于 1.8m。

（2）配电箱内的交流，直流或不同电压等级的电源，应具有明显的标志。

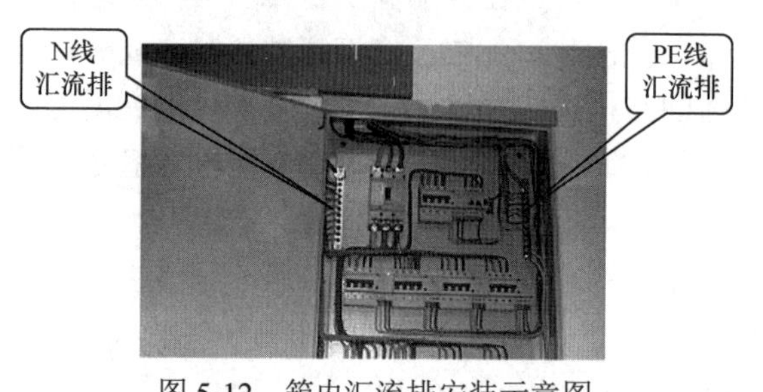

图 5-12　箱内汇流排安装示意图

（3）配电箱（板）内，应分别设置中性线 N 和保护地线（PE 线）汇流排，中性线 N 和保护地线（PE）应在汇流排上连接，不得绞接，并应有编号。箱内汇流排安装示意图如 5-12 所示。

（4）配电箱（板）内装设的螺旋熔断器其电源线应接在中间触点的端子上，负荷线应接在螺纹的端子上。

（5）箱（盘）内开关动作灵活可靠，带有漏电保护的回路，漏电保护装置动作电流不大于 30mA，动作时间不大于 0.1s。

（6）配电箱上的电源指示灯，其电源应接至总开关的外侧，并应装单独熔断器（电源侧）。盘面闸具位置与支路相对应，其下面应装设卡片框，标明路别及容量。

（7）配电箱箱体接地应牢固可靠。

（8）活动的门与箱体应作可靠的连接。装有电器元件的活动盘、箱门，应以裸铜编织软线与接地的金属构架可靠连接。

5.3 电动机的安装

低压电动机用在 380/220V 线路中，是应用比较广泛的一种电气设备；电动机是转变为机械能，用来作为生产机械的动力。建筑工程中大多机械设备都由电动机拖动。故电动机的安装是施工人员最重要的工作之一。

5.3.1 电动机结构及原理

电动机按其供电电源种类可分直流电动机和交流电动机两大类。交流电动机按其工作原理的不同，可分为同步电动机和异步电动机两大类。同步电动机的旋转速度与交流电源的频率有严格的对应关系，在运行中转速保持恒定不变；异步电动机的转速随负载的变化稍有变化。按所需交流电源相数的不同，交流电动机可分为单相交流电动机和三相交流电动机两大类。三相异步电动机多用在工业上，单相交流电动机多用在民用电器上。目前在工程中较常用的主要是三相交流异步电动机。

（一）三相交流异步电动机

三相交流异步电动机广泛应用于炼油化工生产所需的各种电力拖动系统中，具有结构简单，制造、使用和维护方便等诸多优点。按照转子绕组结构不同，三相异步电动机可分为笼形异步电动机和绕线转子异步电动机两大类。

1. 三相笼形异步电动机的结构

三相笼形异步电动机主要由定子和转子两部分组成，如图 5-13 所示。

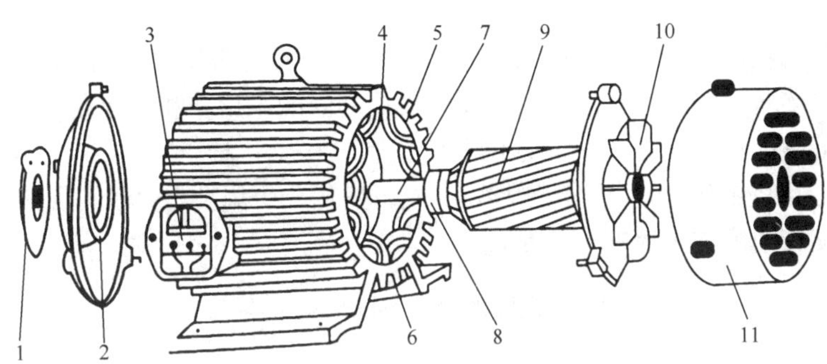

图 5-13　三相笼形异步电动机的结构

1—轴承盖；2—端盖；3—接线盒；4—定子铁芯；5—定子绕组；6—机座；7—转轴；8—轴承；9—转子；10—风扇；11—罩壳

定子由定子铁芯、定子绕组和机座等组成。定子铁芯由相互绝缘的 0.35～0.5mm 厚的硅钢片叠压而成；三相对称定子绕组嵌放在定子内圆均匀分布的槽内，三组均匀分布，空间位置彼此相差 120°，按一定连接方式引出 6 根线头，分别为 U_1，V_1，W_1，U_2，V_2，W_2，引出接到机座外的接线盒内。

转子由转子轴、转子铁芯和转子绕组组成。转子铁芯由圆形硅钢片叠压而成，转子铁芯固定在转轴上，呈圆柱形并冲有均匀分布的槽孔，槽内嵌放转子绕组，因为绕组形状类似鼠笼，因此采用这种转子的电动机被称为笼形电动机。转子铁芯与定子铁芯之间留有 0.35～0.5mm 的间隙，称为气隙。

2. 三相绕线转子异步电动机的结构

三相绕线转子异步电动机由定子和转子两大部分构成，如图 5-14 所示。与笼形异步电动机相比较，两者只是在转子的构造上有所不同。

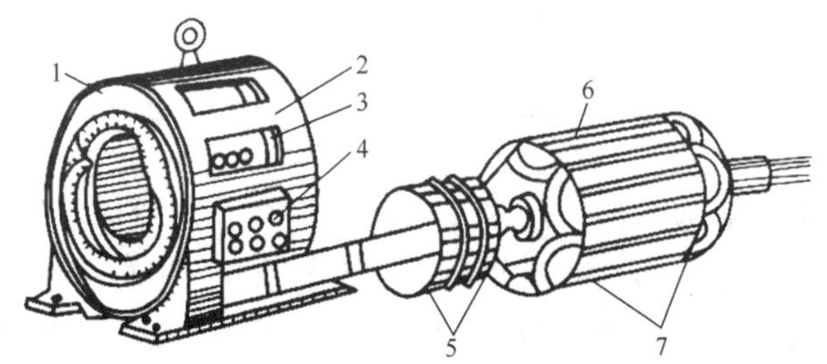

图 5-14　三相绕线转子异步电动机的结构

1—定子绕组；2—机座；3—定子铁芯；4—接线盒；5—集电环；6—转子铁芯；7—转子绕组

绕线转子异步电动机的转子铁芯槽内嵌有三相对称绕组，它们连接成星形，每相绕组始终通过三个固定在转轴上的彼此绝缘的集电环与电刷滑动接触，然后与外电路连接。若在转子电路中串接可调电阻即可进行调速，以满足拖动机械改善启动性能和调速要求。

三相绕线转子异步电动机与笼形异步电动机相比较，启动方式稍有不同。首先是它们都可以直接启动；其次是鼠笼式的异步电动机因为转子的结构原因，它必须要借助于外接设备（自耦变压器或接触器）才能实现降压启动，绕线转子异步电动机除了可以借助外接设备实现降压启动之外，还可以通过调节转子电流来实现降压启动（在转子回程串联有调节电阻）。

由于笼型异步电动机结构简单、价格低，控制电动机运行也相对简单，所以得到广泛采用。而绕线转子电动机结构复杂，价格高，控制电动机运行也相对复杂一些，其应用相对要少一些。

3. 三相交流异步电动机的工作原理

三相异步电动机要旋转起来的先决条件是具有一个旋转磁场，三相异步电动机的定子绕组就是用来产生旋转磁场的。三相交流电源相与相之间的电压在相位上是相差 120° 的，三相异步电动机定子中的三个绕组在空间方位上也互差 120°，这样，当三相交流电源加到定子绕组上时，定子绕组就会产生一个旋转磁场，电流每变化一个周期，旋转磁场在空间旋转一周，即旋转磁场的旋转速度与电流的变化是同步的。

$$\text{旋转磁场的转速为}\ n=60\times\frac{f}{P}$$

式中：f——交流电源频率，Hz；

P——磁场的磁极对数，个；

n——每分钟转数，r/min。

为此，控制交流电动机的转速有两种方法：改变磁极对数和改变交流电源频率。变极调速电动机中嵌入多个磁极对数的绕组，改变磁极对数来改变电动机转速。变频调速技术是指改变交流电源频率的方法，就是利用变频调速器产生可以改变频率的电源，改变电动机转速。

变频调速技术能实现电动机的无级变速控制，变极调速只能实现有级变速控制。例如 2 级电动机同步转速为 3000r/min，4 极电动机同步转速为 1500r/min，8 极电动机同步转速为 750r/min。

定子绕组旋转磁场的旋转方向与绕组中电流的相序有关。相序 U、V、W 顺时针排列，磁场顺时针方向旋转。若把三相电源线中的任意两相对调，例如将 V 相电流通入 W 相绕组，W 相电流通入 V 相绕组中，则磁场必然逆时针方向旋转。利用这一特性我们可很方便变三相电动机的旋转方向。

定子绕组产生旋转磁场后，转子绕组（笼条）将切割旋转磁场的磁力线而产生感应电，转子导条中的电流又与旋转磁场相互作用产生电磁力，电磁力产生的电磁转矩驱动转子旋转，磁场方向以 n_1 的转速旋转起来。一般情况下，电动机的实际转速 n_1 低于旋转磁场 n_0。因为假设 n_0 和 n_1 相等，则转子导条与旋转磁场就没有相对运动，不会切割磁感就无法产生电磁转矩，所以转子的转速 n_1 必然小于 n_0，为此我们称这种三相电动机为异步电动机。

4. 三相异步电动机的铭牌参数

异步电动机的铭牌在其对应栏内通常标有电动机的型号、额定值、接法等有关技术参数，如表 5-3 所示。

表 5-3　三相异步电动机的铭牌

三相异步电动机					
型号	Y90L-4	电压	380V	接法	Y
容量	1.5kW	电流	3.7A	工作方式	连续
转速	140r/min	功率因数	0.79	温升	90℃
频率	50Hz	绝缘等级	B	出厂年月	××年××月
×××电机厂		产品编号		质量	25kg

（1）型号：用以表明电动机的产品种类、机座类型、磁极数等。例 Y90L-4 中，Y 表示笼形异步电动机（T 表示同步电动机，Z 表示直流电动机，TF 表示同步发电机）；90 表示电动机轴中心高度，单位为 mm；L 表示长机座（M 表示中机座，S 表示短机座）；4 表示电动机磁极数为 4。

（2）额定功率 P_N：指电动机在额定状态下运行时，其轴上输出的机械功率，单位为 kW。

（3）额定电压 U_N：指额定运行状态下加在定子绕组上的线电压，单位为 V。

（4）额定电流：指电动机在定子绕组上加额定电压，轴上输出额定功率时定子绕组中的线电流，单位为 A。

（5）频率 f：我国工业用电的频率为 50Hz。

（6）额定转速 n_N：指电动机定子加额定频率的额定电压，且轴端输出额定功率时电动机的转速，单位为 r/min。

（7）功率因数 $\cos\phi$：指电动机额定运行时，电动机从电网吸收的有功功率与视在功率的比值。通常为 0.75～0.9，电容运转式单相异步电动机的功率因数会更高些。

（8）效率 η：指电动机满载时轴上输出的机械功率与输入电功率之比。

（9）绝缘等级：规定了电动机绕组及相关绝缘材料的允许温度。绝缘等级分为 A、E、B、F、H 五级。Y 系列电动机为 B 级绝缘，极限温度为 130℃；F 级绝缘等级的极限温度为 100℃；而高压大功率电动机多采用 H 级绝缘，极限温度为 180℃。

（10）接法：指定子三相绕组电源接入方式。在电动机接线时应注意短接片的连接方式。如图 5-15（a）所示为星形连接，铭牌表示方法为Y；如图 5-15（b）所示为三角形连接铭牌表示方法为△。

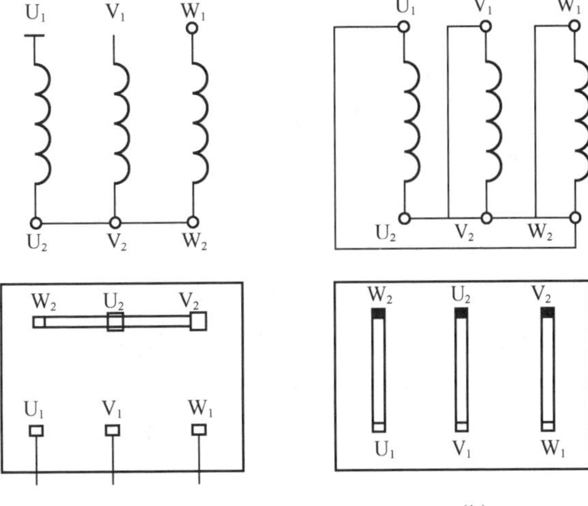

图 5-15　三相异步电动机Y/△连接

（a）Y连接；（b）△连接

（11）工作方式：电动机的工作方式分为连续、短时、间歇 3 种，是指输出额定功率的时机间长短。

（12）温升：指电动机运行在稳定状态下，电动机温度与环境温度之差，环境温度规定为 40℃，如电动机铭牌上的温升为 90℃，则表示允许电动机的最高温度可以为 130℃。

（二）直流电动机

1．直流电动机的结构

直流电动机的结构如图 5-16 所示。它由定子和转子两大部分组成，定子由主磁极、换向极、机座及电刷装置等组成，其作用是产生磁场和支撑电动机。电枢由电枢铁芯、电枢绕组、换向器及转轴等组成，其作用是产生电动势和电磁转矩，实现能量转换。

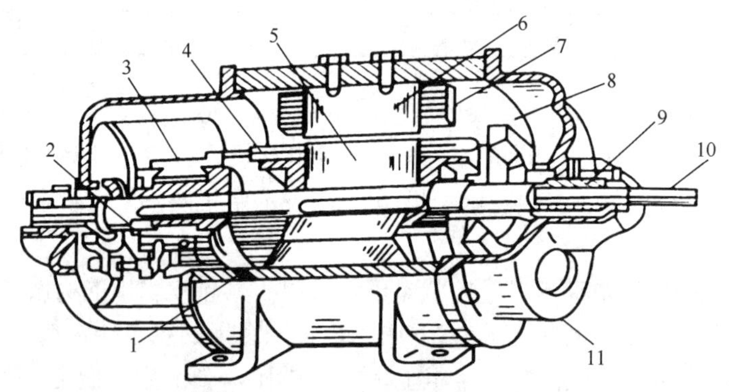

图 5-16　直流电动机的结构

1—换向极绕组；2—电刷装置；3—换向器；4—电枢绕组；5—电枢铁芯；6—主磁极；7—励磁绕组；8—风扇；9—轴承；10—轴；11—端盖

下面分别介绍直流电动机主要部件的构造和作用。

（1）主磁极：主磁极用以产生主磁通，它由铁芯和励磁绕组组成。主磁极的铁芯多由低碳钢板（硅钢片）叠压而成。

（2）换向极：位于相邻的两主磁极间的几何中性线上有一小磁极，可以改善电动机的换向性能，减少换向时在电刷和换向器之间的接触面上产生的火花。

（3）电枢铁芯和电枢绕组：电枢铁芯可安放电枢绕组并用作电动机磁路，它一般用 0.5mm 厚的硅钢片冲压而成，以减少铁芯的涡流和磁滞损耗。电枢绕组的作用是产生感电动势和通过电流产生电磁转矩，实现能量转换。

（4）换向器：换向器将外加直流电变为绕组中的交流电，产生恒定方向的转矩，使电动机连续转动。

（5）电刷装置：通过电刷装置，可以将直流电动机的电枢绕组与外电路连接。电刷装置通常由电刷、刷握和刷杆等组成。

2．直流电动机的接线

直流电动机的接线方法与其励磁方式有关。根据励磁支路和电枢支路的关系，可以将直流电动机的励磁方式分为他励、并励、串励、复励（长复励、短复励）等几种。

（1）他励方式接线。他励方式接线特点是电枢绕组和励磁绕组相互独立，需另外备有直流电源进行励磁。

（2）并励方式接线。并励方式接线特点是电动机的励磁绕组与电枢绕组并联，并励绕组匝数多，导线细，电阻大。

（3）串励方式接线。串励方式接线特点是电动机的励磁绕组与电枢绕组串联。串励绕组匝数少，导线粗，电阻小。

（4）长复励方式接线。长复励方式接线特点是先接成串励形式，再接成并励形式。

（5）短复励方式接线。短复励方式接线特点是先并励后串励。注意串、并励绕组不能混淆。

（三）同步电动机

1. 同步电动机的分类

（1）按用途的不同，同步电机可分为同步发电机、同步电动机和同步调相机。这里主要介绍同步电动机。

（2）按转子结构的不同，同步电动机可分为凸极式电动机和隐极式电动机两种。

（3）按照励磁方式的不同，同步电动机可以分为永磁同步电动机和电励磁同步电动机。

2. 同步电动机与异步电动机的区别

（1）同步电动机与异步电动机速度的区别。同步电动机和异步电动机最大的区别在于它们的转子速度与定子速度是否一致，电动机的转子速度与定子速度相同，称同步电动机；反之，则称异步电动机。

（2）转子结构不同。同步电动机与异步电动机的定子绕组是相同的，区别在于电动机的转子结构。异步电动机的转子是短路的绕组，靠电磁感应产生电流；而同步电动机的转子结构相对复杂，有直流励磁绕组，因此需要外加励磁电源，通过滑环引入电流。因此同步电动机的结构相对比较复杂，造价、维修费用也相对较高。

3. 同步电动机的工作原理

同步电动机是交流旋转电动机的一种，转子用永磁铁或直流电流产生固定方向的磁场，定子旋转磁场带动转子磁场转动，转子的转速始终与定子旋转磁场的转速（同步速）相同，因此叫作同步电动机。

同步电动机的定子和异步电动机的定子相同，即在定子铁芯内圆均匀分布的槽内嵌放三相对称绕组。同步电动机的转子主要由磁极铁芯与励磁绕组组成，当励磁绕组通以直流电流后，转子即建立恒定磁场。同步电动机运行时，在定子绕组上通以三相交流电源，产生一个旋转速度为同步速 n_0 的旋转磁场，转子在定子旋转磁场的带动下，带动负载沿定子磁场的方向以相同的转速旋转，转子的转速 n 与定子电网频率 f、磁极对数 p 之间应满足：$n=n_0=60\frac{f}{p}$；该式表明，同步电动机的转速与和电网频率之间有不变的正比关系，若电网的频率不变，则稳态时同步电动机的转速恒为常数，而与负载的大小无关。

5.3.2 低压电动机的安装

（一）电动机安装前的检查

电动机安装前应检查下列内容：

（1）检查电动机的功率、型号、电压等应与设计相符。

（2）核对机座、地脚螺栓的轴线、标高位置，检查机座的沟道、孔洞及电缆管的位置，尺寸应符合设计要求。

（3）检查电动机的外壳应无损伤，风罩风叶应完好。电动机的附件、备件应齐全。

（4）转子转动应灵活，无碰卡声，轴向窜动不应超过规定的范围。

（5）检查电动机的润滑脂，应无变色、变质及硬化等现象。其性能应符合电动机工作条件。

（6）拆开接线盒，用万用表测量三相绕组是否断路。引出线鼻子的焊接或压接应良好，编号应齐全。

（7）定子和转子分箱装运的电动机，其铁芯转子和轴承应完整无锈蚀现象。

（8）使用绝缘电阻表测量电动机的各相绕组之间以及各相绕组与机壳之间的绝缘电阻，如果电动机的额定电压在 500V 以下，则使用 500V 兆欧表测量，其绝缘电阻值不得小于 0.5MΩ，如果不能满足要求应对电动机进行干燥。

（9）电动机在检查中，如有下列情况之一时，应进行抽芯检查：

1）出厂日期超过制造厂保证期限；

2）经外观检查或电气试验，质量有可疑时；

3）开启式电动机经端部检查有可疑时；

4）试运转时有异常情况者。

（二）电动机的安装

电动机安装工艺流程为：基础制作及验收→电动机的安装→电动机的校正→电动机的接线→电动机的试运行。

1. 基础制作及验收

电动机通常安装在机座上，机座固定在基础上，电动机的基础通常有混凝土、砖砌和金属支架三种，采用混凝土浇筑的较多。混凝土基础的保养期一般为 15 天，整个基础表面应平整。浇筑基础时，应根据电动机地脚螺栓的间距，将地脚螺栓预埋入基础内，为保证地脚螺栓预埋位置正确无误，可采用两种方法，其一，将四颗地脚螺栓先固定在一块定型铁板上，然后整体再埋入基础，待混凝土达到标准强度后，再拆去定型铁板。其二，根据电动机安装孔尺寸，在混凝土基础上预留孔洞（100mm×100mm），待安装电动机时，再将地脚螺栓穿过机座，放在预留孔内，进行二次浇筑。地脚螺栓埋设不可倾斜，等电动机紧固后应高出螺帽 3～5 扣。

电动机安装前要对基础轴线、标高、地脚螺栓位置、外形几何尺寸进行测量验收，沟槽、孔洞及电缆管位置应符合设计及土建防水的质量要求；混凝土标号应符合设计要求，一般基础承重量不小于电动机重量的 3 倍；基础各边应超出电动机底座边缘 100～150mm。

2. 电动机的安装

（1）基础。应按设计要求或电动机底盘尺寸每边加 150～250mm 确定。基础埋置深度为电动机底脚螺栓长度的 1.5～2 倍，埋深应超过当地冻结深度 500mm。基础应置于原土层上，基底的持力层严禁扰动。基础采用混凝土浇筑，其强度等级为 C20。如果电动机重量超过 1t，应采用钢筋混凝土。

（2）地脚螺栓。首先应按机座设计要求或电动机外形的平面几何尺寸、底盘尺寸、基础轴线、标高、地脚螺栓（螺孔）位置等，弹出宽度控制线和纵横中心线，并根据这些中心线放出地脚螺栓中心线。

按电动机地脚螺栓孔眼间距的标准尺寸，放在机座木板架上，将螺栓按线板架上的位置标志点距进行组装固定牢固，再浇筑在混凝土机座中，待混凝土强度达到设计强度等级后，才能将螺栓拧紧。

（3）电动机吊装。小型电动机可用人力抬到基础上进行安装，可将铁棒穿过电动机上部吊环，将其抬运到基础上。较大的电动机需用起重设备来吊装。搬运前应仔细检查吊钩、制动部分是否完好，只有确认执行部件完好无损才可搬运，不允许用绳子套在电动机的带盘或转轴上抬电动机。

（4）电动机与底座间的安装。

1）按电动机底座和地脚螺栓的位置，确定垫铁放置的位置，在机座表面画出垫铁尺寸范围，并在垫铁尺寸范围内砸出麻面，麻面面积必须大于垫铁面积。

2）垫铁应按砸完的麻面配制，每组垫铁总数常规不超过三块，其中包含一组斜垫铁。垫铁表面应平整，无氧化皮，斜度一般为1/10、1/12、1/15、1/20。垫铁布置的原则为：在地脚螺栓两侧各放一组，并尽量使垫铁靠近地脚螺栓。斜垫铁必须斜度相同才能配合使用。将垫铁配制完后要编组做标记，以便对号入座。

垫铁与机座、电动机之间的接触面积不得小于垫铁面积的50%；斜垫铁应配对使用，一组只有一对。配对斜垫铁的搭接长度不应小于全长的3/4，相互之间的倾斜角不大于30°。

3）将电动机吊到垫铁上，并调节楔形垫铁使电动机达到所需的位置、标高及水平度。电动机水平面的找正可用水平仪。

4）调整电动机与连接机器的轴线，此两轴的中心线必须严格在一条直线上。

5）通过上述3）、4）项内容反复调整后，将其与传动装置连接起来。

6）二次灌浆，5～6天后拧紧地脚螺栓。

3. 电动机的校正

电动机就位后，即可进行纵向和横向的水平校正。如果不平，可用0.5～5mm厚的垫铁垫在电动机机座下，找平、找正直到符合要求为止。当电动机与被驱动的机械通过传动装置相互连接之前，必须对传动装置进行校正。由于传动装置的种类不同，校正的方法也各不相同。中心线校正方法有：用钢直尺和塞尺校正、用测微规及百分表校正、用激光对中仪校正。

（1）皮带传动的校正。皮带传动时，为了使电动机和它所驱动的机械得到正常运行，就必须使电动机皮带轮的轴和被驱动机械皮带轮的轴保持平行，同时还要使两个皮带轮宽度的中心线在同一直线上。如果两皮带轮宽度相同，校正时在皮带轮的侧面进行，利用一根细绳来测量，如图5-17（a）所示，当*A*、*B*、*C*、*D*在同一直线上时，即已找正。如果两皮带轮宽度不同，应先找出皮带轮的中心线，并画出记号，如图5-17（b）中1、2和3、4两条线，然后拉一根线绳，对准1、2这条线，并将线拉直。如果两轴平行，则线绳必然同3、4那根线重合。

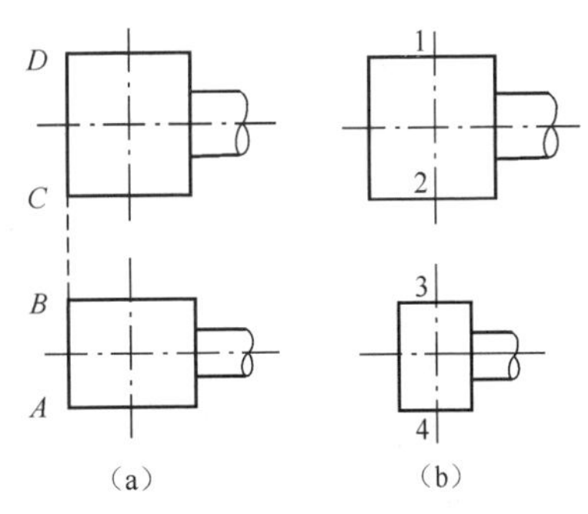

图5-17　皮带轮的校正法

（2）联轴器的校正。联轴器也称靠背轮。当电动机与被驱动的机械采用联轴器连接时，必须使两轴的中心线保持在一条直线上，否则，电动机转动时将产生很大地振动，严重时会损坏联轴器，甚至扭弯、扭断电动机轴或被驱动机械的轴。另外，由于电动机转子的重量和被驱动机械转动部分重量的作用，使轴在垂直平面内有一挠度，使轴发生弯曲，如图5-18所示。假如两相连机器的转轴安装绝对水平，那么联轴器的两接触平面将不会平行，而处于如图5-18（a）所示的位置。在这种情况下用螺栓将联轴器连接起来，使联轴器两接触面互相接触，电动机和机械的两轴承就会受到很大的应力，使之在转动时产生振动。为了避免这种现象，必须将两端轴承装得比中间轴承高一些，使联轴器的两平面平行。如图5-18（b）所示。同时，还要使这对转轴的轴线在联轴器处重合。校正时首先取下螺栓，用钢板尺测量径向间隙*a*和轴向间隙*b*，测量后把联轴器旋转180°再测。如果联轴器平面是平行的，并且轴心也是对准的。那么在各个位置所测的 a 值和 b 值都是一样的，如图 5-19 所示，否则，要继续校正，直到符合要求为止。测量时必须仔细，多次重复进行。但是有的联轴器表面的加工粗糙，也会出现 a 值和 b 值在各个位置上不等，这就需要细心地分析，找出其规律，才能鉴别是否已经校正。

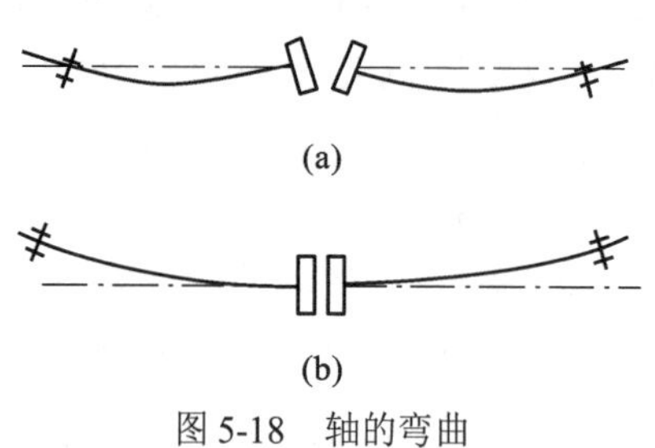

图 5-18　轴的弯曲

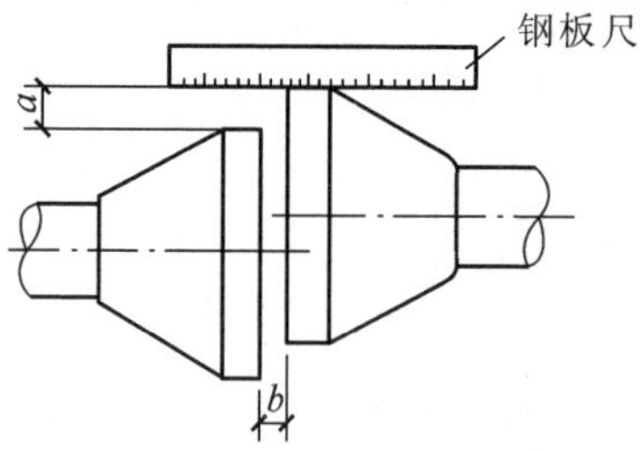

图 5-19　用钢板尺校正联轴器

（3）齿轮传动校正。齿轮传动必须使电动机的轴与被驱动机械的轴保持平行。大小齿轮啮合适当。如果两齿轮的齿间间隙均匀，则表明两轴达到了平行，间隙大小可用塞尺进行检查。也可通过运行，听齿轮转动的声音来判别啮合情况。

4. 电动机的接线

电动机接线在电动机安装中是一项非常重要的工作，如果接线不正确，不仅电动机不能正常运行，还可能造成事故。接线前应查对电动机铭牌上的说明或电动机接线板上接线端子的数量与符号，然后根据接线图接线。

三相感应电动机共有三个绕组，计有六个端子，各相的始端用 U_1、V_1、W_1 表示，终端用 U_2、V_2、W_2 表示。标号 U_1～U_2 为第一相，V_1～V_2 为第二相，W_1～W_2 为第三相。

如果三相绕组接成星形，U_2、V_2、W_2 连在一起，U_1、V_1、W_1 接电源线；如果接成三角形，U_1 和 W_2，V_1 和 U_2，W_1 和 V_2 相连，U_1、V_1、W_1 接电源线。定子绕组的接线如图 5-20 所示。

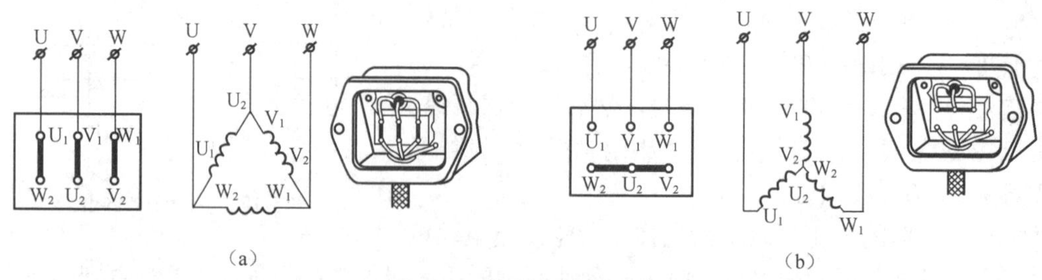

图 5-20　定子绕组的做法

（a）三角形连接；（b）星形连接

当电动机没有铭牌，或端子标号不清楚时，应先用仪表或其他方法对绕组的首尾进行确认，然后再进行接线。确认的方法可采用比较简单的万用表法。首先将万用表的转换开关放在欧姆挡上，利用万用表分出每相绕组的两个出线端，然后将万用表的转换开关转到直流毫安档上，并将三相绕组接成如图 5-21 所示的线路并假设首尾。接着，用手转动电动机的转子，如果万用表指针不动，则说明三相绕组的首尾假设是正确的，如果万用表指针动了，说明至少有一相绕组的首尾反了，应一相一相分别对调后重新试验，直到万用表指针不动为止。该方法是利用转子铁芯中的剩磁在定子三相绕组内感应出电动势的原理进行的。

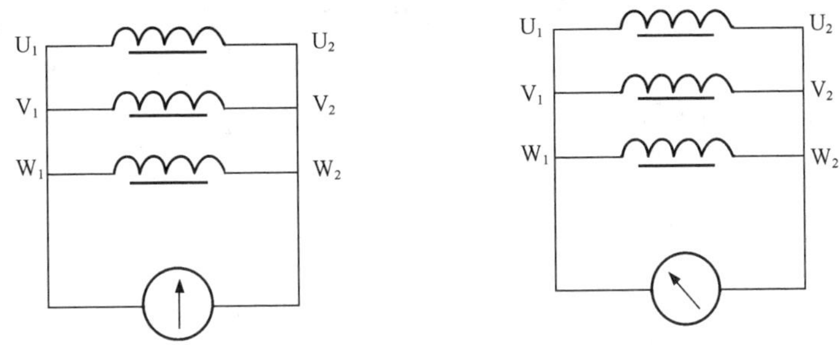

图 5-21　用万用表区别首尾的方法

5. 试运行及验收

（1）试运行前的检查：

1）电动机本体安装检查结束；

2）冷却、调速、润滑等附属系统安装完毕，验收合格，分部试运行情况良好；

3）电动机的保护、控制、测量、信号、励磁等回路调试完毕动作正常；

4）多速电动机的接线、极性正确，连锁切换装置应动作可靠，操作程序应符合产品技术条件规定；

5）有固定转向要求的电机，试车通电前必须检查电动机与电源的相序，确保一致。

（2）电动机应做以下试验：

1）测量绝缘电阻，低压电动机使用 1000V 兆欧表测量，绝缘电阻值应大于 0.5MΩ；

2）100kW 以上的电动机应测量各相直流电阻值，相互差不应大于最小值的 2%；无中性点引出的电动机，测量线间直流电阻值，相互差不应大于最小值的 1%；

3）电刷与换向器或滑环的接触应良好；

4）盘动电机转子应转动灵活，无碰卡现象；

5）电动机引出线应相位正确，固定牢固，连接紧密，电动机外壳油漆完整，保护接地良好。

（3）电机试运行：

1）电动机试运行一般应在空载的情况下进行，空载运行时间为 2h，并做好电动机空载电流电压记录。

2）电机试运行接通电源后，如发现电动机不能起动和起动时转速很低或声音不正常等现象，应立即切断电源检查原因。

3）起动多台电动机时，应按容量从大到小逐台起动，不能同时起动。

4）电机试运行中应进行下列检查：电动机的旋转方向符合要求，声音正常；换向器、滑环及电刷的工作情况正常；检查电机各部温度，不应超过产品技术条件的规定；滑动轴承温升不应超过 80℃，滚动轴承温升不应超过 95℃；电动机的振动应符合规范要求等。

5）交流电动机带负荷起动次数应尽量减少，如产品无规定时按在冷态时可连续起动 2 次，每次间隔时间不得小于 5min；在热态时，可起动 1 次。当在处理事故以及电动机起动时间不超过 2～3s 时，可再起动一次。

【扫码学习】

壁挂式配电箱安装工艺

5.4 柴油发电机组安装

5.4.1 柴油发电机组概述

柴油发电机组是以柴油为动力，驱动交流同步发电机而发电的电源设备。它主要用作应急备用电源及特殊用途的独立电源；大电网无法输送到的地区的独立供电主电源等。

1. 柴油发电机组的组成

柴油发电机组是内燃发电机组的一种，由柴油机、交流同步发电机、控制箱、联轴器和公共底座等部件组成。

一般生产的成套机组，都是用一公共底座将柴油机、交流同步机和控制箱等主要部件安装在一起，成为一体，即一体化柴油发电机组。大功率机组除柴油机和发电机装置在型钢焊接而成的公共底座上外，控制屏、燃油箱和水箱等设备需单独设计，便于移动和安装。柴油机的飞轮壳与发电机前端盖轴采用凸肩定位直接连接构成一体，采用圆柱形的弹性联轴器，由飞轮直接驱动发电机旋转。为了减小噪声，机组一般需安装专用消声器，或需要对机组进行全屏蔽。为了减小机组振动，在连接处需要安装减振器或橡皮减振垫。

柴油机在工作过程中能输出动力，除了将燃料的热能转变为机械能的燃烧室和曲柄连杆机构外，还必须具有相应的机构和系统予以保证：

（1）机构组件。主要包括气缸体、气缸盖和曲轴箱，是柴油机各机构系统的装配基体。曲柄连杆机构是柴油机的主要运动件，热能转变为机械能，需要通过曲轴柄连杆机构完成。

（2）配气机构。由气门组及传动组组成，排气系统由空气过滤清器、进气管、排气管与消声器等组成，它的作用是保证柴油机换气过程顺利进行。

（3）供给与调速系统。它的作用是将一定量的柴油，在一定的时间内，以一定的压力喷入燃气室与空气混合，以便燃烧做功。它主要由柴油箱、输油泵、喷油泵、喷油器、调速器等组成。

（4）润滑油系统。它是将润滑油送到柴油机各运动件的摩擦表面，有减小摩擦、冷却净化、密封和防锈等作用。主要由机油泵、机油滤清器、机油散热器、阀门及油管等组成。

（5）冷却系统。它是将柴油机受热零件的热量传出，以保持柴油机在最适宜的稳定状态下工作。冷却系统分为水冷和风冷两种。

（6）专用的启动装置。

2. 柴油发电机的分类

柴油发电机组的分类方法很多，按照发动机转速的高低可分为高速机组、中速机组、低速机组；按照功率的大小可分为大型机组、中型机组、小型机组；按照发电机的输出电压频率可分为交流发电机组和直流发电机组；按照控制方式分为手动机组、自启动机组和微机控制自动化机组；按照用途分为常用机组、备用机组和应急机组；按照外观构造分为基本型机组、静音型机组、车载机组、拖车机组和集装箱式机组。

柴油机根据活塞的运动方式可分为往复活塞式和旋转活塞式两种。由于旋转活塞式柴油机还存在不少问题，所以目前尚未得到普遍应用。柴油发电机组、汽车和工程机械多以往复活塞式柴油机为动力。

3. 柴油机的工作原理

柴油机是将柴油直接喷射入气缸与空气混合燃烧得到热能，并将热能转变为机械能的发动机。柴油机中热能与机械能的转化，是通过活塞在气缸内工作，连续进行进气、压做功，排气4个过程来完成的。如柴油机活塞走完4个冲程完成一个工作循环，称该机为四冲程柴油机；如活塞走完2个冲程完成一个循环，称该机为二冲程柴油机。

4. 发电机的分类

发电机的工作原理都基于电磁感应定律和电磁力定律，达到能量转换的目的。发电机可分为直流发电机和交流发电机。交流发电机又可分为同步发电机和异步发电机两种。同步发电机既能提供有功功率，也能提供无功功率，可满足各种负载的需要。异步发电机由于没有独立的励磁绕组，其结构简单，操作方便，但是不能向负载提供无功功率，而且还需要从所接电网中汲取滞后的磁化电流。因此异步发电机运行时必须与其他同步电机并联，或者并联相当数量的电容器，通常较多地应用于小型自动化水电站。

直流发电机有换向器，结构复杂，制造费时，价格较贵，且易出故障，维护困难，效率也不如交流发电机。

5.4.2　柴油发电机组安装

柴油发电机组是高速旋转设备，在使用之前，必须正确安装，才能保证机组安全可靠经济合理地运行。

（一）机组的搬运与存放

机组与其他电气设备一般都有包装箱，在搬运时应注意起吊的钢锁系扎在机器的适合部位，轻吊轻放。为了安装而吊起机组时，首先连接好底架上突出的升吊点，然后检查是否已牢牢挂住，焊接处有无裂缝，螺栓是否收紧等。安装前应先安排好搬运路线，在机房应预留搬运口。

当机组运到目的地后，应尽量放在库房内；如果没有库房需要在露天存放时，则将油箱垫高，防止雨水浸湿，箱上应加盖防雨帐篷，以防日晒雨淋损坏设备。

（二）开箱检查

开箱前应首先清除灰尘，查看箱体有无破损。核实箱号和数量，开箱时切勿损坏机器。开箱顺序是先拆顶板、再拆侧板。拆箱后应根据机组清单及装箱清单清点全部机组及附件并核对图纸。开箱后的机组要注意保管，必须水平放置，法兰及各种接口必须封盖、包扎，防止雨水及灰沙浸入。

（三）划线定位

按照机组平面布置图所标注的机组与墙或者柱中心之间、机组与机组之间的关系尺寸，划定机组安装地点的纵、横基准线。机组中心与墙或者柱中心之间的允许偏差为20mm，机组与机组之间的允许偏差为10mm。

（四）了解设计内容，准备施工材料

检查设备，了解设计内容，明了施工图纸，参阅说明书。根据设计图上所需要的材料进行备料，然后根据施工组织计划的先后，将材料送到现场。

（五）机组的安装步骤

柴油发电机组安装工艺流程为：测量定位→基础验收→吊装机组→安装减振器→机组找平→附件系统的安装→机组中心的找正→固定→机组接线。

1. 测量定位

机组在就位前，应测量基础和机组的纵横中心线。依照图纸放线画出基础和机组的纵横中心线及减振器定位线。

按照机组平面布置图所标注的机组与墙或者柱中心之间、机组与机组之间的关系尺寸，划定机组安装地点的纵、横基准线。机组中心与墙或者柱中心之间的允许偏差为 20mm，机组与机组之间的允许偏差为 10mm。

2. 基础验收

柴油发电机组的混凝土基础应符合柴油发电机组制造厂家的要求，基础上安装机组地脚螺栓孔，采用二次灌浆，其孔距尺寸应按机组外形安装图确定。基座的混凝土强度等级必须符合设计要求。

机组在就位前，应依照图纸“放线”画出基础和机组的纵横中心线及减振器定位线。基础安装如图 5-22 所示。

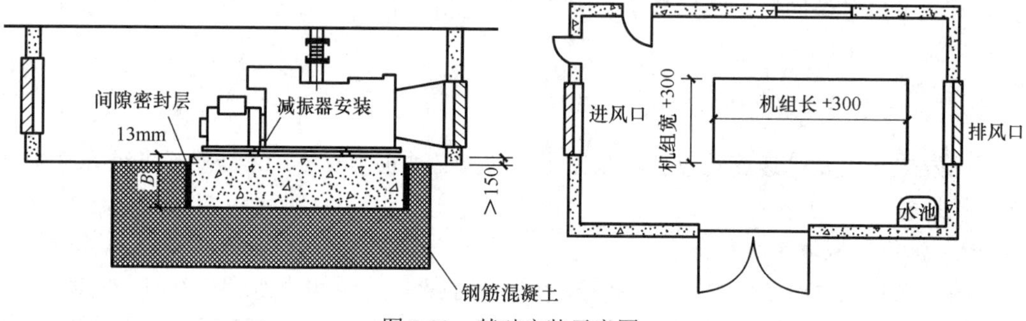

图 5-22 基础安装示意图

3. 吊装机组

用吊车将机组整体吊起，把随机配送的减振器装在机组的地下。当现场无吊车作业条件时，可将机组放在滚杠上，滚至设计位置。

吊装时应用足够强度的钢丝绳索套在机组的起吊位置，按要求将机组吊起，不能套在轴上，同时也要防止碰伤油管和表盘。对准基础中心线和减振器，并将机组垫平。

4. 安装减振器

用千斤顶将机组一端抬高，注意机组两边的升高应一致，直至底座下的间隙能安装抬高一端的减振器；释放千斤顶，再抬机组另一端，装好减振器，撤出滚杠，释放千斤顶。

一般情况下，减振器无须固定，只需在减振器下垫一层薄薄的橡胶板。如果需要固定，划定减振器的地脚孔的位置，吊起机组，埋好螺栓后，放好机组，最后拧紧螺栓。

5. 机组找平

把发动机的气缸盖打开，将水平仪放在气缸盖上部端面上进行检查，当不满足水平误差要求时需用垫铁进行找平。

利用垫铁将机器调至水平。安装精度是纵向和横向水平偏差为 0.1mm/m。垫铁和机座之间不能有间隔，应使其受力均匀。

6. 附件系统的安装

油箱、排风管、冷却系统、排烟管及电气盘柜的安装应参照相关专用规范。

柴油机本体上都装设有燃油箱，通常可供发动机工作 3～6h。用户也可根据需要自行配套。配套安装的油箱尽可能靠近发动机，使发动机燃油输送泵保持最小输入阻力，且保证在运转时不泄漏，否则会导致空气进入燃油系统，使柴油机运行不稳定，影响其输出功率。

安装燃油系统时，应保证柴油无渗漏；连接软管要采用优质环箍，不要用铁丝捆扎，或切破油管。

热风管安装要求平、直，偏差不大于 1%；与散热器连接，要采用软接头。排烟管安装应加消声器。

一体式控制屏直接安装在机组发电机的上方，与发电机连接处有减振器；分体式控制屏采用隔室和非隔室安装两种方式。控制屏与机组的距离不宜超过 10m。

7. 机组中心的找正

发电机中心找正时可用百分比中心找正法，此法适用于容量大、高速和对轴同心度精度高的机组。

以柴油机联轴器为基准，用钢板尺在四周 0°、90°、180°、270° 四点处测出发电机联轴中心偏移，对高低偏差可在发电机机座下加减垫片进行调整，对左右偏差可移动发电机左右位置调整。

8. 固定

地脚螺栓固定时，四周螺栓应均匀紧固，且垫铁不能悬空。若进行灌浆处理，则应根据相关专业要求进行。

发电机组各联轴器的连接螺栓应紧固。机座地脚螺栓应紧固。安装时应检查主轴承盖、连杆、气缸体、贯穿螺栓、气缸盖等的螺栓与螺母的紧固情况，不应松动。柴油机与发电机用联轴器连接时，其不同轴度应参考表 5-4 的要求。

表 5-4 整体安装的柴油机联轴器两轴的不同轴度

联轴器类型	联轴器外形最大直径/mm	两轴的不同轴度不应超过	
		径向位移/mm	倾斜度
弹性联轴器	＜300	0.05	0.02/1000
	≥300	0.10	
刚性联轴器	—	0.03	0.04/1000

9. 机组接线

发电机及控制箱接线应正确可靠。馈电出线两端的相序必须与电源原电系统的相序一致。发电机随机配送的配电柜和控制柜接线应正确无误，所有紧固件应紧固，无遗漏脱落。开关、保护装置的型号、规格必须符合设计要求。

TT、TN 柴油发电机系统接地形式如图 5-23 所示。配电变压器高压侧工作于不接地系统且保护接地电阻不大于 4Ω；

如图 5-23（a）所示为系统接地的形式为 TT 的应急电源。如图 5-23（b）所示为系统接地的形式为 TN-C 的应急电源。如图 5-23（c）所示为系统接地的形式为 TN-S 的应急电源，三相四线制出，中性点经电保护器或高欧姆电阻接地。

1）发电机中性导体（工作中性线）应与接地母线引出线直接连接，防护装置齐全，有接地标志。

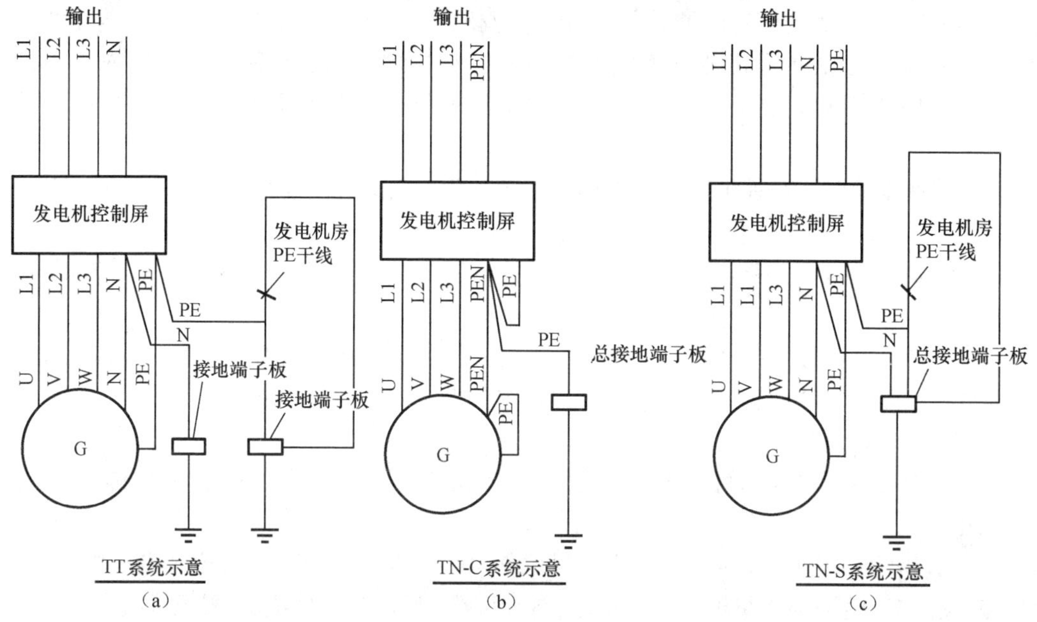

图 5-23　TT、TN 柴油发电机系统接地形式

2）发电机本体和机械部分的可接近导体均应保护接地（PE）或接地线（PEN），且有标志。

（六）投运及验收

1. 试验前应具备的条件

（1）柴油发电机组机务安装全部结束，装入润滑油、冷却液等介质。

（2）电气安装结束，并经验收合格。

（3）启动前机房的照明、通风、通信、土建设施应符合电气设备运行要求。

（4）有关的警告、标牌悬挂完毕，消防设备完善。

2. 柴油发电机组的试验

（1）绝缘电阻：对于发电机绝缘电阻的测量可以判断发电机所有带电部分对机壳的绝缘状态。发电机在冷态下，不带任何外部引线来进行测量检查。对于定子绕组，由于中性点连一起，因此只需测一次。其他的测量还包括转子绕组、励磁绕组、加热器及传感器等对绝缘电阻。要求冷态时发电机绕组及温度传感器对机壳的绝缘电阻不应低于 30MΩ；相绝缘电阻的不平衡系数不应大于 2。

（2）定子线圈直流电阻：发电机绕组的直流电阻不仅与发电机的损耗有关，而且对发电的励磁电压、短路电流等特性参数有影响。绕组直流电阻的大小与导线规格及绕组形式等因素有关。测量的直流电阻换算至发电机出厂试验同温度下的电阻误差应小于 2%。

（3）绕组工频耐压：在试验电压下耐压 1min，应无击穿闪络现象。

（4）动力电缆绝缘：用 1000V 绝缘摇表测量，其绝缘值不低于 0.5MΩ。

3. 柴油发电机组保护系统检查

柴油机保护系统有高水温、低油压和超速保护。当机组运行中，一旦柴油机出现高水温低油位和超速时，电接点水温表接点、电接点油压表接点和过速继电器触点闭合，发出光信号或使柴油机自动停机，起到了保护作用。在调试时，应采用模拟信号的办法检查信号动作情况是否正确。

4. 发电机投运前的检查

（1）测量线路、设备、元件的绝缘电阻应良好，并复查电气线路接线正确紧固，接地电阻符合要求。

（2）检查电刷完整、接触良好，接线及位置正确，刷握灵活，弹簧压力正常。

（3）确认温度表、电压表、电流表、转速表、频率表、功率表、功率因数表等完好、准确。

（4）检查励磁开关和负荷开关是否在断开位置，将励磁变阻器调到电阻最大值位置，晶闸管励磁装置应将电位器调到零位。

（5）检查一、二次回路的熔断器是否完整，熔丝额定电流是否符合要求，保护回路连接板是否投入。

（6）将发电机出口开关断开，相关保护全部投入，发电机升压至空载额定电压，在母线与发电机输出电压两侧进行核相试验。发电机输出电压的出线标识应与母线相序相符。

（7）检查蓄电池电压是否正常，连接头是否牢固，有无生锈现象。

（8）检查冷却系统应严密、无漏风现象，冷却效果及效率良好。轴承润滑良好、不漏油。

5. 试运行

柴油机的废气可用外接排气管引至室外，引出管不宜过长，管路转弯不宜过多，弯头不宜多于3个。外接排气管内径应符合设计技术文件规定，一般非增压柴油机应不小于75mm，增压型柴油机不小于90mm，增压柴油机的排气背压不得超过6kPa（非增压柴油机为3kPa），排气温度约 450℃，排气管的走向应能够防火，安装时应特别意。调试运行中要对上述要求进行核查。

受电侧的并联设备，自动或手动切换装置和保护装置等试验合格，应按设计的使用分配方案，进行负荷试验，机组和电气装置连续运行12h无故障，方可交接验收。

5.5 二次接线与安装

5.5.1 电气一次、二次设备

在电力系统中，通常根据电气设备的作用将其分为一次设备和二次设备。一次设备是指直接用于生产、输送、分配电能的电气设备，是构成电力系统的主体。二次设备是用于对电力系统及一次设备的工况进行监测、控制、测量、调节和保护的低压电气设备。

（一）一次电气设备及回路

（1）母线是电气主接线和各级电压配电装置中的重要环节，它的作用是汇集、分配和输送电能。

（2）高压断路器是电力系统最重要的控制和保护设备，是开关电器中最完善的一种设备，它具有断合正常负荷电流和切断短路电流的功能，具有完善的灭弧装置。

（3）隔离开关是主要作隔离电源的电器，它没有灭弧装置，不能带负荷拉合，更不能切断短路电流。

（4）电压互感器将系统的高电压转变为低电压，供测量、保护、监控用。

（5）电流互感器将高压系统中的电流或低压系统中的大电流转变为标准的小电流，供测量、保护、监控用。

（6）熔断器是在电路发生短路或严重过负荷时，自动切断故障电路，从而使电气设备得到保护的设备。

（7）负荷开关用来接通和分断小容量的配电线路和负荷，它只有简单的灭弧装置，常与高压熔断器配合使用，电路发生短路故障时由高压熔断器切断短路电流。

（二）电气主接线

电气主接线是指发电厂、变电站中的一次设备按照设计要求连接而成的电路，也称发电厂、变电站主电路或一次接线。电气主接线的形式对配电装置布置、供电可靠性、运行灵活性和建设投资资金都有很大影响。典型的电气接线大致可分为有母线和无母线两类，有母线主接线包括单母线、双母线及带旁路母线的接线等；无母线类主接线包括桥形接线、多角形接线和单元接线。

（三）配电装置

根据发电厂或变电站电气主接线的要求，将开关电器、载流导体及各种辅助设备按照一定方式建造、安装而成的电工建筑物，称为配电装置。配电装置按其电气设备安装场所的不同，分为屋内配电装置和屋外配电装置；按其电气设备组装方式的不同可分为装配式配电装置和成套配电装置。

（四）二次设备及二次回路

电气二次设备包括继电保护系统、自动装置系统、测量仪表系统、控制系统、信号系统和操作电源等子系统。由二次设备互相连接构成的电路称为二次接线，又称为二次回路。二次接线的基本任务是反映一次设备的工作状况，控制一次设备；当一次设备发生故障时，能将故障部分迅速退出工作，以保持电力系统处于最佳运行状态。

（五）二次回路图的分类及编号

电力系统的二次回路是个非常复杂的系统。为便于设计、制造、安装、调试及运护，通常在图纸上使用图形符号及文字符号按一定规则连接来对二次回路进行描述。图纸称之为二次回路接线图。

1. 二次回路图的分类

按图纸的作用，二次回路的图纸可分为原理图和安装图。原理图是体现二次回路原理的图纸，按其表现的形式又可分为归总式原理图及展开式原理图。安装图按其作用分为屏面布置图及安装接线图。

（1）二次回路原理图。

1）归总式原理图。归总式原理图的特点是将二次回路的工作原理以整体的形式在图纸中表示出来。接线图的特点是能够使读图者对整个二次回路的构成以及动作过程都有一个明确的整体概念。其缺点是对二次回路的细节表示不够，不能表示各元件之间接线的实际位置，不便现场的维护与调试，对于复杂的二次回路读图比较困难。因此在实际使用中，广泛采用展开式原理图。

2）展开式原理图。展开式原理图是以二次回路的每个独立电源来划分单元进行编制的。展开式原理接线清晰，易于阅读，便于掌握整套继电保护及二次回路的动作过程、工作原理，特别是在复杂的继电保护装置的二次回路中，用展开式原理图表示其优点更为突出。

（2）二次回路安装图。

1）屏面布置图。屏面布置图是加工制造屏柜和安装屏柜上设备的依据。上面每个元件的排列、布置根据运行操作的合理性，并考虑维护运行和施工方便来确定的，因此应按一定比例进行绘制，并标注尺寸。

2）安装接线图。安装接线图是以平面布置图为基础，以原理图为依据而绘制成的。它标明了屏柜各元件的代表符号、顺序号，以及每个元件引出端子之间的连接情况，它是一种指导屏柜配线工作的图纸。

2. 二次回路的编号

二次设备数量多，相互之间连接复杂。根据二次连接线的性质、用途和走向，按一定规定为每一根线分配唯一的编号，就可以把二次线区分开来。常用的编号方法有以下几种。

（1）回路编号法。按线的性质、用途进行编号叫回路编号法。回路编号按等电位的原则标注，即在电气回路中，连于一点上的所有导线均标以相同的回路编号，一般用 3 位或 3 位以下的数字组成。如控制和保护回路常用 001～099 及 100～599 表示，励磁回路用 601～699 表示，电流回路用 400～599 表示，电压回路用 600～799 表示等。

（2）相对编号法。按线的走向、按设备端子进行编号叫相对编号法，常用于安装接线图供制造、施工及运行维护人员使用。当甲、乙两设备需要互相连接时，在甲设备的接线端子上写明乙设备的编号及具体接线端子的标号，而在乙设备的接线端子上写甲设备的编号及具体接线端子的标号，这种相互对应编号的方法称为相对编号法。

（3）设备接线端子编号。每个设备在出厂时其接线端子都有明确编号，在绘制安装接图时就应将这些编号按排列关系、相对位置表达出来，以求得图纸和实物的对应。对于端子排，通常按从左到右、从上到下的顺序用阿拉伯数字顺序编号。

（4）控制电缆的编号。在变电站或发电厂中二次回路控制电缆较多，需要对每一根电进行唯一编号，并悬挂于电缆根部。

（5）小母线编号。柜顶小母线的编号一般由表明母线性质的“＋”“－”号和表征相别的英文字母组成。如＋KMI 表示 I 段直流控制母线正极，1YMa 表示 I 段电压小母线 A 相。

5.5.2 二次回路的盘内配线

高低压开关柜、动力箱和三箱（配电箱、计量箱、端子箱）均少不了二次接线的安装。二次接线应依据二次接线图进行，二次接线图除用于配电柜的安装接线外，还为日常维修提供方便。

（一）二次配线的安装工艺

二次配线的安装工艺：熟悉图样→核对元器件及贴标→布线→捆扎线束→分路线束→剥线头→钳铜端头→器件接线→对线检查。

1. 熟悉图样

（1）看懂并熟悉电路原理图、施工接线图和屏面布置图等。

（2）施工接线图的图示方法如图 5-24 所示。

（3）按施工接线图布线顺序打印导线标号（导线控制回路一般采用 $1.5mm^2$，电流回路采用 $2.5mm^2$），标号内容按原理回路编号进行加工（除图纸特殊要求外），如 2DM、863、861 等。

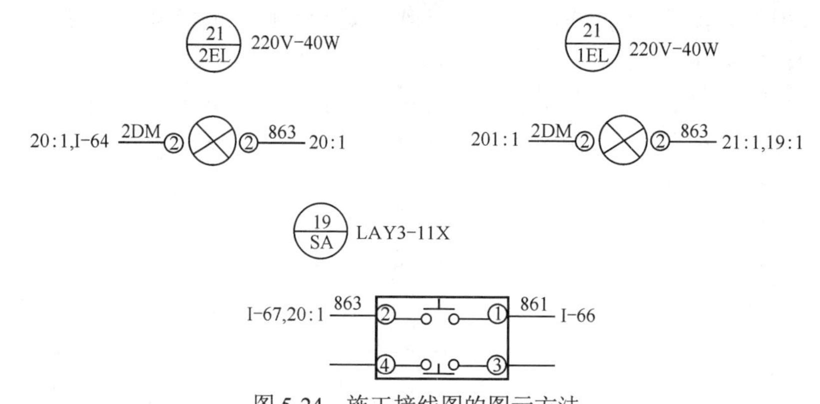

图 5-24 施工接线图的图示方法

（4）按施工接线图标记端子功能名称填写名称单，并规定纸张尺寸，以便加工端子标条。

（5）按施工接线图交打字人员加工线号和元器件标贴。

2. 核对元器件及贴标

（1）根据施工接线图，对柜体内所有电器元件的型号、规格、数量、质量进行核对，并确认安装是否符合要求，如发现电器元件外壳罩有碎裂、缺陷及接点有生锈、发现松动等质量问题，应予以调换。

（2）按图样规定的电器元件标志，将“器件标贴”贴于该器件适当位置（一般贴于器件的下端中心位置），要求“标贴”整齐、美观，并避开导线行线部位，便于阅读。

（3）按图样规定的端子名称，将“端子标条”插入该端子名称框内，JF5 型标记端子的平面处朝下，以免积尘。

（4）按原理图中规定的各种元器件的不同功能，将功能标签紧固到元器件安装板（面板正面），使用 P2.5 的螺钉紧固或粘贴。

（5）有模拟线的面板应核对与一次方案是否相符，如有错误，应反馈有关部门。

3. 布线

（1）布线要求。线束要求横平竖直，层次分明，外层导线应平直，内层导线不扭曲或扭绞。在布线时，要将贯穿上下的较长导线排在外层，分支线与主线成直角，从线束的背面或侧面引出，线束的弯曲宜逐条用手弯成小圆角，其弯曲半径应大于导线直径的 2 倍，严禁用钳强行弯曲。布线时应按从上到下、从左到右（端子靠右边，否则反之）的顺序布线。

（2）按设计图或规范要求选择导线截面。

（3）将导线套上“标号套”打一个扣固定套管、然后比量第一个器件接头布线至第二个器件头的长度，并加 20cm 的余量长度后、剪断导线并套上“标号套”后打固定套管（标号套长度控制在 13mm+0.5mm），特殊标号较长规格以整台柜（箱）内容确定。

（4）在二次接线图中，根据元器件安装位置的不同，可以分为仪表门背视、操作板背视、端子箱、仪表箱、操作机构、柜内断路器室等。不同部分操作板的布线应把诸如连接端子箱、仪表箱等不同部位的导线器件安装的实际尺寸购取导线、并套上标号套，如图 5-25 所示。

图 5-25 中 I-4、I-20 是表示从操作板连接至端子室。把这些导线按器件安装的实际位置，剪取导线，并套上标号套。按较长的导线在外面，较短的导线在里面的原则进行捆扎，按从上到下、从左到右进行布线，操作板中其余导线由于不与诸如端子室等其他不同部位连接，

可按先后顺序进行敷设布线。当线束布线至元件 6、UD，型号为 AD-25/AC220V 时可将线束中的 377、372 二条分支线，引至元件第 1 接线脚及第 2 接线脚；当线束来到元件 7、LD，型号为 AD11-25/AC220V 时，将线束中的 9 接到元件的第 2 接线脚。标号为 5 的导线是从元件 7 布线至元件 10，按元器件所处的实际尺寸剪取标号为 5 的导线，并套上标号套，一端接入第 1 接线脚，另一端并入线束布线到元件 10，并将它接入元件 10、KK，型号为 LW2-10、4、6a、40、20 中的第 10 接线脚。

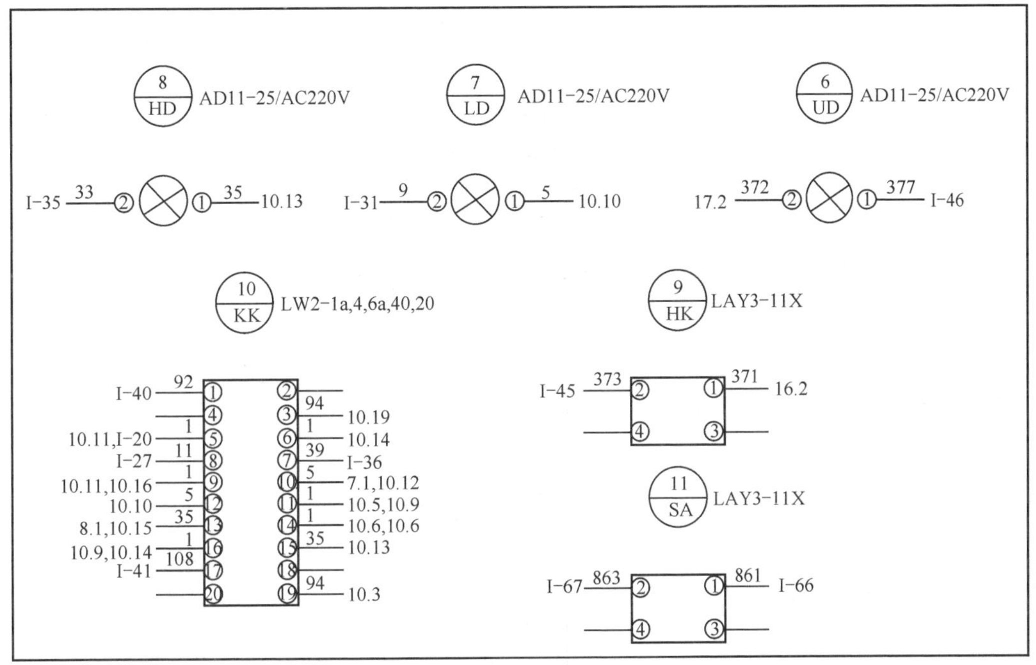

图 5-25　操作板背视接线图

4. 捆扎线束

（1）塑料缠绕管捆扎线束可根据线束直径选择适当材料，见表 5-5，缠绕管捆扎线束时，每节间隔 5～10mm，力求间隔一致，线束应平直。

表 5-5　塑料缠绕管捆扎线束对照表

名称	型号规格	适用导线束的外径/mm
塑料缠绕管	PCG1-6	ϕ6～12，10 根线以内
	PCG1-12	ϕ12～20，20 根线以内
	PCG1-20	ϕ20～28，30 根线以内

（2）落料。根据元件位置及配线实际走向量出用线长度，加上 20cm 余量后落料、拉直、套上标号套。

（3）线束固定。用线夹将圆束线固定悬挂于柜内，使之与柜体保持大于 5mm 距离，且不应贴近有夹角的边缘敷设，在柜体骨架或底板适当位置设置线夹，两线夹间的距离横向不超过 300mm，纵向不超过 400mm，紧固后线束不得晃动，且不损伤导线绝缘。

（4）跨门线一律采用多股软线，线长以门开至极限位置及关闭时线束不受其拉力与张力的影响而松动，以不损伤绝缘层为原则，并与相邻的器件保持安全距离，线束两端用支持件压紧，根据走线方位弯成 U 形或 S 形。

5. 分路线束

线束排列应整齐、美观。如分路到继电器的线束，一般按水平居两个继电器中间两侧分开的方向行走，到接线端的每根线应略带弧形、裕度连接。继电器安装接线示意图如图 5-26 所示。再如分路到双排仪表的线束，可用中间分线的方式布置。双排仪表安装接线示意图如图 5-27 所示。

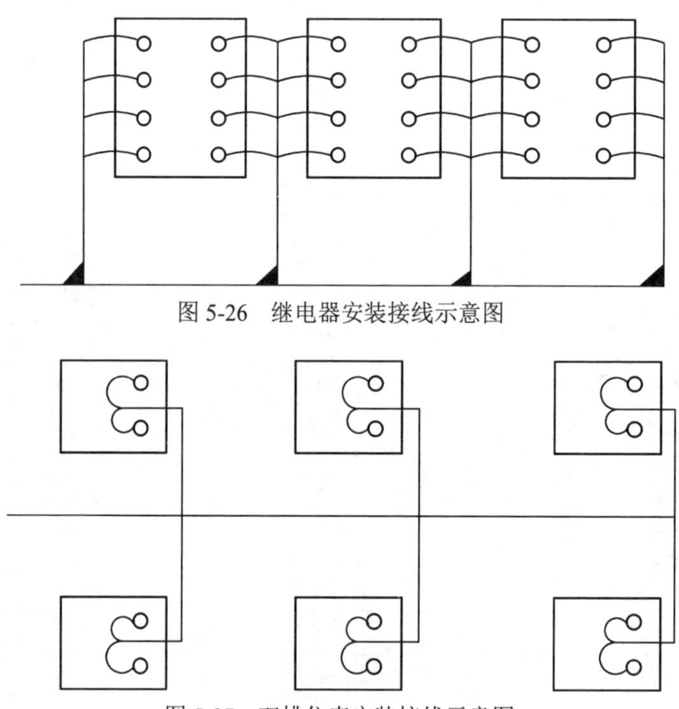

图 5-26 继电器安装接线示意图

图 5-27 双排仪表安装接线示意图

6. 剥线头

导线端头连接器件接头，每根导线须有弧形余量（推荐 10cm），剪断导线多余部分，按规格用剥线钳剥去端头所需长度塑胶皮后把线头适当折弯。为防止标号头脱落，剥线时不得损伤线芯。

7. 钳铜端头

（1）按导线截面选择合适的导线端头连接器件接头，用冷压钳将导线芯线压入铜端头内，注意其裸线部分不得大于 0.5mm，导线也不得过多伸出铜端头的压接孔，更不得将绝缘层压入铜端头内。导线与端头连接如图 5-25 所示，特殊元件可不加铜端头但须经有关部门同意。

（2）回路中所有冷压端头应采用 OT 型铜端头，一般不得采用 UT 型，特殊元件可根据实际情况选择 UT 型铜端头或 IT 型铜端头。

（3）有规定必须热敷的产品在铜端头冷压后，用 50W 或 30W 的电烙铁进行焊锡。焊锡点应牢固，均匀发亮，不得有残留助焊剂或损伤绝缘。

（4）单股导线的羊眼圈，曲圆的方向应与螺钉的紧固方向相同，开始曲圆部分和绝缘外皮的距离为 2～3mm，以垫圈不会压住绝缘外皮为原则，圆圈内径和螺钉的间隙应不大于螺钉直径的1/5。截面小于或等于1mm^{2}的单股导线应用焊接方法与接点连接，如元件的接点为螺钉紧固时，要用焊片过渡。

8. 器件接线

（1）严格按施工接线图接线。

（2）接线前先用万用表或对线器校对是否正确，并注意标号套在接线后的视读方向（即从左到右，从下到上），如发现方向不对应立即纠正。

（3）当二次线接入一次线时，应在母线的相应位置钻ϕ6孔，用M5螺钉紧固，或用子母垫圈进行连接。

（4）对于管形熔断器的连接线，应在上端或左端接点引入电源，下端或右端接点引出；对于螺旋形熔断器应在内部接点引入电源，由螺旋套管接点引出。

（5）电流互感器的二次线不允许穿过相间，每组电流互感器只允许一点接地，并设独立接地线，不应串联接地，接地点位置应按设计图纸要求制作，如图纸未注时，可用专用接地垫圈在柜体接地。

（6）将导线接入器件接头上，用器件上原有螺钉拧紧（除特殊垫圈可不加弹簧外），应加弹簧垫圈（即螺钉→弹簧垫圈→垫圈→器件→垫圈→螺母），螺钉必须拧紧，不得有滑牙，螺钉帽不得有损伤现象，螺纹露出螺母1～5扣（以2～3扣为宜）。

（7）标号套套入导线，导线压上铜端头后，必须将“标号套”字体向外，各标号套长度统排列整齐。

（8）所有器件不接线的端子都需配齐螺钉、螺母、垫圈并拧紧。

（9）导线与小功率电阻及须焊接的器件连接时，在焊接处与导线之间应加上绝缘套管，导线与发热件连接时，其绝缘层剥离长度应符合规范要求，并套上适当长度的瓷管。

（10）长期带电发热元件安装位置应靠上方，按其功率大小，与周围元件及导线束距离不小于20mm。

9. 对线检查

二次安装接线即将完工时，应用万用表或校线仪对每根导线进行对线检查。可先用导通法进行对线检查，当确定接线无误后方可采用通电法对各回路进行通电试验。

（二）二次配线安装的一般规定

（1）配线排列应布局合理、横平竖直、曲弯美观一致，接线正确、牢固，与图样一致。

（2）推荐采用成束捆扎行线的布置方法，采用成束捆扎行线时，布线应将较长导线放在线束上面，分支线从后面或侧面分出，紧固线束的夹具应结实、可靠，不应损伤导线的外绝缘，禁止用金属等易破坏绝缘的材料捆扎线束，屏（柜、台）内应安装用于固定线束的支架或线夹。

（3）行线槽布线时，行线槽的配置应合理。固定可靠，线槽盖启闭性好，颜色应保持一致。

（4）在装有电子器件的控制装置中，交流电流线及高电平（110V以上）控制回路线应与

低电平（110V以下），控制回路线分开走线，对于易受干扰的连接线，应采取有效的抗干扰措施。

（5）连接元器件端子或端子排的多股线，应采用冷压接端头，冷压连接要求牢靠，接触良好，高压产品的二次配线在冷压的基础上还必须热敷（焊锡）。

（6）连接器件端子或端子排的导线，在接线端处应加识别标记，如 A411、B411 等。导线标记用以识别电路中的导线，字迹排列应便于阅读且满足《标号头和符号牌加工固定工艺守则》的规定。

（7）在可运动的地方布线，如跨门线或有翻板的地方，一律采用多股软线，且须留有一定余量，以门板、翻板开至极限位置不受张力和拉力影响而使连接松动或损伤绝缘为原则，且关闭时不应有过大应力。

（8）过门线束还应采用固定线束的措施，过门线束 $1.5mm^2$ 不超过 30 根，$1mm^2$ 不超过 45 根。若导线超出规定数量，可将线束分成 2 束或更多，以免因线束过大，影响门的开、关自如，过门接地线低压柜不小于 $2.5mm^2$，高压柜不小于 $4mm^2$（指门与骨架之间）。

（9）连接导线中间不允许有接头，每一个端子不允许有两个以上的导线端头，并应确保连接可靠，元件本身引出线不够长，应用端子过渡，不允许悬空连接。

（10）导线束不能紧贴金属结构件敷设，穿越金属构件时应加装橡胶垫圈或其他绝缘套管。

（11）二次线所有紧固螺钉拧紧后螺纹露出螺帽 1～5 扣，以 2～3 扣为宜，所有螺钉不得滑扣。

（12）焊接接线只有在所选用元器件是采用此种形式时才允许。

（13）已定型的批量产品，二次布线应一致，同批量产品材料色泽应力求相同。

项目6 照明装置安装

【知识目标】

（1）了解电光源的种类、使用场所及性能指标。

（2）熟悉灯具、开关、插座和风扇的安装方法。

（3）掌握照明装置安装的一般步骤和工艺要求。

【能力目标】

（1）能进行照明灯具、照明配电箱、开关及插座的安装。

（2）能按照图纸进行照明系统的通电试运行和故障排查。

（3）具备制定照明装置质量标准及质量控制措施的能力。

【素质目标】

（1）培养学生的工匠精神，注重安装质量，保证照明系统的可靠性和稳定性。

（2）增强团队协作能力，在施工中与其他工种密切配合，共同完成项目任务。

6.1 照明装置安装

电气照明装置安装是建筑电气工程主要工作之一。照明装置量大面广、品种繁多，且与人们生活、工作密切相关，既要满足使用功能，还要体现整齐美观，更要保证安全可靠。照明装置安装包括灯具、开关、插座、吊扇、照明配电箱等。

6.1.1 照明相关知识

（一）照明方式

1. 一般照明

一般照明是指在整个场所或场所的某部分照度基本上相同的照明。对于工作位置密度很大而对光照方向又无特殊要求，或工艺上不适宜装设局部照明设置的场所，宜单独使用一般照明。

2. 局部照明

局部照明是指局限于工作部位的固定的或移动的照明。对于局部地点需要高照度并对照射方向有要求时宜采用局部照明。

3. 混合照明

混合照明是指一般照明与局部照明共同组成的照明。对于部分作业面照度要求较高，只采用一般照明不合理的场所，宜采用混合照明；对于工作部位需要较高照度并对照射方向有特殊要求的场所，宜采用混合照明。

（二）照明种类

现场照明种类主要分为：正常照明、应急照明、警卫照明和障碍照明。

1. 正常照明

正常照明是指用来保证在照明场所正常工作时所需的照度适合视力条件的照明。

2. 应急照明

应急照明是指因正常照明的电源失效而启用的照明。应急照明包括备用照明、安全照明和疏散照明。

仪表控制室、值班室、变电站主要设备间及其他人员密集处及疏散通道设应急照明。应急照明一般应采用 EPS 集中供电方式，在应急照明较少或 EPS 电源难以取得处也可采用自带蓄电池的应急灯。

正常照明因故障熄灭后，需确保正常工作或活动继续进行的场所，应设置备用照明。正常照明因故障熄灭后，需确保人员安全疏散的出口和通道，应设置疏散照明。

3. 警卫照明

有警戒任务的场所，应根据警戒范围的要求设置警卫照明。

4. 障碍照明

障碍照明是指在可能危及航行安全的建筑物或构筑物上安装的标志灯。

高架结构应安装航空障碍灯，以满足空中及安全导航的规定。通常每个装置中 45m 以上的烟囱、高塔应安装障碍照明，超过 90m 的烟囱中间也要加障碍灯。

（三）电光源的种类及主要性能指标

1. 光源的分类

光源按发光原理可分为热辐射光源、气体放电光源、固体发光光源。

（1）热辐射光源。热辐射光源是电流流经导电物体，使之在高温下辐射光能的光源，如白炽灯、玻璃反射灯、卤钨灯等。

（2）气体放电光源。气体放电光源是指电流流经气体或金属蒸气，使之产生气体放电而发光的光源。气放电光源有荧光灯、紧凑型荧光灯、低压钠灯、高压钠灯、高压汞灯、金属卤化物灯、霓虹灯激光等。

（3）固体发光光源。固体发光光源指某种固体材料与电场相互作用而发光的现象。固体发光光源包括无感应灯、微波硫灯、发光二极管 LED 等。

2. 电光源的主要性能指标

（1）光通量：发光体在单位时间内发出的光度能量，单位为 lm。

（2）发光效率：发光体单位电功率所发出的光通量，单位为 lm/W。

（3）照度：被照物体单位面积所接受的光通量，单位为 lx。

（4）色温：表示光线中包含颜色成分的一个计量单位，单位为 K。通俗来讲，色温越低，光线颜色越偏暖黄；色温越高，光线颜色越偏冷白。

（5）显色指数：是衡量光源对物体真实颜色还原能力的指标，显色指数用 *Ra* 表示，最大值为 100。

（四）常用光源的特点和适用场所

1. 卤钨灯

卤钨灯是在白炽灯泡中充入微量卤化物，灯丝温度比一般白炽灯高。当灯丝发热时，钨原子被蒸发后向玻璃管壁方向移动；当接近玻璃管壁时，钨蒸气被冷却到大约 800℃并和卤素原子结合在一起，形成卤化物（碘化钨或溴化钨）。卤钨灯有两种：一是硬质玻璃卤钨灯；另一种是石英卤钨灯。石英卤钨灯卤钨再生循环好，透光性好，光通量的输出不受影响，而且石英的膨胀系数很小，即使点亮的灯碰到水也不会炸裂。

在普通白炽灯中，灯丝的高温造成钨的蒸发，蒸发的钨沉淀在玻璃灯壳内壁上，产生灯玻壳发黑的现象，卤钨灯利用卤钨循环的原理消除了这一发黑的现象。

卤钨灯的优点是效率高于白炽灯，光色好，寿命较长。缺点是灯座温度高，必须有隔热，不可在灯管周围放置易燃物品，以免发生火灾；安装要求高，水平安装，偏角不得大于40°。

卤钨灯主要适用于照度要求较高，悬挂高度较高的室内外照明。

2. 荧光灯

荧光灯又称日光灯，传统型荧光灯即低压汞灯，是利用低气压的汞蒸气在通电后释放紫线，从而使荧光粉发出可见光的原理发光，是应用最广泛的气体放电光源。

灯管内所涂荧光粉和所填充气体种类不同荧光灯管所表现的光色就不同。荧光灯管涂卤素荧光粉，填充氩气、氪氩混合气体时，荧光灯管光色为冷白日光色和暖白日光色，显色性能和发光效率较低，显色指数小于40；荧光灯管涂三基色稀土荧光粉，填充高气体时，荧光灯管光色为三基色合成的高显色性太阳光色。

目前生产的荧光灯有普通荧光灯、三基色荧光灯和无极荧光灯。三基色荧光灯相比普通荧光灯具有高显色指数，能保证物体颜色的真实性。无极荧光灯即无极灯、它取消了传统荧光灯的灯丝和电极，由高频发生器、耦合器和玻璃泡三部分组成。利用电磁耦合的原理，使汞原子从原始状态激发成激发态，其发光原理同荧光灯相似，有寿命长、显色性好等优点，无极灯光效一般为65lm/W，远低于钠灯和卤钨灯。

荧光灯的优点是效率高，发光表面亮度和温度低，缺点是功率因数低、寿命短，需镇流器和启辉器等附件。

荧光灯广泛应用于照度要求较高，需要辨别颜色的室内照明。

3. 高压汞灯

高压汞灯的发光原理与荧光灯类似，是由石英电弧管、外泡壳（通常内涂荧光粉）支架、电阻件和灯头组成。电弧管为核心元件，内充汞与惰性气体。放电时，内部汞蒸为2～15个大气压，因此称为高压汞灯。高压汞灯通常采用并联补偿电容的电感镇流器。另一种自镇流高压汞灯，由于在外泡壳内安装了一根钨丝作为镇流器，因此无需外接，方便使用。

高压汞灯的优点是光效高、寿命长、耐震动，缺点是功率因数低，启动时间长，显色低。

高压汞灯主要适用于道路、广场等不需要仔细辨别颜色和悬挂高度较高的大面积外场所。这种光源目前已逐渐被高压钠灯取代。

4. 高压钠灯

高压钠灯是利用高压钠蒸气放电而发光的原理。高压钠灯发出的是金黄色的光，发光效率是高压汞灯的2～3倍；寿命长达2500～5000h，是高压汞灯的4倍；缺点是显色性差，光源的色表和显色指数都比较低。高压钠灯必须串联与灯泡规格相应的镇流器后方可使用，与高压钠灯配套使用的镇流器一般为电感性镇流器。高压钠灯的电路是一个非线性电路，功率因数较低，因此在网络上考虑接补偿电容，以提高网络的功率因数。高压钠灯启动时间长，需10min左右。

高压钠灯主要适用于石油化工炼厂、道路、广场等大面积照明。

5. 金属卤化物灯

金属卤化物灯是利用各种不同的金属蒸气发出各种不同光色的灯，简称金卤灯，是在高压汞灯基础上添加各种金属卤化物制成的第三代光源。灯的发光效率与灯的外形尺寸、工艺结构和所含金属种类有关。

金属卤化物灯按填充物可分为四类：钠铊铟类、钪钠类、镝钬类、卤化锡类。钪钠系列的灯已在我国广泛采用。

金卤灯有“欧标”与“美标”之分，两者的内胆填充物是不一样的。美标金卤灯内填充物质以钪和钠为主，称为“钪钠系列”；欧标金卤灯内填充物质是钠和坨、铟等多种稀土元素，称为“稀土系列”。填充物的不同导致发光相差很大，美标的光通量高，而欧标的显色性好。还有很多其他方面的特性差异：欧标金卤灯采用的镇流器是串联的扼流圈，灯泡靠触发器启动；美标金卤灯采用的镇流器是自耦变压器，靠电容充放电启动灯泡。欧标和美标光源严禁混用。

金属卤化物灯具有发光效率高、光色接近自然光、显色性能好等特点，紫外线向外辐射少，但无外壳的金属卤化物灯紫外线辐射较强，应增加玻璃外罩或悬挂高度不低于 14m。缺点是相对寿命短，由于材料、工艺的限制，现今国产金属卤化物灯寿命在 8000h。

金属卤化物灯适用于石化、冶炼建筑物泛光、投光照明、商店橱窗照明。

6. LED 灯

LED 节能灯采用高亮度白色发光二极管为发光源，是新一代固体冷光源，具有光效高、耗电少，寿命长、易控制、免维护、安全环保的特点。因为 LED 灯发热量不高，把电能量尽可能地转化成了光能，而普通的灯因发热量大，把许多电能转化成了热能，白白浪费。对比而言，LED 照明就更加节能。LED 灯没有汞等有害物质。LED 灯泡的组装部件非常容易拆装，容易回收，所以 LED 灯是环保节能灯。

LED 节能灯有效利用光通量，能耗低，光效高，光效是传统的普通节能灯、卤素灯、白炽灯泡的 1.6 倍、4 倍、5 倍。LED 节能灯有优异的显色指数，比普通节能灯长 10 倍的使用寿命，甚至是白炽灯泡寿命的 50 倍。LED 光源为低压直流工作，不需要整流器，直流驱动电源与 LED 光源一体化于灯具中。

LED 灯与高压钠灯、金卤灯相比具有以下优点：环保节能、综合成本低、使用寿命长、表面温度低、安全可靠、免维护、无频闪、可瞬间启动等，因此目前 LED 灯逐渐代替两者。

LED 灯主要应用在炼化装置现场、户外投光、建筑装饰、工业场所、体育中心及室外体育场、港口、码头等场所。

（五）照明配电与控制

1. 照明配电

（1）各装置及建筑物的照明电源来自就近变电站的照明专用配电柜或照明回路，正常照明和应急照明电源分别来自正常母线段和事故母线段。应急电源原则上采用 EPS 供电，应急配线困难时，采用带蓄电池的应急灯，应急照明时间不低于 90min。

（2）由变电站的照明专用配电柜或照明回路以放射式向各装置及建构筑物照明配电箱供电。由各照明配电箱向灯具及 220V 插座供电。照明箱进线电源侧加进线总开关，进线总开关的脱扣器额定电流应较计算电流大 1～2 级，一般可选 40A。

（3）检修照明插座回路须与照明回路分开设置，并设漏电保护开关，配线采用 220V 三相三芯线，检修照明电压应降至安全电压供电，用于塔或容器人孔的手提行灯应以 12V 安全电压供电。

（4）不同照明功能的线路应分管敷设，线路保护管管径不小于 DN20mm。

（5）照明线路每单相分支回路的电流，一般不宜超过 15A，所接灯头数不宜超过 25 个。插座宜单独设置分支回路。对高强气体放电灯，单相分支回路的电流不宜超过 30A。

（6）应急照明占其全部照明灯的数量应不小于如下规定：主要工艺生产装置区不小于 15%；变电站、现场控制室、仪表分析室、压缩机房、发电机房等不小于 25%。

2. 照明控制方式

（1）照明控制方式应符合下列规定：

1）正常环境室内部分采用就地分散控制，正常环境室外部分宜采用集中控制。

2）爆炸危险环境或大型厂房宜采用照明箱集中控制。个别较分散的灯具，也可采用就地分散控制。

3）露天装置区和道路照明，采用手动和自动控制方式，采用智能照明调控装置自动控制（具备稳压、节能、时控、光控等功能），并设手动、自动转换开关；户内场所采用智能照明调控装置稳压，就地分散控制。

（2）照明控制采用节能型工业照明自动控制设备。

（3）道路照明采用高杆灯照明方式，其电源引自附近生产装置的低压电源。集中手动控制，同时采用光电控制，自动投切。

3. 照明配线方式

照明供配电系统配线方式有放射式、树干式或放射式与树干式两种相结合的方式。明箱配线采用电缆敷设，敷设方式为桥架敷设或者电缆沟敷设，电缆进线一般采用下进方式。

低压照明导线敷设方法分为明敷和暗敷。配线方式有钢管配线、塑料管配线、钢素线、槽板配线等。

6.1.2　照明灯具安装

照明装置安装施工中使用的电气设备及器材，均应符合国家或部颁的现行技术标准，并有合格证及设备铭牌。所有电气设备和器材到达现场后，应做仔细验收检查，不合格或有损坏的均不能用以安装。

（一）照明安装要求

1. 灯具安装要求

（1）用钢管作灯具的吊杆时，钢管内径不应小于 10mm，钢管壁厚不应小于 1.5mm。

（2）吊链灯具的灯线不应受拉力，灯线应与吊链编叉在一起。

（3）软线吊灯的软线两端应作保护扣，两端芯线应搪锡。

（4）同一室内或场所成排安装的灯具，其中心线偏差不应大于 5mm。

（5）荧光灯及其附件应配套使用，安装位置应便于检修。

（6）灯具固定应牢固可靠，每个灯具固定用的螺钉或螺栓不应少于 2 个；若绝缘台直径为 75mm 以下，可采用 1 个螺钉或螺栓固定。

（7）室内照明灯距地面高度不得低于 2.5m，受条件限制时可减为 2.2m。低于此高度时，应进行接地或接零加以保护，或用安全电压供电。当在桌面上方或其他人不能够碰到的地方时，允许高度可减为 1.5m。

（8）安装室外照明灯时，一般高度不低于 3m，墙上灯具允许高度可减为 2.5m。不足以上高度时，应加保护措施，同时尽量防止风吹而引起的摇动。

2. 螺口灯头接线要求

（1）相线应接在中心触点的端子上，中性线应接在螺纹端子上。

（2）灯头的绝缘外壳不应有破损和漏电。

（3）对带开关的灯头，开关手柄不应有裸露的金属部分。

3. 其他要求

（1）灯具及配件应齐全，且无机械损伤、变形、油漆剥落和灯罩破裂等缺陷。

（2）根据灯具的安装场所及用途，引向每个灯具的导线线芯最小截面面积应符合规范的规定。

（3）灯具不得直接安装在可燃构件上，当灯具表面高温部位靠近可燃物时，应采取隔热、散热措施。

（4）在变电站内，高压、低压配电设备及母线的正上方，不应安装灯具。

（5）公共场所用的应急照明灯和疏散指示灯，应有明显的标志。无专人管理的公共场所照明宜装设自动节能开关。

（6）每套路灯应在相线上装设熔断器，由架空线引入路灯的导线，在灯具入口处应做防水弯。

（7）固定在移动结构上的灯具，其导线宜敷设在移动构架的内侧。当移动构架活动时，导线不应受拉力和磨损。

（8）当吊灯灯具质量超过 3kg 时，应采取预埋吊钩或螺栓固定。当软线吊灯灯具质量超过 1kg 时，应增设吊链。

（9）投光灯的底座及支架应固定牢靠，枢轴应沿需要的光轴方向拧紧固定。

（10）安装在重要场所的大型灯具的玻璃罩，应按设计要求采取防止碎裂后向下溅落的措施。

（二）室内照明的安装

室内照明灯具的安装，应在室内土建装饰工作全面完成以后进行。室内照明灯具的安装工艺流程为：灯具检查→灯具组装→灯具安装→通电试运行。

1. 灯具检查

（1）检查灯具是否符合设计要求的型号和规格。

（2）检查灯内配线是否符合规定：多股软线的端头需盘圈，灯内导线应采取隔热措施，导线不得承受额外应力和磨损。

（3）特殊灯具检查：震动场所灯具应有防震措施（如采用吊链软性连接）；潮湿厂房内的灯具应具有泄水孔；多尘的场所应采用封闭式灯具。检查标志灯的指示方向是否正确，应急灯是否灵敏可靠。

2. 灯具组装

（1）组合式吸顶花灯的组装。首先将灯具的托板放平，然后按照说明书及示意图把各个灯口装好，确定出线和走线的位置，将端子板用螺钉固定在托板上。根据已固定好的端子板至各灯口的距离掐线，把导线削除线芯、盘好圈后，压入各个灯口，理顺各灯头的相线和中性线，用线卡子分别固定，并且按供电要求分别压入端子板。

（2）吊顶花灯组装。首先将导线从各个灯口穿到灯具本身的接线盒内。一端盘圈压入各个灯口。理顺各个灯头的相线和中性线，根据相序分别连接，包扎并甩出电源引入线从吊杆中穿出。

3. 灯具安装

（1）普通灯具安装。将灯头盒内的电源线从塑料台的穿线孔中穿出，留出接线长度的线芯，将塑料台紧贴建筑物表面，用木螺钉将塑料台固定在灯头盒上。将电源线由底座出线孔内穿出，并压牢在其接线端子上，余线送回至灯头盒，然后将吊线盒底座或平灯座固定在塑料台上。

（2）吸顶灯安装。首先确定灯具位置，然后将电源线穿入灯箱，将灯箱贴紧建筑物表面，用膨胀螺栓固定。吸顶灯安装注意点如下：

1）把吸顶灯安装在砖石结构中时，要采用预埋螺栓，或用膨胀螺栓、尼龙塞或塑料塞固定，不可以使用木楔，因为木楔太不稳固，时间长也容易腐烂，并且上述固定件的承载能力应与吸顶灯的重量相匹配，以确保吸顶灯固定牢固、可靠，并可延长其使用寿命。

2）如果是用膨胀螺栓固定时，钻孔直径和埋设深度要与螺栓规格相符。钻头的尺寸要选择好，否则不稳定。

3）固定灯座螺栓的数量不应少于灯具底座上的固定孔数，且螺栓直径应与孔径相配；底座上无固定安装孔的灯具（安装时自行打孔），每个灯具用于固定的螺栓或螺钉不应少于 2 个，且灯具的重心要与螺栓或螺钉的重心相吻合。

4）吸顶灯不可直接安装在可燃的物件上。三夹板衬在吸顶灯的背后，必须采取隔热措施。如果灯具表面高温部位靠近可燃物时，也要采取隔热或散热措施。

5）吸顶灯具的灯泡不应紧贴灯罩。灯泡的功率也应按产品技术要求选择，不可太大，以避免灯泡温度过高，玻璃罩破裂后向下溅落伤人。

（3）吊灯安装。根据灯具的悬吊材料不同，吊灯分为软线吊灯、吊链吊灯和钢管吊灯。软线吊灯由吊线盒、软线和吊式灯座及绝缘台组成。吊链灯由绝缘台、上下法兰、吊链、软线和吊灯座及灯罩或灯伞等组成。吊杆安装的灯具由吊杆、法兰、灯座或灯架及节能灯等组成。

以吊链为例，首先根据灯具至顶板的距离截好吊链，把吊链一端挂在灯箱钩上，另一端固定在吊线盒内，在灯箱的进线孔处应套上橡胶绝缘胶圈或阻燃黄蜡管以保护导线，在灯箱内的端子板上压牢。导线连接应搪锡，并用绝缘套管进行保护。最后将灯反光板用镀锌螺栓固定在灯箱上，装好灯管。吊灯安装注意点如下。

1）质量在 0.5kg 及以下的灯具可以使用软线吊灯安装。当灯具质量大于 0.5kg 时，应增设吊链。当质量大于 3kg 时，应采用预埋吊钩或螺栓固定。

2）灯具一般由瓷质或胶木吊线盒、瓷质或胶木防水软线灯座、绝缘台组成。在暗敷设管路灯位盒上安装灯具时需要橡胶垫。使用瓷质吊线盒时，把吊线盒底座与绝缘台固定好，把防水软线灯座软线直接穿过吊线盒盖并做好保险扣后接在吊线盒的接线柱上。

3）使用胶木吊线盒时，导线须直接通过吊线盒与防水吊灯座软线相连接，把绝缘台及橡胶垫（连同线盒）固定在灯位盒上。接线时应将电源线与防水吊灯座的软线两个接头错开 30～40mm。

4）采用钢管做吊杆时，钢管内径一般不小于 10mm；钢管壁厚度不应小于 1.5mm。导线与灯座连接好后，将另一端穿入吊杆内，由法兰（或管口）穿出，导线露出吊杆管口的长度不小于 150mm。灯具固定牢固后再拧好法兰顶丝，法兰中心偏差不应大于 2mm。灯具安装好后吊杆应垂直。

（4）壁灯的安装。把灯具摆放在木台上面，四周留出的余量要对称，然后用电钻打出线孔和安装孔，将灯具的灯头线从木台的出线孔中甩出，在墙壁上的灯头盒内接头，并包扎严密，将接头塞入盒内，把木台对正灯头盒，用螺钉固定，调整后用螺钉将灯具固定在灯具底托上，最后配好灯泡、灯罩。壁灯安装注意点如下：

1）壁灯安装在砖墙上时，应用预埋螺栓或膨胀螺栓固定；若壁灯安装在柱上时，应将绝缘台固定在预埋柱内的螺栓上，或打眼用膨胀螺栓固定灯具绝缘台。

2）将灯具导线一线一孔由绝缘台出线孔引出，在灯位盒内与电源线相连接，塞入灯位盒内，把绝缘台对正灯位盒紧贴建筑物表面固定牢固，将灯具底座用木螺钉直接固定在绝缘台上。

3）安装在室外的壁灯应有泄水孔，绝缘台与墙面之间应有防水措施。

4. 通电试运行

详见本节“（四）照明系统通电试运行”，此处不再赘述。

（三）室外照明系统安装

室外照明灯具的安装流程为：钢管布线的安装→室外灯具安装→隔离密封盒的安装→挠性连接管的安装→接线与检测→密封与修补→通电试运行。

1. 钢管布线的安装

（1）明敷的照明配管沿管架、平台、扶梯等敷设。电缆管应安装牢固，支架间距不大于2m，支架焊接必须满焊，焊接饱满无缺失，焊接后清除焊渣，涂防腐漆。

（2）照明保护管采用 DN20mm 或 DN25mm 的镀锌钢管，绝缘导线穿钢管敷设，如果钢管距离过长，可在管内先放置钢丝。

（3）在安装过程中，钢管间、钢管与设备、接线盒、灯位盒、隔离密封盒、防爆挠性管间的连接处，采用钢管螺纹连接。连接时，先在螺纹上涂上电力复合脂，然后拧紧，螺纹应无乱牙，啮合应紧密，且拧入有效牙数不少于 5 牙，其外露螺纹也不宜过长。

（4）穿入导线时，需要两人在管子两端配合，一人在管口的一端慢慢抽拉引线钢丝，另一人慢慢将线束送入管内。

（5）穿管时同一管内的导线必须同时穿入，注意中性线也要和相线一起穿在同一管内，导线在管子中不允许有接头。

2. 室外灯具安装

（1）在安装前先对灯具进行外观检查和绝缘测试，引出电线的绝缘电阻不合格的不能安装。

（2）在设备和钢结构平台上采用立杆灯，在管架立柱上采用弯灯，在管廊及平台下采用吊杆灯或吸顶灯。灯具安装的标高严格按施工图进行，如设计无要求，一般情况下，弯灯的标高为中心距地面 3.5m，平台立杆灯的标高为中心距地面 2.2m，防爆插座安装高度为中心距地面 0.6m。

（3）平台立杆灯安装时采用线坠进行垂直度调整。

（4）如碰到灯具和工艺管线平行或交叉时，待工艺管线安装完毕后，再进行安装。

（5）成排、成列安装的照明灯具、开关及插座的中心轴线、垂直度偏差、距地面高度应符合设计和规范要求。

（6）照明开关和插座安装在同一高度，标高位置一定要整齐，保持在一条线上。

（7）吊杆灯和吸顶灯安装高度由安装点结构梁的高度确定，当没有横梁时用槽钢做支架。

3. 隔离密封盒的安装

（1）按设计要求，钢管穿线时，在电气设备的进线口（无密封装置），管路通过隔墙、楼板或地面引入其他场所时，离楼板、墙面或地面 300mm 左右处以及管径为 50mm 以上的管路 1m 安装隔离密封盒，易冷凝水处管路垂直段的下方还要加装排水式隔离密封盒。

（2）隔离密封盒应无锈蚀、灰尘、油渍；导线在盒内不得接头；将盒内导线分开安放，使导线之间、导线与盒壁之间分开至最大距离。

（3）严格按产品说明书配置密封填料，并灌入密封盒，要控制速度，灌注时间不超过其初凝时间。

（4）填充密封胶泥或密封填料时，应将盖内充实。

（5）排水式密封盒充填后的表面要光滑，充填时密封盒一头应填高一些，使填料表自行排水的坡度。

4. 挠性连接管的安装

（1）钢管布线时，在与电气设备连接有困难处，管路通过建筑物的伸缩缝、沉降缝设防爆挠性连接管。

（2）先检查挠性连接管有无裂纹、孔洞、机械损伤、变形等缺陷，有缺陷则应更换后，在挠性连接管两头的内螺纹接头与外螺纹接头的螺纹上涂以电力复合脂或导电性脂，一端接钢管，另一端接设备进线引入装置，旋紧两端螺纹，至少旋进 5 牙，再旋头的接头螺母。

5. 接线与检测

（1）接线时，要适当采取措施，用钳子或扳手固定接线柱，以防止接线时因转动使柱根部的导线拧断。

（2）用螺母压紧时，应在螺母下面用弹簧垫圈或采用双螺母。

（3）用 500V 兆欧表测量导线的绝缘电阻。

6. 密封与修补

（1）接线与绝缘检测完毕，盖上接线盒盖，并用密封胶泥密封。

（2）电气设备、接线盒和照明配电箱上多余的孔，应用丝堵堵塞严密，当孔内有弹封圈时，外侧应设钢质封堵件，钢质封堵件应经螺母压紧。

（3）照明系统安装完毕后，通知土建部门对安装照明时造成的建筑物损伤进行修补粉刷；对钢结构或平台扶手上的焊后污染进行修补或刷漆。

7. 通电试运行

详见本节“（四）照明系统通电试运行”，此处不再赘述。

（四）照明系统通电试运行

照明装置的安装应三相负载基本平衡。照明系统第一次通电前，应先检查线路绝缘，绝缘合格才能通电。

1. 照明三相负荷不平衡的危害

（1）三相负荷不平衡，中性线就有电流通过，低压供电线路损耗增大。

（2）三相负荷不平衡，造成三相电压不对称，使中性点电位产生位移。三相中负荷大的电压会降低，而负荷小的相电压会升高。为此，如果控制中性线电流不超过 20%，则中性位移不会造成三相电压的严重不对称。

（3）三相负荷不平衡，使有的相电压高，另外的相电压降低，这对照明中大量使用白炽也会产生不良影响。当端电压降低 5%时，其光通量将减少 18%，照度降低；而端电压升 5%，灯泡寿命减少一半，灯泡消耗量将剧增。

（4）中性线电流过大，中性线导线可能会烧断。

2. 照明三相平衡的技术要求

（1）三相照明配电干线的各相负荷宜分配平衡，其最大相负荷不宜超过三相负荷平均的115%，最小相负荷不宜小于三相负荷平均值的85%。

（2）每一分支线灯数（一个插座也算一个灯头）一般在20个以内；最大负荷电流在10A内时可增至25个；分支线的最大负荷电流不超过15A。

（3）1kV以下电源中性点直接接地时，三相四线制系统的电缆中性线截面不得小于按回路最大不平衡电流持续工作所需最小截面；有谐波电流影响的回路、气体放电灯为主要负载的回路，中性线截面不宜小于相芯线截面。

3. 照明系统绝缘检查

通电试运行前应对照明各回路进行下列检查：

（1）复查总电源开关至各照明回路进线电源开关接线是否正确。

（2）灯具控制回路与照明配电箱的回路标识应一致。

（3）检查剩余电流保护器接线是否正确，严格区分工作中性线（N）与地线（PE），地线严禁接入保护器。

（4）检查开关箱内各接线端子连接是否正确可靠。

（5）测试各回路的绝缘电阻，测试结果应合格。

（6）断开各回路分电源开关，合上总进线开关，检查漏电测试按钮是否灵敏有效。

4. 通电试运行

（1）分回路试通电。

1）将各回路灯具等用电设备开关全部置于断开位置。

2）逐次合上各分回路电源开关。

3）分回路逐次合上灯具等的控制开关，检查开关与灯具控制顺序是否对应。

4）用试电笔检查各插座相序连接是否正确。

5）剩余电流动作保护装置应动作准确。

（2）故障检查整改。

1）发现问题应及时排除，不得带电作业。

2）对检查中发现的问题应采取分回路隔离排除法予以解决。

3）针对一开关送电漏电保护就跳闸的现象，重点检查工作中性线与保护中性线是否混接，导线是否绝缘不良。

（3）系统通电连续试运行。

1）照明系统通电连续试运行时间应为24h，所有照明灯具均应开启，且每2h记录运行状态1次。

2）有自控要求的照明工程应先进行就地分组控制试验，后进行单位工程自动控制试验，试验结果应符合设计要求。

6.1.3 专用灯具安装

1. 高杆灯的安装

（1）安装前准备工作。

1）根据装车和装箱清单仔细清点全部构件。

2）检查构件是否破损、弯曲、扭曲，镀锌层是否被破坏。

3）每节杆体上的标牌标明杆体的类型、订单号、分段数，在杆体内侧用彩笔标明杆体的重量。核实发货是否正确，吊车起吊能力是否足够。

4）依据图纸上提供的最大和最小套接长度，在杆体上做好标记，供套接时使用。

5）基础验收和基础埋件的整理，清除混凝土基础表面的杂物，拆除包裹在预埋件螺栓上的防护物，复核各螺栓之间的间距尺寸（包括对角线尺寸），确认螺栓位置尺寸与图示相符。检查螺栓螺纹有无损伤。

（2）套接灯杆。

1）卸车，把各节灯杆按顺序铺放在地面上，最下面一节电气维护门开门口向上，顶侧采用垫木垫起大约与底部成水平。

2）套接前先将一根长度长于杆高的细钢丝自电气门穿入杆体内，用于以后穿钢缆和电缆的引导。

3）套接从杆体的最下节开始，逐节向上进行。对接灯杆按照图纸要求在插入的细杆端标记出套接深度。

4）在杆体的两侧焊有用于挂套拉紧钢丝绳的螺母，上下两节的螺母在同一直线位置上。

5）将上一节杆体用吊车吊起，使口径大的一端对准基座节前端，缓慢套入，尽可能地套入较大深度，在该节的前端垫上木垫块。

6）在上下两节杆体的两侧螺母上拧上螺栓，固定上拉紧钢丝绳和手拉葫芦，收紧手拉葫芦，直至达到套接深度标志，同时可以采用铁锤敲击套接部分杆体，帮助杆体套紧。

7）按上述步骤和方法，依次套接其他单节杆体。

（3）穿钢缆和电缆。插入灯盘固定圆环。电动机挂主钢缆，接电源线。将卷扬机主钢缆、辅助钢缆与电缆定在一起，用胶带扎紧，从灯杆底部用铁丝引至灯杆顶端。

（4）组装灯杆顶部辅助钢缆滑轮和主电缆滑轮。将主电缆和辅助钢缆放入滑轮内加保险螺栓固定，固定完毕要保障滑轮转动灵活，并装避雷防雨帽。

（5）起杆。

1）吊带一端固定灯杆底部，另一端系在最后一节灯杆靠近灯杆顶部2/3处，系绳方便脱钩。

2）调整灯杆垂直上紧螺栓。

（6）组装灯盘并起升。

1）如灯盘底部圆环直径小于灯杆直径，则需将灯盘逐一吊升至合适位置再进行件接固定。

2）安装灯具在灯盘上，穿线，两头预留500mm。

3）松主钢缆，收紧辅助钢缆，检查灯盘水平，如偏差严重需重新调整辅助钢缆松紧度。

4）收紧主钢缆，灯盘升至顶端挂钩后，在合适位置用胶布做标记。

5）灯盘升到最顶端时，灯盘内圈会触碰 3 个挂钩，在内圈圆管升到挂钩中间位置时，再将灯盘往下降，如果在降的过程中发现灯盘一侧变得很斜，说明上面的3个挂钩没有全部挂上，需要调整。如果在下降过程中灯头呈水平下降，且钢丝绳已经不再受力，则灯盘已在挂钩上挂好，安装完毕。

（7）技术要求。

1）安装前检查灯杆不得有影响强度的裂纹、灰渣、焊瘤、弧坑和针状气孔，并且无折皱和中断的缺陷。

2）灯杆插接深度应大于插接处端直径的1.5倍，且不得低于500mm。

3）灯杆安装垂直度偏差不大于3‰。

4）在灯杆内电缆不应有接头（电缆接插头除外），并留有一定的长度余量。

5）灯杆顶部设有驱动盘、防护罩和符合规范的避雷针，灯杆基础应预埋接地极，灯杆接地电阻应不大于10Ω。

（8）注意事项。

1）当横向风大于5m/s时或下雨天气，不得进行灯杆吊装，不得对灯盘进行升降。

2）升降灯盘时，下方直径5m内不允许站人。操作人员在5m直径之外遥控操作。

2. 防爆照明灯具的安装

（1）施工准备。

1）详细阅读产品使用说明书，熟悉灯头的结构、安装方式等。

2）检查防爆灯具的防爆标志、外壳防护等级和温度组别是否符合设计图纸要求，是否与爆炸危险环境相适配。

（2）灯头接线。导线或电缆压接到灯头的接线端子上，连接完恢复灯头，保护好密封面，拧紧固定螺栓，导线或电缆穿密封圈、电缆密封接头到保护管，密封严密。

（3）连接灯杆。灯具和灯杆间通过双外螺纹的防爆活接头连接。

（4）安装支架或膨胀螺栓。按设计要求预制安装支架，护栏式防爆灯杆安装两个支架，支架一般采用30mm×30mm×3mm镀锌角钢制作。

（5）灯杆安装。采用U形管卡固定灯杆到支架上，灯杆与防爆接线盒采用螺纹连接，有要求的可以采用防爆活接头连接。

（6）安装壁灯吊链。

1）在弯管处用镀锌链条或型钢拉杆加固。

2）调整角度，使吊链延长线和水平面呈30°（角度根据灯杆弯曲角度定）。

（7）接线盒接线。导线和电缆采用PVC绝缘胶带包扎后，穿电缆密封接头、密封垫圈进入接线盒，压接到接线盒内接线端子上，注意保留一定余度。所有未使用的进线口需采用密封垫片和堵头进行密封。

（8）技术要求。

1）灯具有下列情况应停止使用：外壳发现变形、灯罩有裂痕、盖及外壳上的螺纹重划伤或损伤，玻璃有裂纹。

2）灯具外罩应齐全，螺栓应紧固，不准随意对防爆灯进行改装或更换防爆灯零件。

3）防爆灯具应有“EX”标志和标明防爆电气设备的类型、级别、组别的铭牌，并在上标明防爆合格证号。

4）灯具的种类、型号和功率，应符合设计和产品技术条件的要求，不得随意变更。

5）灯具的隔爆结合面不得有锈蚀层，不能有划痕，紧固螺栓应无松动、锈蚀，不得更换，弹簧垫圈等防松设施应齐全，弹簧垫圈应压平。

6）灯具的安装位置应离开释放源，且不得在各种管道的泄压口及排放口上方或下方。

7）照明灯具若与其他管线或构筑物碰撞，施工可视现场情况做局部调整，如遇特殊情况，可适当调节灯具高度。

8）导管与防爆灯具、接线盒之间连接应紧密，密封良好，螺纹啮合扣数应不少于5扣并应在螺纹上涂以电力复合脂或导电性复合脂。

3. 航空障碍灯的安装

（1）施工准备。

1）核对灯具的型号规格参数是否符合要求，是否为具有防雨性能的专用灯具，防护等级是否符合要求。检查灯具外观是否正常，是否有摩擦、变形、受潮、镀层剥落锈蚀、玻璃破损等现象。

2）检查屋顶施工完毕、无渗漏。检查外墙装饰、航空障碍灯的安装平台是否满足安装要求。

3）检查相关回路管线敷设到位，预埋管线在穿线后是否有防水措施。

（2）支架制作安装。

1）根据图纸预制灯具支架，要求支架加工精细、孔距准确。支架表面进行氟碳喷涂，涂层在完全干燥固化前（正常条件下一般为2h）避免受到雨淋，做好涂层保护。

2）将灯具支架与烟囱平台钢结构或者屋外幕墙上预埋件进行焊接，焊接应牢固，焊后清理涂防腐涂料。

（3）灯具安装。

1）将航空障碍灯与支架用螺栓固定，将避雷针固定在灯具支架上。

2）安装时不要将光电控制感光头对向附近的光源，同时要确保感光头没有被附近的物体遮挡。

3）从防水接头接入电源线，按标签上的端子定义正确连接电源信号线和接地线，将电源线引至灯具内压接牢固。

（4）控制箱安装。

1）一般采用明装电箱的安装方式，箱体距地标高1.2m。

2）控制箱配用数字式可变时间控制器，以控制设定时间开启电源，也可以根据光照度自动控制中光强、高光强、障碍灯分别同步闪光。

（5）线路测试、航空障碍灯系统调试。

1）通电前测量电气线路的绝缘电阻，检验合格后，方允许通电试运行。

2）通电后应仔细检查和巡视，检查灯具的控制是否灵活、准确；开关与灯具顺序是否对应；灯具的自动通断电源控制装置动作准确。

（6）技术要求。

1）航空障碍灯的选型根据安装高度决定：距地面45m以下装设时采用低光强障碍灯，低光强障碍灯为常亮红色发光，一般不单独使用，需与中光强、高光强障碍灯配合使用；离地面45m以上150m以下建筑物及其设施使用中光强航空障碍灯；离地面150m以上建筑物及其设施，使用高光强障碍灯，为白色闪光灯。

2）航空障碍灯作为特种设备，必须有中国民用航空局机场司指定的检测中心出具的合格检测报告方才有效。

3）为了防止设备因进水而发生故障，航空障碍灯只可以直立安装，不允许水平安装。

4）安装在烟囱、冷却塔上的航空灯不允许安装在建筑物顶上，应当安装在低于烟囱冷却塔顶1.5～3m的部位且呈正三角形水平布置。

5）安装在水塔、高层楼房上的航空障碍灯，应当安装在建筑物顶上，但是必须在避雷针的保护范围之内。

6）同一建筑物或建筑群航空障碍灯具间的水平和垂直距离不大于45m，即如果物体的顶部高出其地面45m以上，必须在其中间加障碍标志灯。

7）不同位置安装的航空障碍灯在电气控制上达到同步控制的要求。

（7）注意事项。

1）高光强航空障碍灯为密封结构，非专业维修人员不可拆装。

2）航空障碍灯安装属于高空作业，不得随意向下抛掷物品，要合理使用传递绳和工具袋，吊装物品要由起重工指挥。

6.2 开关、插座、风扇安装

6.2.1 开关的安装

开关的作用是接通或断开照明灯具电源。根据安装形式分为明装式和暗装式两种。明装式有拉线开关、扳把开关等；暗装式多采用跷板式开关。

1. 开关的安装要求

（1）同一场所开关的切断位置应一致，操作应灵活、可靠，接点应接触良好。成排安装的开关高度应一致，高低差不大于2mm；拉线开关相邻间距一般不小于20mm。

（2）开关安装位置应便于操作，安装高度应符合下列要求：

1）拉线开关距离地面一般为2～3m，距离门框为0.15～0.2m。

2）其他各种开关距离地面一般为1.3m，距离门框为0.15～0.2m。

（3）在多尘、潮湿场所和户外应用防水拉线开关或加装保护箱。厨房、厕所（卫生间）、洗漱室等潮湿场所的开关应装设在房间的外墙处。

（4）在易燃易爆场所，开关一般应装在其他场所控制，或采用防爆型开关。

（5）明装开关应安装在符合规格的圆木或方木上。

（6）走廊灯的开关，应在距离灯位较近处设置；壁灯或起夜灯的开关，应装设在灯位的正下方，并在同一条垂直线上；室外门灯、雨篷灯的开关应装设在建筑物的内墙上。

2. 开关的安装方法

（1）拉线开关的安装。

1）暗装拉线开关应使用相配套的开关盒，把电源的相线和荧光灯镇流器引线接到开关的两个接线柱上，再把开关连同面板固定在预埋好的盒体上，面板上的拉线应垂直朝下。

2）明装拉线开关应先固定好绝缘台，再将开关固定在绝缘台上，也应将拉线开关拉线口垂直向下，不使拉线口发生摩擦。多个明装拉线开关并列安装时，拉线开关间不小于20mm。安装在室外或室内潮湿场所的拉线开关，应使用瓷质防水拉线开关。

（2）扳把开关的安装。

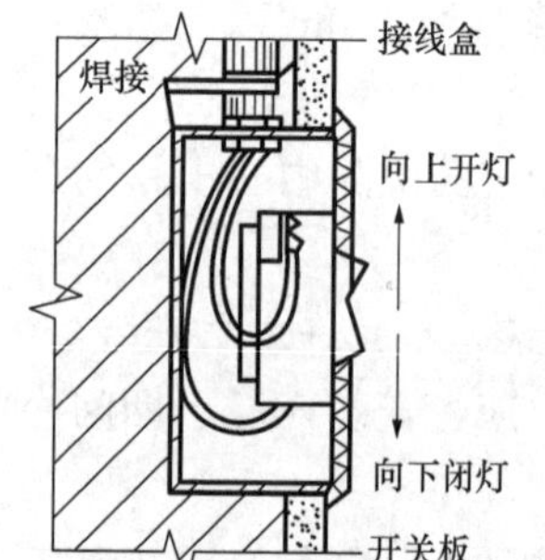

图6-1 暗扳把开关图

1）暗扳把开关安装。暗扳把开关（见图6-1）是一种胶木（或型料）面板的老式开关，一般具有两个静触点，分别连接两个接线桩，开关接线时除把相线接在开关上桩，还应把板把接成向上开灯，向下关灯。双联及以上暗装开关接线时，电源相线应接好，并把接头分别接到与动触点相连通的接线桩上，把开关线接在开关的静触点接线桩上。若采用不断线连接时，管内穿线时，盒内应留有足够长度的导线，开关接线后两开关之间的导线长度不应小于150mm。

2）明扳把开关安装。明配线路的场所，应安装明扳把开关，明扳把开关需要先把绝缘台固定在墙上，将导线甩至绝缘台以外，在绝缘台上安装开关和接线，也接成扳把向上开灯、向下关灯。

无论是明扳把开关还是暗扳把开关，都不允许横装，即不允许扳把手柄处于左右活动位置。

（3）跷板式开关安装。跷板式开关均为暗装开关，开关与板面连成一体。

1）跷板式开关安装接线时，应使开关切断相线，并根据跷板或面板上的标志确定面板的装置方向。面板上有指示灯的，指示灯应在上面；跷板上有红色标志的应朝下安装；当跷板或板面上无任何标志的，应装成跷板下部按下时，开关应处在合闸的位置。跷板上部按下时，应处在断开的位置，即从侧面看跷板上部突出时灯亮，下部突出时灯熄。

2）同一场所中开关的切断位置应一致且操作灵活，触点接触可靠。安装在潮湿场所室内的开关，应使用面板上带有薄膜的防潮防溅开关。在塑料管暗敷设工程中，不应使用带金属安装板的跷板开关。当采用双联及以上开关时，应使开关控制灯具的顺序与灯具的位置相互对应，以方便操作。

3）开关接线时，应将盒内导线理顺，依次接线后，将盒内导线盘成圆圈，放置于开关盒内。在安装固定面板时，找平、找正后再与开关盒安装孔固定。用手将面板与墙面顶严，防止拧螺钉时损坏面板安装孔，并把安装孔上所有装饰帽一并装好。

6.2.2　插座的安装

1．插座的安装要求

（1）交、直流或不同电压的插座应分别采用不同的形式，并有明显标志，且其插头与插座均不能互相插入。

（2）插座的安装高度应符合下列要求

1）一般应在距离室内地坪0.3m处埋设，特殊场所暗装的高度应不小于0.15m；潮湿场所其安装高度应不低于1.5m。

2）托儿所、幼儿园及小学等儿童活动场所安装高度不小于1.8m。

3）住宅内插座盒距离地坪1.8m及以上时，可采用普通型插座。若使用安全插座时，安装高度可为0.3m。

2．插座的安装方法

插座明装应安装在绝缘台上，接线完毕后把插座盖固定在插座底上。插座暗装时，应设有专用接线盒，一般是先进行预埋，再用水泥砂浆填充抹平，接线盒口应与墙面粉刷层平齐，待穿线完毕后再安装插座，其盖板或面板应端正，紧贴墙面。

（1）插座接线应符合下列做法。

1）单相电源一般应用单相三极三孔插座，三相电源应用三相四极四孔插座。插座接线孔的排列顺序如图6-2所示。同样用途的三相插座，相序应排列一致。同一场所的三相插座，其接线的相位必须一致。接地（PE）或接零（PEN）线在插座间不串联连接。

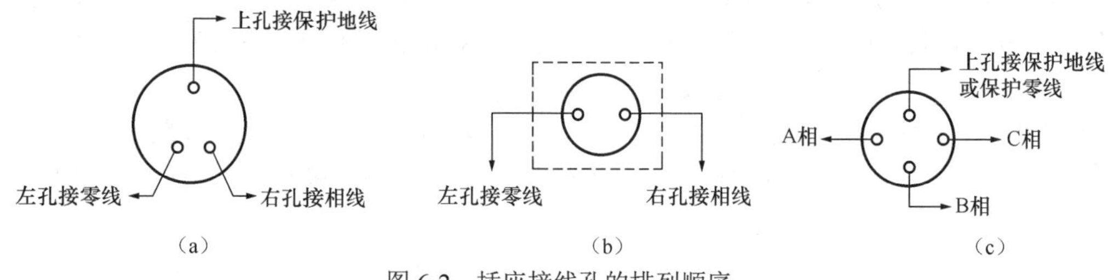

图 6-2　插座接线孔的排列顺序

2）带开关的插座接线时，电源相线应与开关的接线柱连接，电源工作中性线应与插座的接线柱相连接。带指示灯带开关插座接线图如图 6-3 所示;带熔丝管二孔三孔插座接线图如图 6-4 所示。

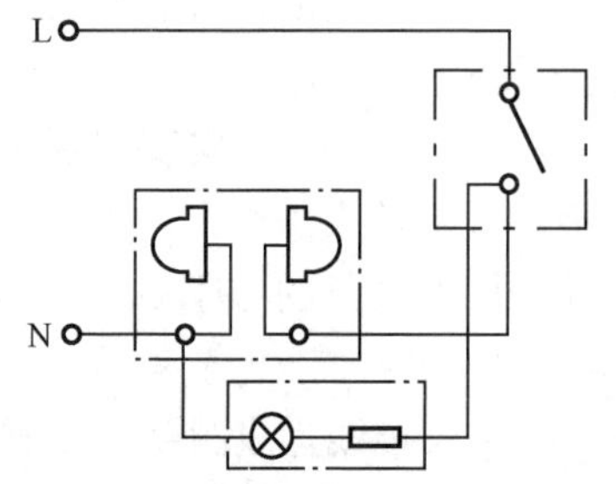

图 6-3　带指示灯带开关插座接线图

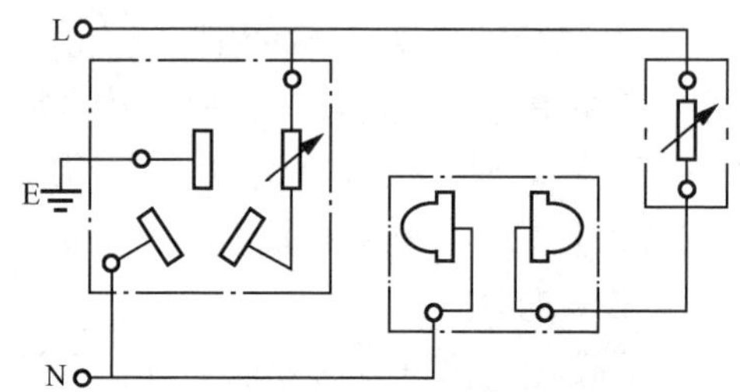

图 6-4　带熔丝管二孔三孔插座接线图

（2）特殊情况下插座安装应符合下列规定。

1）当接插有触电危险家用电器的电源时，采用能断开电源的带开关插座，开关断开相线。

2）潮湿场所采用密封型并带保护地线触头的保护型插座，安装高度不低于 1.5m。

3）当不采用安全型插座时，托儿所、幼儿园及小学等儿童活动场所安装高度不小于 1.8m。

4）车间及试验室的插座安装高度距离地面不小于 0.3m；特殊场所暗装的插座高度不小于 0.15m；同一室内插座安装高度一致。

5）地面插座应与地面齐平或紧贴地面，盖板固定牢固，密封良好。

6.2.3　风扇的安装

对电扇及其附件进场验收时，应查验产品合格证和有安全认证标志。风扇应无损坏，涂层应完整，调速器等附件应适配。

1. 吊扇安装

（1）吊扇的安装应符合下列规定：

1）吊扇挂钩安装牢固，吊扇挂钩的直径不小于吊扇挂销直径，且不小于 8mm。有防振橡胶垫，挂销的防松零件齐全、可靠。

2）吊扇扇叶距离地面高度不小于 2.5m。

3）吊扇组装不改变扇叶角度，扇叶固定螺栓防松零件齐全。

4）吊杆之间、吊杆与电机之间螺纹连接，啮合长度不小于 20mm，且防松零件齐全、紧固。

5）吊扇接线正确，运转时扇叶无明显颤动和异常声响。

6）涂层完整，表面无划痕、无污染，吊杆上下扣碗安装牢固。

7）同一室内并列安装的吊扇开关高度一致，且控制有序、不错位。

（2）吊扇的安装注意事项：

1）吊扇组装时，应根据产品说明书进行，且应注意不能改变扇叶角度。扇叶的固定螺钉应安装防松装置。吊扇吊杆之间、吊杆与电动机之间，螺纹连接啮合长度不得小于 20mm，并必须有防松装置。吊扇吊杆上的悬挂销钉必须装设防振橡皮垫；销钉的防松装置应齐全、可靠。

2）吊钩直径不应小于悬挂销钉的直径，且应采用直径不小于 8mm 的圆钢制作。吊钩应弯成 T 形或 L 形。吊钩应由盒中心穿下，严禁将预埋件下端在盒内预先弯成圆环。现浇混凝土楼板内预埋吊钩，应将 T 形吊钩与混凝土中的钢筋相焊接，在无条件焊接时，应与主筋绑扎固定。

3）安装吊扇前，将预埋吊钩露出部位弯制成型，曲率半径不宜过小。吊扇吊钩伸出建筑物的长度，应以安上吊扇吊杆保护罩将整个吊钩全部遮住为好。

4）在挂上吊扇时，应使吊扇的重心和吊钩的直线部分处在同一条直线上。扇叶距地面的高度不应低于 2.5m，按接线图接好电源，并包扎紧密。向上托起吊杆上的护罩，将接头扣于其中，护罩应紧贴建筑物或绝缘台表面，拧紧固定螺钉。

5）吊扇调速开关安装高度应为 1.3m。同一室内并列安装的吊扇开关高度应一致，且控制有序、不错位。吊扇运转时，扇叶不应有明显的颤动和异常声响。

2. 壁扇安装

（1）壁扇安装应符合下列规定：

1）壁扇底座采用尼龙塞或膨胀螺栓固定。尼龙塞或膨胀螺栓的数量不少于 2 个，且直径不小于 8mm，固定牢固、可靠。

2）壁扇下侧边缘距离地面高度不小于 1.8m。

（2）壁扇的安装注意事项：

1）壁扇底座在墙上采用尼龙塞或膨胀螺栓固定，数量不应少于 2 个，且直径不应小于 8mm。

2）壁扇底座应固定牢固。壁扇的下侧边线距离地面高度不宜小于 1.8m，且底座平面的垂直偏差不宜大于 2mm。

3）壁扇宜使用带开关的插座。

4）壁扇在运转时，扇叶和防护罩均不应有明显的颤动和异响。

3. 换气扇安装

（1）换气扇的安装注意事项：换气扇是一种使室内外空气交换的空气调节电器，又可以称为排风扇、通风扇。换气扇被广泛应用于卫生间、暗格房等空间。

1）吸顶式换气扇。吸顶式换气扇的管道一般较短，用户在安装使用时还需要另外购置一根与该管道配套的通风管，通风管的长度可根据换气扇到居室出风口的长度而定。在空气不流通、空气质量不好的地方，不适合使用吸顶式换气扇。

2）窗式换气扇。窗式换气扇安装方便，可直接镶嵌在窗户。其有单向和双向换气两种，其底部装有集油盒，非常适合在厨房等油烟较多方使用。

3）壁挂式换气扇。壁挂式换气扇体积一般较小，可镶嵌在窗户上。适合于卫生间、封闭阳台等面积较小的房间。

（2）换气扇安装应符合下列规定：

1）安装平稳。换气扇安装时应注意风机的水平方位，调整风机与地基平面水平一致，换气扇安装后不能有歪斜表象。

2）安装换气扇支架时，一定要让支架与地基平面水平一致，必要时在换气扇旁装置角铁进行再加固。

【扫码学习】

开关、插座安装施工工艺

项目 7　防雷与接地装置安装

【知识目标】

（1）了解防雷装置的作用与组成。

（2）熟悉接地装置的分类及安装。

（3）掌握等电位联结的施工方法。

【能力目标】

（1）能制定不同类型建筑的防雷措施。

（2）能根据施工图进防雷装置的安装。

（3）具备用仪器测量接地电阻的技能。

【素质目标】

（1）培养创新精神，积极探索新的技术和方法。

（2）增强环保意识，合理选择施工材料和方法。

7.1 防雷装置安装

7.1.1 防雷相关知识

雷电是一种主要的自然灾害。雷电产生极高的电压（数百千伏到数亿伏）和极大的电流（数十到数百千安），它能击毁电气设备、杆塔和建筑物，伤害人、畜。又由于其热效应和电磁效应，它能烧断电线、电气设备，产生过电压，击穿电气绝缘，甚至引起火灾，造成人身伤亡及断路器跳闸、线路停电等事故。

1. 雷电的种类

雷电按照其危害方式可分为直击雷、感应雷、雷电侵入波和球雷四种。

（1）直击雷。大气中带有电荷的雷云对地电压可高达几十万千伏。当雷云同地面凸出物之间的电场强度达到该空间的击穿强度时所产生的放电现象，就是通常所说的雷击。这种对地面凸出物直接的雷击叫直击雷。雷云接近地面时，地面感应出异性电荷，两者组成巨大的电容器。雷云中的电荷分布很不均匀，地面又是高低不平，故其间的电场强度也很不均匀。当电场强度达到 25～30kV/cm 时，即发生由雷云向大地发展的跳跃式“先驱放电”；到达大地时，便发生大地向雷云发展地极明亮的“主放电”，其放电电流可达数十至数百 kA，放电时间仅 50～100μs，放电速度为（6～10）×107m/s；主放电再向上发展，到达云端即告结束。

主放电结束后继续有微弱的余光，大约 50%的直击雷具有重复放电性质，平均每次雷击含 3～4 个冲击。全部放电时间一般不超过 0.5s。

（2）感应雷。感应雷是附近落雷而造成的间接雷击，可分为静电感应雷和电磁感应雷两种。

1）静电感应雷由于云层中电荷的感应，地面物体表面积聚起极性相反的电荷。当云层在附近开始放电后，电荷被迅速中和，但地面一些物体的感应电荷来不及流散，因而形成很高的电位，故在物体上产生雷击效果，这就是静电感应雷。

2）电磁感应雷当雷电电流流过导体时，形成迅速变化的强磁场，此磁场又在附近的导体内感应出高电位，进而可在物体上产生雷击效果，这就是电磁感应雷。

感应雷会通过电阻性或电感性两种方式而耦合到电子设备的电源线、控制信号线或通信线上，将家用电器和电气设备打坏。

（3）雷电侵入波。雷电侵入波也称高电位侵入波，当户外架空导线被雷击时，如果大量电荷不能迅速入地，就会沿着导线传播，这就是雷电冲击波。它同样可以破坏电气设备、家用电器，造成火灾或伤害人体。

（4）球雷。在雷雨季节偶尔会出现橙黄色球状发光气团，偶尔也有黄色、蓝色或绿色的火球，称为球雷。球雷的直径为10～100cm。它在空中飘游的时间为数秒至数分钟。它出现的概率约为雷电放电次数的 2%。多出现在强风暴时空中普通闪电最频繁的时候，会以 1～2m/s 的速度上下滚动，有时距离地面 0.5～1m，有时升到 2～3m。

球雷遇到易燃物（如家具、衣物、纸类）容易引燃起火，尤其是遇到易燃易爆物质十分危险。球雷爆炸后有硫黄、臭氧或二氧化氮的气味。球雷火球可以辐射出大量热能，所以要提防它引起火灾事故。

2. 雷电的危害

雷电有很大的破坏力，它会造成设备或设施的损坏，造成大面积停电或生命财产的损失。就其破坏因素来分，它有如下三方面的破坏作用。

（1）电性质的破坏作用。表现在数十万至数百万伏的冲击电压可能毁坏发电机、电力变压器、断路器、绝缘子等电气设备的绝缘，烧断电线或劈裂电杆，造成大面积停电；绝缘损坏可能引起短路，导致火灾或爆炸事故；还会造成高压窜入低压，引起严重触电事故；极大的雷电流流入地下时，会在雷击点及其连接的金属部分产生很高的接触电压或跨步电压，造成触电危险。

（2）热性质的破坏作用。表现在巨大的雷电流通过导体，会在极短的时间内产生大量热量，造成易燃品燃烧或金属熔化、飞溅，引起火灾或爆炸；如果易燃物品直接遭到雷击，则容易引起火灾或爆炸事故。

（3）机械性质的作用。表现为被击物遭到破坏，甚至爆裂成碎片。这是因为雷电流通过被击物时，在被击物缝隙中的气体剧烈膨胀，缝隙中的水分也急剧蒸发为大量气体，致使被击物破坏或爆炸；同时雷击时的气浪也有很大的破坏作用。

3. 防雷措施

（1）直击雷的防护措施：

1）沿建筑物屋角、屋脊、屋檐和檐角等易受雷击部位装设避雷针、避雷网或避雷带等接闪器。避雷网或避雷带网格尺寸不应大于 20m×20m 或 24m×16m。

2）屋面上的金属管和排风管等应与屋面上的防雷装置相连。其接地装置可以与电气设备的接地装置共用，每一引下线的冲击接地电阻一般不得超过 10Ω。

3）当建筑物高度超过 60m 时，应将 60m 及以上的建筑物钢构件、混凝土钢筋、金属门窗或栏杆等构件与防雷装置连接。

（2）感应雷的防护措施。感应雷的防护为了防止静电感应雷产生的高电压，应将建筑物内的金属设备、金属管道、金属构架、钢屋架、钢窗、电缆金属外皮，以及突出屋面的放散管、风管等金属物件与防雷装置的接地装置相连。屋面结构钢筋宜绑扎或焊接成闭合回路。金属屋面或屋面结构钢筋上相邻引下线之间的距离不应大于 18m。对于非金属屋顶，宜在屋顶上加装网格，并予以接地。防雷电感应接地装置可以和其他接地装置共用。防雷电感应接地干线和接地装置的连接不得少于两处。

为了防止电磁感应雷产生的高电压，当平行敷设的管道、构架、电缆相距不到 100m 时，需用金属线跨接，且跨接线之间的距离不应超过 30m；当交叉相距不到 100m 时，交叉处也应用金属线跨接。此外，管道接头、弯头、阀门等连接处的过渡电阻大于 0.03Ω 时，连接处也应用金属线跨接。

（3）雷电侵入波的防护措施。为防止雷电侵入波的危害，视其重要程度可采用以下措施：用直埋电缆供电，入户处电缆金属外皮、钢管与防雷电感应接地装置相连；用一段电缆架空线供电，在进线处装设阀型避雷器，并将避雷器与电缆金属外皮一起接地；如采用架空线直接引入供电的，则在入户处装设阀型避雷器，并与绝缘子铁脚一起接地等。

（4）球雷的防护措施。球雷的防护球雷一般是沿建筑物的空洞或开着的门、窗进入室内的，故防范球雷的主要方法是：将金属纱窗接地；堵住建筑物不必要的孔洞；在储藏易燃易爆物品的场所的孔洞和放气管加装阻火器并接地；在雷电天气，关闭门窗，以防球雷的侵入。

4. 防雷装置

防雷装置一般由接闪器、引下线和接地装置三部分组成。接闪器有避雷针、避雷线、避雷网、避雷带等。

（1）接闪器。接闪器就是专门接受直接雷击的金属物体。接闪的金属杆称为避雷针；接闪的金属线称为避雷线；接闪的金属带或金属网称为避雷带或避雷网。特殊情况下也可直接用金属屋面和金属构件作为接闪器。所有接闪器都必须经过引下线与接地装置相连。

1）避雷针。利用尖端放电原理，避免设置处所遭受直接雷击。同时变压器、其他电气设备或建筑物均在其保护范围内，以防止遭到直击雷的破坏。

避雷针一般用镀锌圆钢或镀锌钢管焊接制成，通常安装在构架、支柱或建筑物上，其下端经引下线与接地装置焊接。避雷针的功能是引雷，它把雷电波引入地下，从而保护了建筑物和设备等。

2）避雷线。线路上的避雷线也称架空地线。它主要是为了在线路（靠近变电站区段）可能受到直接雷危害时，可以限制沿线路侵入变电站的雷电冲击波幅值及陡度。

避雷线架设在架空线路的上方，以保护架空线路或其他物体（包括建筑物）免遭直接雷击。避雷线宜采用截面积不小于 35mm^2 的镀锌钢绞线。

3）避雷带。沿建筑物屋顶四周易受雷击部位明设的作为防雷保护用的金属带作为接闪器，沿外墙作引下线和接地网相连的装置称为避雷带。

避雷带一般沿屋顶周围装设，高出屋面 100～200mm，支持卡间距 1～1.5m。避雷网除沿屋顶周围装设外，需要时屋顶上面还用圆钢或扁钢纵横连接，形成网格。避雷带必须经引下线与接地装置可靠连接。

4）避雷网。避雷网分为明装避雷网和笼式避雷网两大类。沿建筑物屋顶上部明装金属网格作为接闪器，沿外墙装引下线接到接地装置上，称为明装避雷网，一般建筑物中常采用这种方法。而把整个建筑物中的钢筋结构连成一体，构成一个大型金属网笼，称为笼式避雷网。笼式避雷网又分为全部明装避雷网、全部暗装避雷网和部分明装部分暗装避雷网等几种。如高层建筑中都用现浇的大模板和预制装配式壁板，结构中钢筋较多，把它们从上到下与室内的上下水管、热力管网、煤气管道、电气管道、电气设备及变压器中性点等均连接起来，形成一个等电位的整体，称为笼式暗装避雷网。

避雷网宜采用镀锌圆钢或扁钢，优先选用圆钢。圆钢直径不应小于 8mm；扁钢截面积不应小于 48mm^2，其厚度不应小于 4mm。避雷网必须经引下线与接地装置可靠连接。

（2）引下线。引下线宜采用镀锌圆钢或扁钢，优先选用圆钢，圆钢直径不应小于 8mm；扁钢截面积不应小于 48mm^2，其厚度不应小于 4mm。引下线应沿建筑物外墙明敷，并经最短路径接地；也可暗敷，但其圆钢直径不应小于 10mm，扁钢截面积不应小于 80mm^2。

采用柱内钢筋作引下线时，要求钢筋直径不小于 12mm，每根柱子焊接不少于两根主筋。装设在烟囱上的引下线，若明装应采用直径不小于 8mm 的镀锌钢筋；暗装时则可以用ϕ12mm 镀锌钢筋。金属烟囱本身也可以兼作引下线。

采用多根引下线时，宜在各引下线上距地面 0.3～1.8m 安装断接卡。

在易受机械损坏和防人身接触的地方，地面上 1.7m 至地面下 0.3m 的一段接地线应采取暗敷镀锌角钢、PVC 管等保护设施。

（3）接地装置。埋于土壤中的人工垂直接地极宜采用角钢、钢管或圆钢；埋于土壤中的人工水平接地极宜采用扁钢或圆钢。人工垂直接地极的长度宜为 2.5m，人工垂直接地极间的距离不小于 5m。

7.1.2 防雷装置安装

防雷工作包括电气设备的防雷和建（构）筑物的防雷两大内容。电气设备的防雷主要包括发电厂、变配电站和架空电力线路的防雷；避雷器是用来保护电力设备的一种专用的防雷设备，避雷器分管型与阀型两类，它的作用是把侵入的雷电波（或感应雷电波）限制在避雷器残压值范围内，从而使变压器及其他电气设备免受过电压的危害。

除避雷器外，其他防雷装置都是利用其高出被保护物的突出地位，把雷电引向自身，然后通过引下线和接地装置把雷电流泄入大地，使被保护物免受雷击。以下主要阐述建筑物防雷装置的安装。

（一）接闪器的安装

1. 避雷针在屋面上安装

单支避雷针的保护角α可按 45° 或 60° 考虑。两支避雷针外侧的保护范围按单支避雷针确定，两针之间的保护范围，对民用建筑可简化两针间的距离不小于避雷针的有效高度（避雷针凸出建筑物的高度）的 15 倍，且不宜大于 30m 来布置，如图 7-1 所示。

屋面避雷针安装时，地脚螺栓和混凝土支座应在屋面施工中由土建人员浇筑好，地脚螺栓预埋在支座内，至少有 2 根与屋面、墙体或梁内钢筋焊接。待混凝土强度满足施工要求后，再安装避雷针，连接引下线。

施工前，先组装好避雷针，在避雷针支座底板上相应的位置，焊上一块肋板，再将避雷针立起，找直、找正后进行点焊，最后加以校正，焊上其他三块肋板。

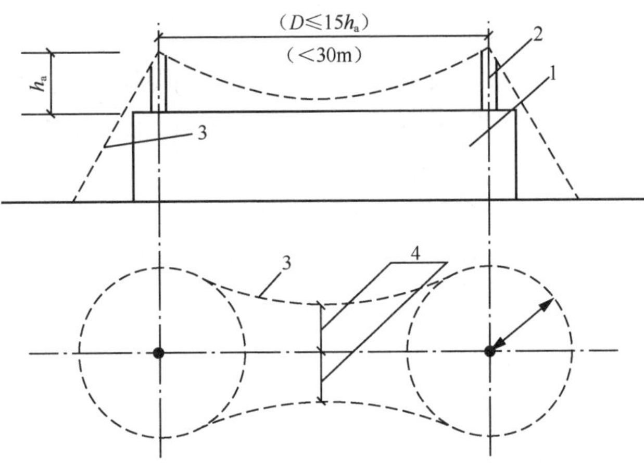

图 7-1　双支避雷针简化保护范围示意图

1—建筑物；2—避雷针；3—保护范围；4—保护宽度

避雷针要求安装牢固，并与引下线焊接牢固，屋面上有避雷带（网）的还要与其焊成一个整体，如图 7-2 所示。

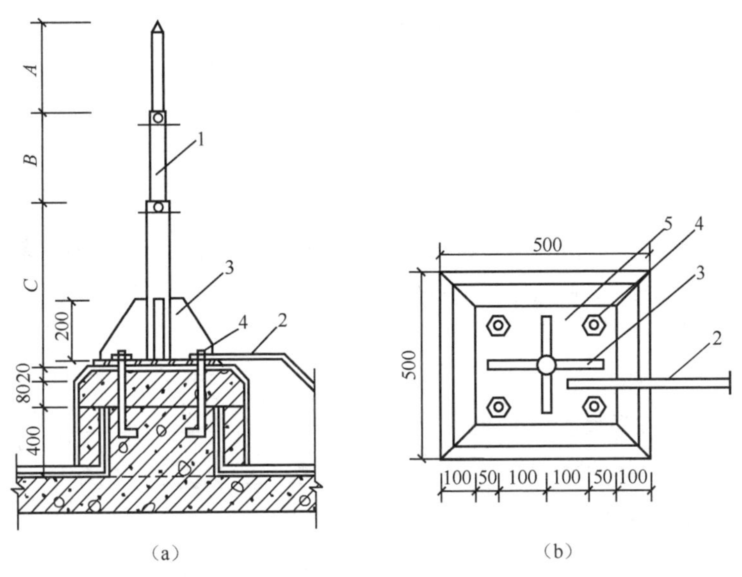

图 7-2　避雷针在屋面上安装（单位：mm）

1—避雷针；2—引下线；3—筋板；4—地脚螺栓；5—地板

2. 独立避雷针安装

独立避雷针施工时应注意下列问题：

（1）独立避雷针制作要符合设计（或标准图）的要求。垂直度误差不得超过总长度的 0.2%，固定针塔或针体的螺母均应采用双螺母。

（2）独立避雷针接地装置的接地体应离开人行道、出入口等经常有人通过停留的地方不得少于 3m，有条件时，越远越好。达不到时可用下列方法补救：

1）水平接地体局部区段埋深大于 1m。

2）当接地带通过人行道时，可包敷绝缘物，使雷电流不从这段接地线流散入地，或者流散的电流大大减少。

3）在接地体上面敷设一层50～80mm的沥青层或者采用沥青、碎石及其他电阻率高的地面。

（3）独立避雷针用塔身作接地引下线时，为保证良好的电气通路，紧固件及金属支持件一律热镀锌，无条件时，应刷红丹一道、防腐漆两道。

（4）独立避雷针宜设独立接地装置，如接地电阻不合要求，该接地装置可与其他电气设备的主接地网相连，如图7-3所示，但地中连线长度不得小于15m，即*BD′*不足15m时，可沿*ABCD*连线。

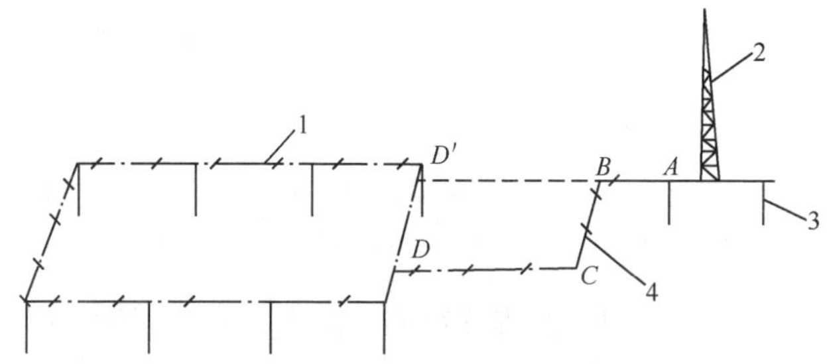

图7-3 独立避雷针接地装置与其他接地网的连接图

1—主接地网；2—避雷针（钢筋结构独立避雷针）；3—避雷针接地装置；4—地中接地连线

（5）装在独立避雷针塔上照明灯的电源引入线，必须采用直埋地下的带金属护层的电缆或钢管配线，电缆护层或金属管必须接地，且埋地长度应在10m以上才能与配电装置接地网相连，或与电源线、低压配电装置相连接。

3．避雷带（网）安装

避雷带通常安装在建筑物的屋脊、屋檐（坡屋顶）或屋顶边缘及女儿墙顶（平屋顶）等部位，对建筑物进行保护，避免建筑物受到雷击毁坏。避雷网一般安装在较重要的建筑物。建筑物避雷带和避雷网，如图7-4所示。

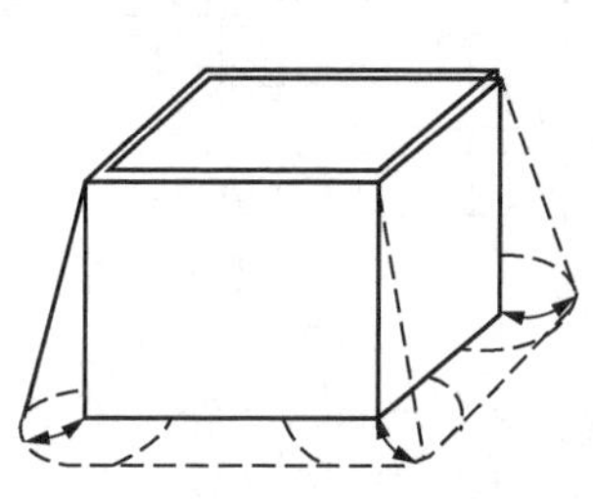

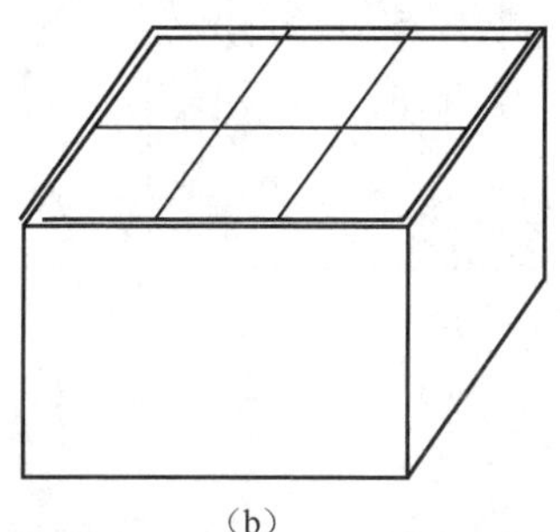

（b）

图7-4 屋顶避雷带及避雷网示意图

（a）避雷带；（b）避雷网

（1）明装避雷带（网）。明装避雷带（网）应采用镀锌圆钢或扁钢制成。镀锌圆钢直径应为ϕ12。镀锌扁钢采用25mm×4mm或40mm×4mm。在使用前，应对圆钢或扁钢进行调直加工，对调直的圆钢或扁钢，顺直沿支座或支架的路径进行敷设，如图7-5所示。

在避雷带（网）敷设的同时，应与支座或支架进行卡固或焊接连成一体，并同防雷引下线焊接好。其引下线的上端与避雷带（网）的交接处，应弯曲成弧形。避雷带在屋脊上安装，如图7-6所示。

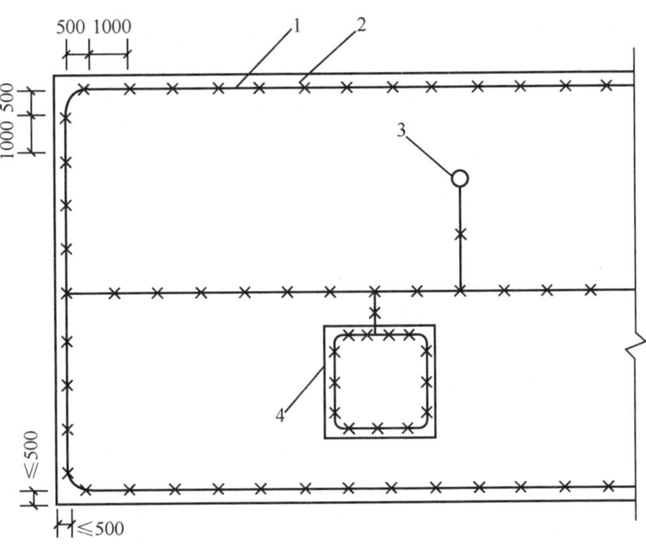

图 7-5　避雷带在挑檐板上安装平面示意图

1—避雷带；2—支架；3—凸出屋面的金属管道；4—建筑物凸出物

避雷带（网）在转角处应随建筑造型弯曲，一般不宜小于 90°，弯曲半径不宜小于圆钢直径的 10 倍，或扁钢宽度的 6 倍，绝对不能弯成直角。避雷带（网）沿坡形屋面敷设时，应与屋面平行布置，如图 7-7 所示。

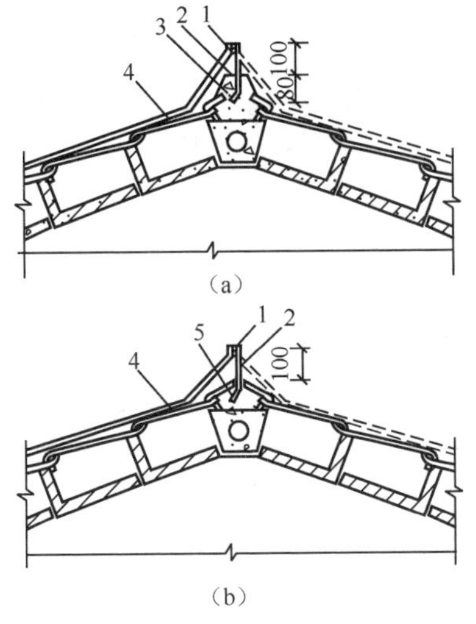

图 7-6　避雷带及引下线在屋脊上安装

（a）用支座固定；（b）用支架固定

1—避雷带；2—支架；3—支座；4—引下线；5—水泥砂浆

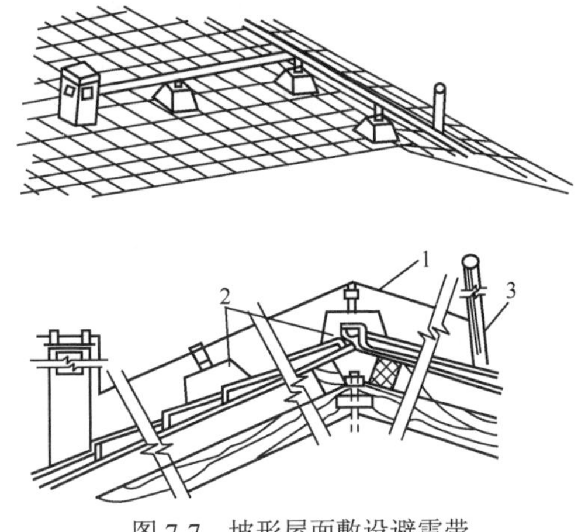

图 7-7　坡形屋面敷设避雷带

1—避雷带；2—混凝土支座；3—凸出屋面的金属物体

（2）暗装避雷网。暗装避雷网是利用建筑物内的钢筋做避雷网，以达到建筑物防雷击的目的。因其比明装避雷网美观，所以越来越被广泛利用。

用建筑物 V 形折板内钢筋作避雷网。通常建筑物可利用 V 形折板内钢筋做避雷网。施工时，折板插筋与吊环和网筋绑扎，通长筋和插筋、吊环绑扎。折板接头部位的通长筋在端部预留钢筋头，长度不少于100mm，便于与引下线连接。引下线的位置由工程设计决定。

对于等高多跨搭接处，通长筋与通长筋应绑扎。不等高多跨交接处，通长筋之间应用$\phi8$圆钢连接焊牢，绑扎或连接的间距为6m。V形折板钢筋作防雷装置，如图7-8所示。

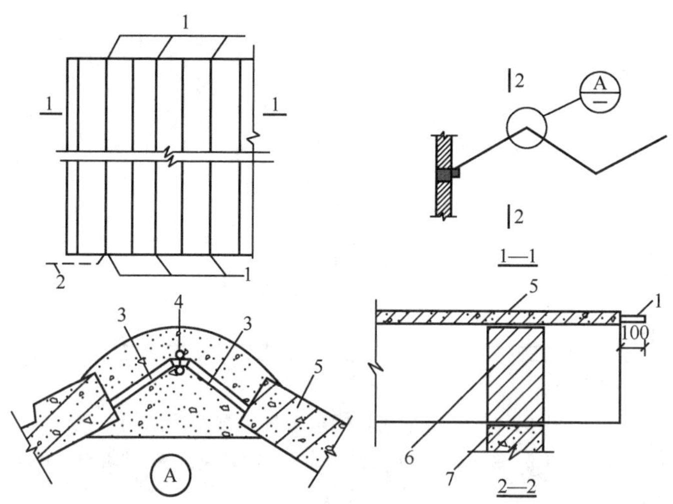

图7-8 V形折板钢筋作防雷装置示意图

1—通常筋预留钢筋头；2—引下线；3—吊环（插筋）；4—附加通长筋；
5—折板；6—三脚架或三角墙；7—支托构件

用女儿墙压顶钢筋作暗装避雷带。女儿墙压顶为现浇混凝土的，可利用压顶板内的通长钢筋作为暗装防雷接闪器。女儿墙压顶为预制混凝土板的，应在顶板上预埋支架设接闪带。用女儿墙现浇混凝土压顶钢筋作暗装接闪器时，防雷引下线可采用不小于$\phi10$圆钢，引下线与接闪器（即压顶内钢筋）的焊接连接。在女儿墙预制混凝土板上预埋支架设接闪带时，或在女儿墙上有铁栏杆时，防雷引下线应由板缝引出顶板与接闪带连接，引下线在压顶处与女儿墙顶设计通长钢筋之间，用$\phi10$圆钢做连接线进行连接。

女儿墙一般设有圈梁，圈梁与压顶之间有立筋时，防雷引下线可以利用在女儿墙中相距500mm的2根$\phi8$或1根$\phi10$立筋，把立筋与圈梁内通长钢筋宜全部绑扎为一体，女儿墙不需再另设引下线，如图7-9所示。采用此种做法时，女儿墙内引下线的下端需要焊到圈梁立筋上（圈梁立筋再与柱主筋连接）。引下线也可以直接焊到女儿墙下的柱顶预埋件上（或钢屋架上）。圈梁主筋如能够与柱主筋连接，建筑物则不必再另设专用接地线。

（二）引下线敷设

1. 一般要求

引下线可分为明装和暗装两种。

（1）明装时一般采用直径为8mm的圆钢或截面为30mm×4mm的扁钢。在易受腐蚀部位，截面应适当加大。引下线应沿建筑物外墙敷设，距离墙面为15mm，固定支点间距不应大于 2m，敷设时应保持一定松紧度。从接闪器到接地装置，引下线的敷设应尽量短而直。若必须弯曲时，弯角应大于90°。引下线敷设于人们不易触及之处。地上1.7m以下的一段引下线应加保护设施，以避免机械损坏。如用钢管保护，钢管与引下应有可靠电气连接。引下线应镀锌，焊接处应涂防锈漆，但利用混凝土中钢筋作引下线除外。

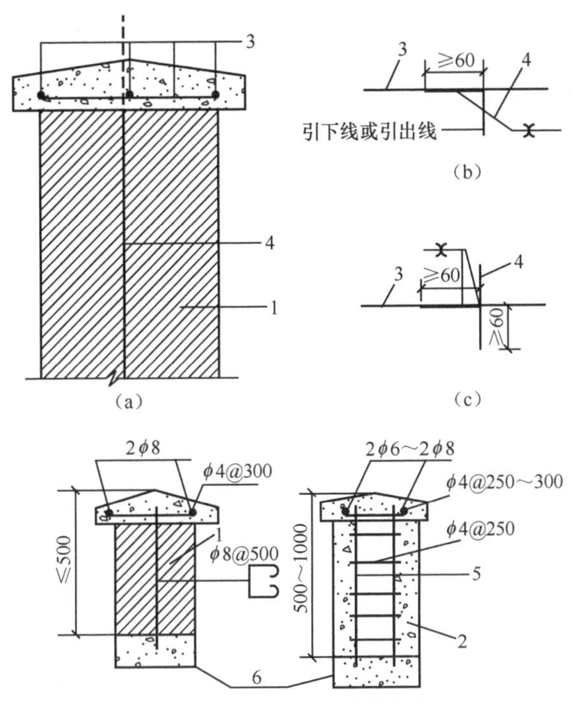

图 7-9　女儿墙及暗装避雷带做法

（a）压顶内安装避雷带做法；（b）压顶内钢筋引下线（或引出线）连接做法；（c）压顶上有明装接闪带时引下线与压顶内钢筋的做法；（d）女儿墙结构图

1—砌体女儿墙；2—现浇混凝土女儿墙；3—女儿墙压顶内钢筋；4—防雷引下线；5—圆钢连接线；6—圈梁

（2）一级防雷建筑物专设引下线时，其根数不少于 2 根，沿建筑物周围均匀或对称布置，间距不应大于 12m，防雷电感应的引下线间距应为 18～24m；二级防雷建筑物引下线数量不应少于 2 根，沿建筑物周围均匀或对称布置，平均间距不应大于 18m；三级防雷建筑物引下线数量不宜少于 2 根，平均间距不应大于 25m；但周长不超过 25m，高度不超过 40m 的建筑物可只设 1 根引下线。

（3）当引下线长度不足，需要在中间接头时，引下线应进行搭接焊接。装有避雷针的金属筒体，当其厚度不小于 4mm 时，可作避雷针引下线。筒体底部应有两处与接地体对称连接。暗装时引下线的截面应加大一级，应用卡钉分段固定。

（4）避雷引下线和变配电室接地干线敷设的有关规范要求应符合以下几点：

1）建筑物抹灰层内的引下线应有卡钉分段固定；明敷的引下线应平直、无急弯，与支架焊接处，油漆防腐且无遗漏。

2）金属构件、金属管道做接地线时，应在构件或管道与接地干线间焊接金属跨接线。

3）接地线的焊接应符合接地装置一样的焊接要求，材料采用及最小允许规格、尺寸和接地装置所要求相同。

4）明敷引下线及室内接地干线的支持件间距应均匀，水平直线部分为 0.5～1.5m；垂直直线部分为 1.5～3m；弯曲部分为 0.3～0.5m。

5）接地线在穿越墙壁、楼板和地坪处应加套钢管或其他坚固的保护套管，钢套管应与接地线做电气连通。

2. 明敷引下线

明敷引下线应预埋支持卡子，支持卡子应凸出外墙装饰面 15mm 以上，露出长度应一致，将圆钢或扁钢固定在支持卡子上。一般第一个支持卡子在距离室外地面 2m 高处预埋，距离第一个卡子正上方 1.5～2m 处埋设第二个卡子，依次向上逐个埋设，间距均匀相等并保证横平竖直。

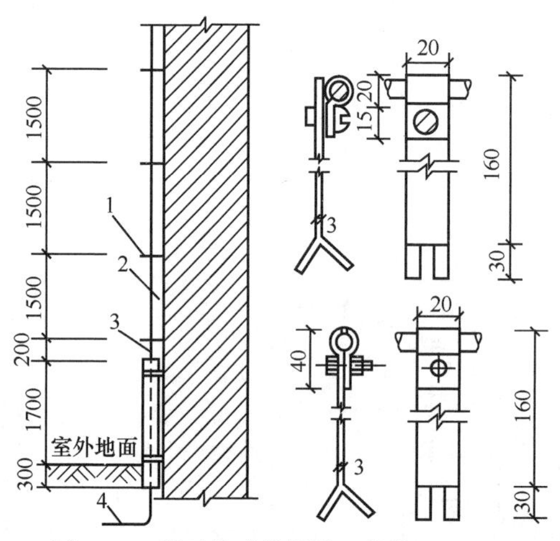

图 7-10 引下线明敷做法（单位：mm）

1—扁钢卡子；2—明敷引下线；3—断接卡子；4—接地线

明敷引下线调直后，从建筑物最高点由上而下，逐点与预埋在墙体内的支持卡子套环卡固，用螺栓或焊接固定，直至到断接卡子为止，如图 7-10 所示。

引下线通过屋面挑檐板处，应做成弯曲半径较大的慢弯，弯曲部分线段总长度，应小于拐弯开口处距离的 10 倍。

3. 暗敷引下线

沿墙或混凝土构造柱暗敷设的引下线，一般使用直径不小于$\phi 12$ 的镀锌圆钢或截面为 25mm×4mm 的镀锌扁铁。钢筋调直后先与接地体（或断接卡子）用卡钉固定好，垂直固定距离为 1.5～2m，由下至上展放或一段一段连接钢筋，直接通过挑檐板或女儿墙与避雷带焊接。如图 7-11 所示。

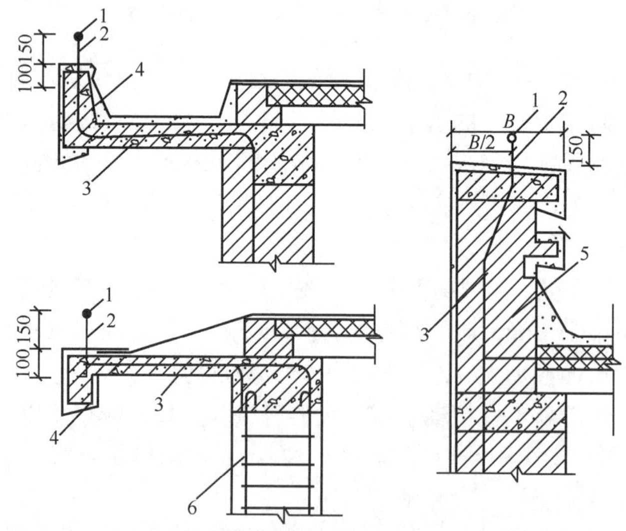

图 7-11 暗装引下线经过挑檐板、女儿墙做法（单位：mm）

1—避雷带；2—支架；3—引下线；4—挑檐板；5—女儿墙；6—立柱筋；*B*—墙体宽

利用建筑物钢筋作引下线时，钢筋直径为 16mm 及以上时，应利用两根钢筋（绑扎或焊接）作为一组引下线；当钢筋直径为一组引下线。

引下线上部（屋顶上）应与接闪器焊接，中间与每层结构钢筋需进行绑扎或焊接连接，下部在室外地坪下 0.8～1m 处焊出一根ϕ12 的圆钢或截面为 40mm×4mm 的扁钢，伸向室外与外墙面的距离不小于 1m。

4. 断接卡子

为了便于测试接地电阻值，接地装置中自然接地体和人工接地体连接处和每根引下线应有断接卡子。断接卡子应有保护措施。引下线断接卡子应在距离地面 1.5～1.8m 高的位置设置。

断接卡子的安装形式有明装和暗装两种，如图 7-12 和图 7-13 所示。可利用不小于 40mm×4mm 或 25mm×4mm 的镀锌扁钢制作，用两根镀锌螺栓拧紧。引下线圆钢或扁钢与断接卡的扁钢应采用搭接焊。

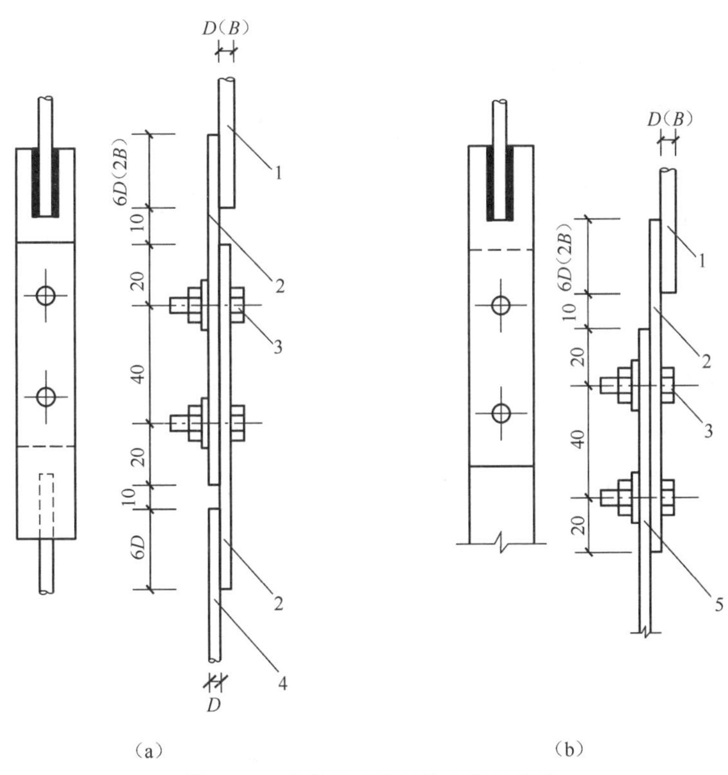

图 7-12　明装引下线断接卡子的安装

（a）用于圆钢连接线；（b）用于扁钢连接线

1—圆钢引下线；2—连接板；3—镀锌螺栓；4—圆钢接地线；5—扁钢接地线

明装引下线在断接卡子下部，应外套竹管、硬塑料管等非金属管保护。保护管深入地下部分不应小于 300mm。明装引下线不应套钢管，必须外套钢管保护时，必须在保护钢管的上、下侧焊跨接线与引下线连接成一整体。

用建筑物钢筋作引下线，由于建筑物从上而下钢筋连成一整体。因此，不能设置断接卡，需要在柱（或剪力墙）内作为引下线的钢筋上，另外焊一根圆钢引至柱（或墙）外侧的墙体上，在距地面 1.8m 处，设置接地电阻测试箱。也可在距地面 1.8m 处的柱（或墙）的外侧，将用角钢或扁钢制作的预埋连接板与柱（或墙）的主筋进行焊接，再用引出连接板与预埋连接板相焊接，引至墙体外表面。

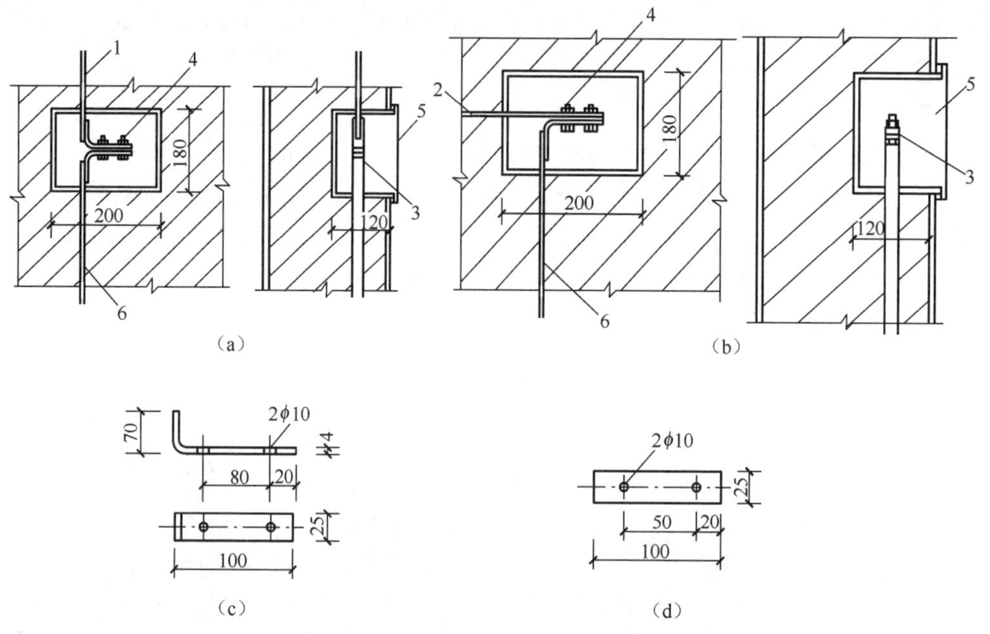

图 7-13 暗装引下线断接卡子的安装

(a) 专用暗装引下线；(b) 利用柱筋作引下线；(c) 连接板；(d) 垫板

1—专用引下线；2—至柱筋引下线；3—断接卡子；4—镀锌螺栓；5—断接卡子箱；6—接地线

(三) 接地体安装

接地体可利用圆钢、钢管或角钢制成埋入地下。具体做法详见 7.2 节，此处不再赘述。

7.2 接地装置安装

7.2.1 接地相关知识

1. 工作接地

工作接地是为了保证电力系统和设备达到正常工作要求而进行的一种接地，例如电源中性点的直接接地或经消弧线圈接地、防雷接地等。

(1) 各种工作接地都有各自的功能，如电源中性点直接接地，其作用主要有：

1) 满足系统运行的需要。中性点接地可使继电保护准确动作，并消除单相接地过电压；中性点接地可以防止零序电压偏移，保持三相电压基本平衡。

2) 降低人体接触电压。若中性点不接地，当一相接地时，人站在地面上又触及另一相时，人体受到的接触电压将接近线电压。而中性点接地时，因中性点接地电阻小，中性点与地之间的电位差接近零，如发生一相接地，人站在地面上又触及另一相时，人体将受到的接触电压只接近相电压，因此降低了人体的接触电压。

3) 保证迅速切断故障设备。在中性点不接地系统中，当一相接地时接地电流很小，保护设备不能迅速动作切断电流，故障将长期持续下去。在中性点接地系统中，当一相接地时，接地电流成为很大的单相短路电流，保护设备能迅速动作切除故障线路，保持其他线路和设备正常运行。

4）可降低电气设备和电力线路的设计绝缘水平。中性点接地系统中，发生一相接地时，其他两相的对地电压仍保持接近或等于相电压，故绝缘设计只按相电压考虑，可节约投资。

5）对于 110kV 以上电压等级的主变压器中性点接地，还有防止操作过电压的作用，当一台主变压器在操作前，先把中性点接地开关合上，限制各电气部件的对地电压。

（2）工作接地和其他接地的区别。接地的形式有工作接地、保护接地及重复接地，此外还有保护接零等。工作接地是以大地为电荷大电容，形成一个回路，以使电路或设备在正常和事故中可以可靠地工作，这是工作接地与其他接地的根本区别。

2. 保护接地

保护接地是为保障人身安全、防止间接触电，将电气设备正常情况下的外露可导分接地。所谓保护接地就是将正常情况下不带电，而在绝缘材料损坏后或其他情况下带电的电器金属部分，用导线与接地体可靠连接起来的一种保护接线方式。保护接地用于配电变压器中性点不直接接地（三相三线制）的供电系统中。

保护接地有两种形式：一种是设备的外露可导电部分经各自的接地线（PE 线）接地；另一种是设备的外露可导电部分经公共的 PE 线接地。

3. 保护接零

为了防止因电气设备的绝缘损坏而使人身遭受触电的危险，将电气设备正常运行带电的金属外壳及架构与变压器中性点引出来的中性线（又称零线，PEN 线或 PE 线）相连接，称为接零。保护接零是借助接零线路使设备漏电形成单相短路，促使线路上的保护装置动作及切断故障设备的电源。

保护接零只适用于中性点直接接地的低压电网。

（1）在 TN 系统中，下列电气设备不带电的外露可导电部分应做保护接零：

1）电动机、变压器、电器、照明器具、手持式电动工具的金属外壳；

2）电气设备传动装置的金属部件；

3）配电柜与控制柜的金属框架；

4）配电装置的金属箱体、框架及靠近带电部分的金属围栏和金属门；

5）电力线路的金属保护管、敷线的钢索、起重机的底座和轨道、滑升模板金属操作平台等；

6）安装在电力线路杆（塔）上的开关、电容器等电气装置的金属外壳及支架。

（2）对保护接零系统的安全技术要求。

1）电源侧中性点必须进行工作接地，其接地电阻值不应大于 4Ω。

2）中性线应在规定地点做重复接地，其接地电阻值不应大于 10Ω。

3）中性线上不得装设熔断器及开关。

4）中性线所用材质与相线相同时，其应符合以下要求：相线截面不大于 $16mm^2$ 时，保护中性线最小截面为 $5mm^2$；相线截面大于 $16mm^2$ 同时小于等于 $35mm^2$ 时，保护中性线最小截面为 $16mm^2$；相线截面大于 $35mm^2$ 时，保护中性线截面不小于相线截面的 1/2。

5）在同一低压配电系统中，保护接零和保护接地不能混用。

（3）保护接地和保护接零比较。保护接地和保护接零是在电力网中维护人身安全的两种技术措施，两者的不同之处有以下几点：

1）保护原理不同。保护接地的基本原理是限制漏电设备的对地电压，使其不超过某一安全范围；保护接零的主要作用是接零线路使设备漏电形成单相短路，促使线路上保护装置迅速动作。

2）使用范围不同。保护接地适用于高、低压中性点不接地电网，保护接零适用于中性点直接接地的低压电网。

3）结构不同。保护接地系统除相线外，只有保护地线，保护接零系统除相线外，必须有中性线，在很多场合工作中性线和保护中性线分别敷设，其重复接地处也应有地线。

同一供电系统内，电气设备的保护接地、保护接零应保持一致，不得一部分设备做保护接零，另一部分设备做保护接地。

4. 屏蔽接地

为了防止电磁干扰，在屏蔽体与地或干扰源的金属壳体之间所做的永久良好的电气连接称为屏蔽接地。

屏蔽接地通常采用两种方式来处理：屏蔽层单端接地和屏蔽层双端接地。当频率低于1MHz时，采用屏蔽层单端接地；当频率高于1MHz时，最好在多个位置接地，一般至少应做到双端接地。

一般情况下，DCS系统中模拟信号电缆的屏蔽层应做屏蔽接地，线缆屏蔽层一端接地，防止形成闭合回路干扰。铠装电缆的金属铠不应作为屏蔽保护接地，必须是铜丝网屏蔽层接地。原则上在控制室端接地，屏蔽网线应该单独做接地，不允许和电气地线混接。

（1）屏蔽层单端接地。屏蔽层单端接地是在屏蔽电缆的一端将金属屏蔽层直接接地，另一端不接地或通过保护接地。屏蔽层单端接地适合长度较短的线路。在屏蔽层单端接地情况下，非接地端的金属屏蔽层对地之间有感应电压存在，感应电压与电缆的长度成正比，但屏蔽层无电动势环流通过。单端接地就是利用抑制电动势电位差达到消除电磁干扰的目的。

（2）屏蔽双端接地。双端接地是将屏蔽电缆的金属屏蔽层的两端均连接接地。在屏蔽层双端接地情况下，金属屏蔽层不会产生感应电压，但金属屏蔽层受干扰磁通影响将产生屏蔽环流通过。如果地点A和地点B的电动势不相等，将形成很大的电动势环流，环流会对信号产生抵消衰减效果。

5. 重复接地

在TN系统中，除了对电源中性点进行工作接地外，还在一定的处所把PE线或PEN线再进行接地，这就是重复接地。

（1）重复接地的作用。

1）TN（或PEN）线完整时，重复接地可以降低碰壳故障时所有被保护设备金属对地电压，减轻开关保护装置动作之前触电的危险性。

2）在TN（或PEN）断线的情况下，重复接地可以降低断线点后面碰壳故障时相对地电压，减轻触电事故的严重程度。所以应在接零装置的施工和运行中，谨防PE线断线事故的发生，并严禁在PE（PEN）线上安装熔断器和单级开关。

3）缩短漏电故障持续时间。由于重复接地在短路电流返回的路径上增加了一条并联支路，可增大单相短路电流，缩短漏电故障持续时间。

4）改善架空线路的防雷性能。由于重复接地对雷电流起分流作用，可以降低电压，改善架空线路的防雷性能。

5）重复接地的其他作用。由于保护线或保护中性线重复接地，电阻与电源工作电阻并联的结果，起到了降低等效工作接地电阻的作用，还可以降低三相负载不平衡时对地电压。

（2）重复接地的装设地点。TN 系统的保护线或保护中性线必须在以下处所装设重复接地：

1）架空线路干线和长度超过 200m 的分支线的终端以及沿线路每 1km 处。

2）电缆线路或架空线路引入配电室及大型建筑物的进户处。

3）采用金属管线配线时，金属保护管与保护中性线连接后做重复接地，采用塑料时，另行敷设保护中性线并做重复接地。

4）同杆架设的高、低压架空线路的共同敷设段的两端。

在 TN-S（三相五线制）系统中，装有剩余电流动作保护器后的 PEN 导体不允许设重复接地。因为如果中性线重复接地，三相五线制漏电保护检测就不准确，无法起到准确的保护作用。

7.2.2　接地装置的安装

（一）接地装置的构成

接地装置由接地体和接地线两部分组成。

接地体是指埋入地下与土壤接触的金属导体，有自然接地体和人工接地体两种。自然接地体是指兼作接地用的直接与大地接触的各种金属管道（输送易燃易爆气体或液体的管道除外）、金属构件、金属井管、钢筋混凝土基础等；人工接地体是指人为埋入地下的金属导体，可分为水平接地体和垂直接地。

接地线是指电气设备需接地的部分与接地体之间连接的金属导线。其有自然接地线和人工接地线两种。自然接地线种类很多，如建筑物的金属结构（金属梁、桩等），生产用的金属结构（吊车轨道、配电装置的构架等），配线的钢管，电力电缆的铅皮、不会引起燃烧、爆炸的所有金属管道等。选择自然接地体和自然接地线时，必须要保证导体全长有可靠的电气连接，以形成连续的导体。人工接地线一般都由扁钢或圆钢制作。

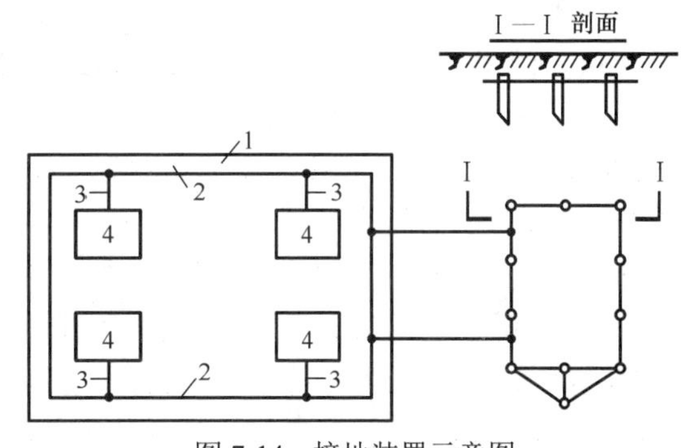

图 7-14　接地装置示意图

1—接地体；2—接地干线；3—接地支线；4—电气设备

图 7-14 所示为接地装置示意图。其中，接地线分为接地干线和接地支线。电气设备接地的部分就近通过接地支线与接地网的接地干线相连。

接地装置的导体截面应符合稳定和机械强度的要求，且不应小于表 7-1 所示的最小规格。

表 7-1　钢接地体和接地线的最小规格

种类、规格及单位		地上		地下	
		室内	室外	交流电流回路	支流电流回路
圆钢直径/mm		6	8	10	12
扁钢	截面面积/mm^2	60	100	100	100
	厚度/mm	3	4	4	6
角钢厚度/mm		2	2.5	4	6
钢管管壁厚度/mm		2.5	2.5	3.5	4.5

注　电力线路杆塔的接地引出线的截面积不应小于 50mm^2，引出线应热镀锌。

（二）接地装置的安装

常用的人工接地极多采用角钢接地极、钢管接地极、扁钢与圆钢等型钢制成，螺纹钢不能作接地极。在一般土壤中采用角钢接地极，在坚实土壤中采用钢管接地极。材质一般是镀锌钢、铜棒、铜包钢、钢镀铜等材料，腐蚀地区采用纳米碳复合防腐镀锌扁钢或者锌基合金材料，地下不得采用铝导体作为接地极和接地线。

接地装置之间的连接一般采用焊接搭接形式，纯铜、铜包钢及锌基合金等材质的接地装置采用放热焊接。扁钢搭接长度应为其扁钢宽度的 2 倍以上，并且应至少焊接 3 个棱边；圆钢搭接长度应为其直径的 6 倍以上。焊后应进行防腐处理。不能焊接时，可采用螺栓或卡箍连接，但必须保持接触良好。在爆炸危险环境内接地采用的螺栓，应有防松装置，接地紧固前，其接地端子及紧固件均应涂电力复合脂。爆炸危险环境内的电气设备与接地线的连接宜采用多股软绞线，其最小截面面积不得小于 4mm^2。

1. 人工接地体的制作与安装

人工接地体分为垂直和水平安装两种。接地极制作安装，应配合土建工程施工，在基础土方开挖的同时，应挖好接地极沟并将接地极埋设好。

（1）垂直接地体制作与安装。垂直接地体一般由镀锌角钢或钢管制作。截取长度不小于 2.5m，40mm×40mm×4mm 或 50mm×50mm 的角钢、DN50 钢管或ϕ20 圆钢，圆钢或钢管端部锯成斜口或锻造成锥形，角钢的一端应加工成尖头形状，尖点应保持在角钢的角脊线上并使两斜边对称制成接地体。

接地体制作好后，在接地极沟内，放在沟的中心线上垂直打入地下，顶部距离地面不小于 0.6m，间距不小于两根接地体长度之和，如图 7-15 所示。一般不应小于 5m，当受地方限制时，可适当减少一些距离，但不应小于接地体的长度。

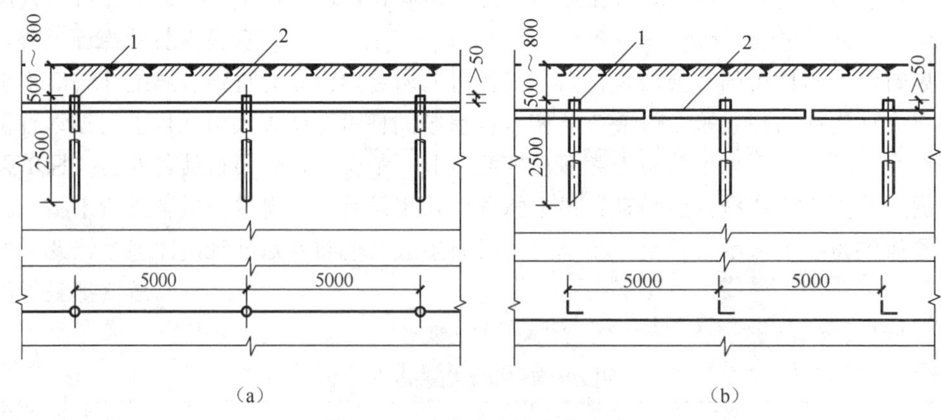

图 7-15 垂直接地体安装方法

（a）钢管接地体；（b）角钢接地体

1—接地体；2—接地极

使用大锤敲打接地体时，要把握平稳。锤击接地体保护帽正中，不得打偏，接地体与地面保持垂直，防止接地体与土壤之间产生缝隙，增加接触电阻影响散流效果。敷设在腐蚀性较强的场所或土壤电阻率大于 100Ω·m 的潮湿土壤中接地装置，应适当加大截面或热镀锌。

（2）水平接地体制作与安装。水平接地体多用于环绕建筑四周的联合接地，常用

40mm×40mm 镀锌扁钢，最小截面不应小于 100mm^2，厚度不应小于 4mm。当接地体沟挖好后，应垂直敷设在地沟内（不应平放），垂直放置时，散流电阻较小。顶部埋设深度距离地面不小于 0.6m。水平接地体多根平行敷设时，水平间距不小于 5m。

常见的水平接地体有带形、环形和放射形。沿建筑物外面四周敷设成闭合环状的水平接地体，可埋设在建筑物散水及灰土基础以外的基础槽边。将水平接地体直接敷设在基础底坑与土壤接触是不合适的。由于接地体受土壤的腐蚀早晚是会损坏的，被建筑物基础压在下边，日后也无法维修。

2. 人工接地线的安装

在一般情况下，采用扁钢或圆钢作为人工接地线。接地线的截面应按照所述的方法选择。接地线应该敷设在易于检查的地方，并须有防止机械损伤及防止化学作用的保护措施。从接地干线敷设到用电设备的接地支线的距离越短越好。当接地线与电缆或其他电线交叉时，其距离至少要维持 25mm。在接地线与管道、铁道等交叉的地方，以及在接地线可能受到机械损伤的地方，接地线上应加保护装置，一般要套以钢管。当接地线跨过有振动的地方，如铁路轨道时，接地线应略加弯曲，如图 7-16 所示，以便在振动时有伸缩的余地，免于断裂。

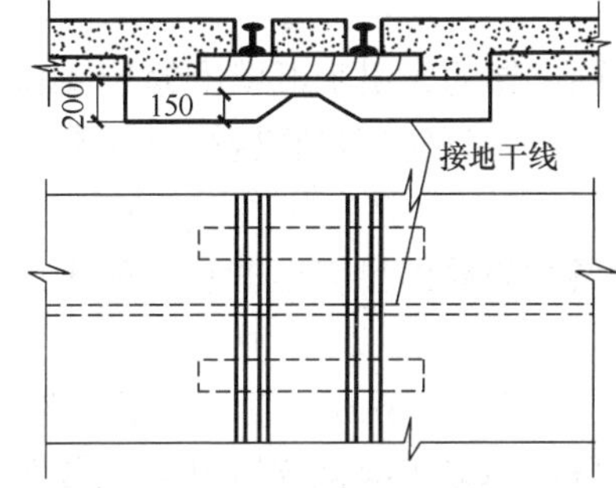

图 7-16　接地干线跨越轨道安装图

接地线沿墙、柱、天花板等敷设时，应有一定距离，以便维护、观察。同时，避免因距离建筑物太近容易接触水汽而造成锈蚀现象。在潮湿及有腐蚀性的建筑物内，接地线离开建筑物的距离至少为 10mm，在其他建筑物内则至少为 5mm。当接地线穿过墙壁时，可先在墙上留洞或设置钢管，钢管伸出墙壁至少 10mm。接地线放入墙洞或钢管内后，在洞内或管内先填以黄沙，然后在两端用沥青或沥青棉纱封口。

当接地线穿过楼板时，也必须装设钢管。钢管离开楼板上面至少 30mm，离开楼板下面至少 10mm。当接地线跨过门时，必须将接地线埋入门口的混凝土地坪内。

当接地线跨过伸缩缝时，应采用补偿装置。常采用的补偿装置有两种：一种方法是将接地线在伸缩缝处略微弯曲，以补偿受到伸缩时的影响，可避免接地线断裂；另一种方法是采用钢绞线作为连接线，该连接线的电导不得小于接地线的电导。

接地线连接时一般采用对焊。采用扁钢在室外或土壤中敷设时，焊缝长度为扁钢宽度的 2 倍。在室内明敷焊接时，焊缝长度可等于扁钢宽度。当采用圆钢焊接时，焊缝长度应为圆钢直径的 6 倍。

接地线与电气设备连接的方法可采用焊接或用螺栓连接。采用螺栓连接时，连接的地方要用钢丝刷刷光并涂以中性凡士林油，在接地线的连接端最好镀锡以免氧化，然后再在连接处涂上一层漆以免锈蚀。

3. 接地装置的涂色

接地装置安装完毕后，应对各部分进行检查，尤其是对焊接处更要仔细检查焊接质量，对合格的焊缝应按规定在焊缝各面涂装。

明敷的接地线表面应涂黑漆，如因建筑物的设计要求，需涂其他颜色，则应在连接处及分支处涂以宽度为 15mm 的两条黑带，间距为 150mm。中性点接至接地网的明敷接地导线应涂紫色带黑色条纹。在三相四线制网络中，如接有单相分支线并且中性线接地时，中性线在分支点应涂黑色带以便识别。

4. 接地电阻测量

接地装置的接地电阻是接地体的对地电阻和接地线电阻的总和。接地电阻的数值等于接地装置对地电压与通过接地体流入地中电流的比值。测量接地电阻的方法很多，目前，用得广泛的是用接地电阻测量仪和接地摇表来测量。

流散电阻与土壤的电阻有直接关系。土壤电阻率越低，流散电阻也就越小，接地电阻就越小。所以，在遇到电阻率较高的土壤（如砂质、岩石以及长期冰冻的土壤）时，装设的人工接地体要达到设计要求的接地电阻，往往要采取适当的措施，降低接地电阻常用的方法如下：

（1）对土壤进行混合或浸渍处理。在接地体周围土壤中适当混入一些木炭粉、炭黑等以提高土壤的电导率，或用食盐溶液浸渍接地体周围的土壤，对降低接地电阻也有明显效果。近年来还有采用木质素等长效化学降阻剂的，效果也十分显著。

（2）改换接地体周围部分土壤。将接地体周围换成电阻率较低的土壤，如黏土、黑土、砂质黏土、加木炭粉土等。

（3）增加接地体埋设深度。当碰到地表面岩石或高电阻率土壤不太厚，而下部就是低电阻率的土壤时，可将接地体采用钻孔深埋或开挖深埋的方式埋至低电阻率的土壤中。

（4）外引式接地。当接地处土壤电阻率很大而在距离接地处不太远的地方有导电良好的土壤或有不冰冻的湖泊、河流时，可将接地体引至该低电阻率的地带，然后按规定做好接地。

【扫码学习】

防雷接地装置安装施工工艺

7.3 等电位联结

7.3.1 等电位联结的相关知识

建筑中的等电位联结是将建筑物中各电气装置和其他装置外露的金属及可导电部分、人工或自然接地极同导体连接起来，使整个建筑物的正常非带电导体处于电气连通状态，以达到减少电位差的效果。

等电位联结有总等电位联结、局部等电位联结和辅助等电位联结。

1. 总等电位联结

总等电位联结的作用是为了降低建筑物内间接接触点间的接触电压和不同金属部件间的电位差，并消除自建筑物外经电气线路和各种金属管道引入的危险故障电压的危害，通过等电位联结端子箱内的端子板，将下列导电部分互相连通。

（1）进线配电箱的 PE（PEN）母排。

（2）共用设施的金属管道，如上水、下水、热力、燃气等管道。

（3）与室外接地装置连接的接地母线。

（4）与建筑物连接的钢筋。

每一建筑物都应设总等电位联结线，对于多路电源进线的建筑物，每一电源进线都须做各自的总等电位联结，所有总等电位联结系统之间应就近互相连通，使整个建筑物电气装置处于同一电位水平。

总等电位联结如采用基础钢筋等自然接地体，经实测接地电阻已满足电气装置的接地要求时，可不需另做人工接地，如经实测接地电阻满足不了电气装置的接地要求时，应按人工接地装置进行安装。

当利用建筑物基础钢筋、金属物体和建筑物、梁、板、柱钢筋做防雷及接地时，MEB 端子板应直接且短捷的路径与建筑物用作防雷及接地的金属体连通。总等电位联结系统如图 7-17 所示。

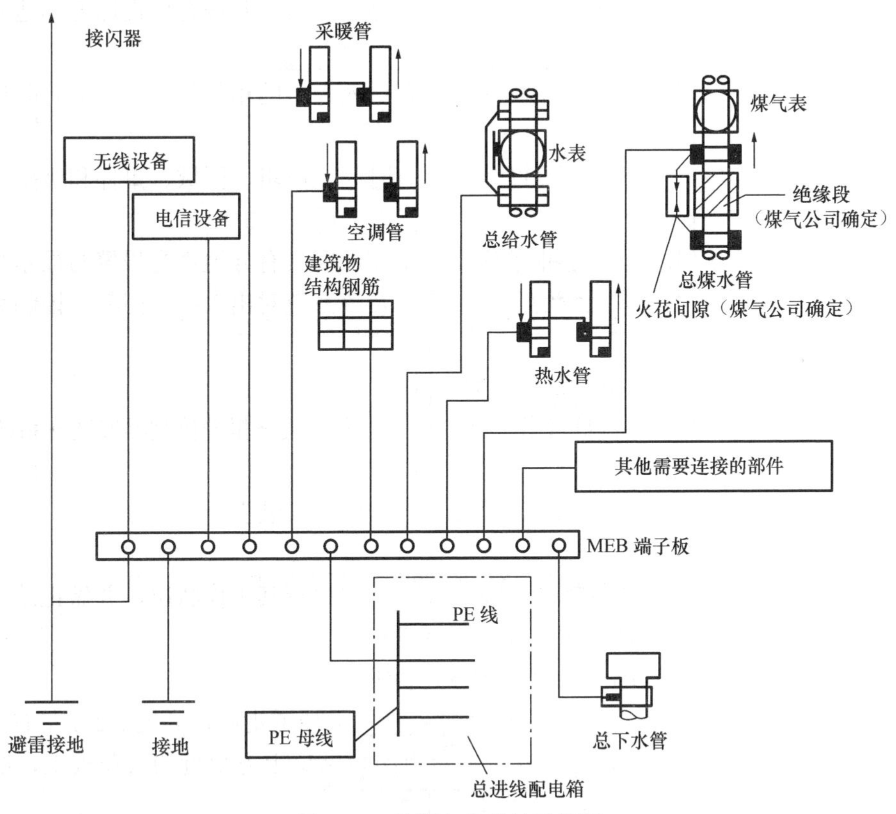

图 7-17　总等电位联结系统图

2. 辅助等电位联结

在整个装置或部分装置内，如果作用于自动切断供电的间接接触保护不能满足规范规定的条件时，则需要设置辅助等电位联结。辅助等电位联结包括所有可能同时触及的固定式设备的外露部分，所有设备的保护线，水暖管道、建筑物构件等装置外导体部分。

用于两电气设备外露导体间的辅助等电位联结线的截面为两设备中心较小 PE 线的截面。电气设备与装置外可导电部分间辅助等电位联结线的截面为该电气设备 PE 线截面的一半。辅助等电位联结线的最小截面，有机械保护时，采用铜导线为 $2.5mm^2$，采用铝导线时为 $4mm^2$。无机械保护时，铜（铝）导线均为 $4mm^2$。采用镀锌材料时，圆钢为 $\phi10$，扁钢为 20mm×4mm。

如图 7-18 所示，分配电箱 AP 既向固定式设备 M 供电，又向手握式设备 H 供电。当 M 发生碰壳故障时，其过流保护应在 5s 内动作，而这时 M 外壳上的危险电压会经 PE 排通过 PE 线 ab 段传导至 H，而 H 的保护装置根本不会动作。这时手握设备 H 的人员若同时触及其他装置外可导电部分 E（图中为给水龙头），则人体将承受故障电流 I 在 PE 线 mn 段上产生的压降，这对要求 0.4s 内切除故障电压的手控式设备 H 来说是不安全的。若此时将设备 M 通过 PE 线 de 与水管 E 作辅助等电位联结，如图 7-19 所示，则此时故障电流 I 被分成 I_a 和 I_2 两部分回流至 MEB 板。此时 $I_d<I_a$，PE 线 mn 段上压降降低，从而使 b 点电位降低。同时 I_a 在水管 eq 段和 PE 线 qn 段上产生压降，使 e 点电位升高。这样，人体接触电 $U_t=U_b-U_e=U_{be}$ 会大幅降低，从而使人员安全得到保障（以上电位均以 MEB 板为电位参考点）。

由此可见，辅助等电位联结既可直接用于降低接触电压，又可作为总等电位联结的个补充，进一步降低接触电压。

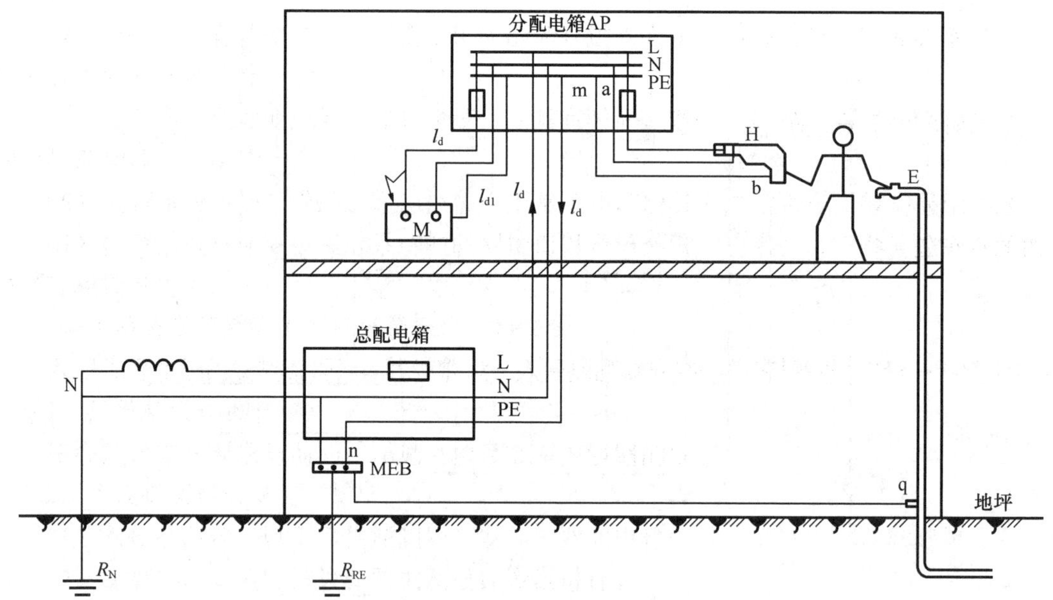

图 7-18　无辅助等电位联结

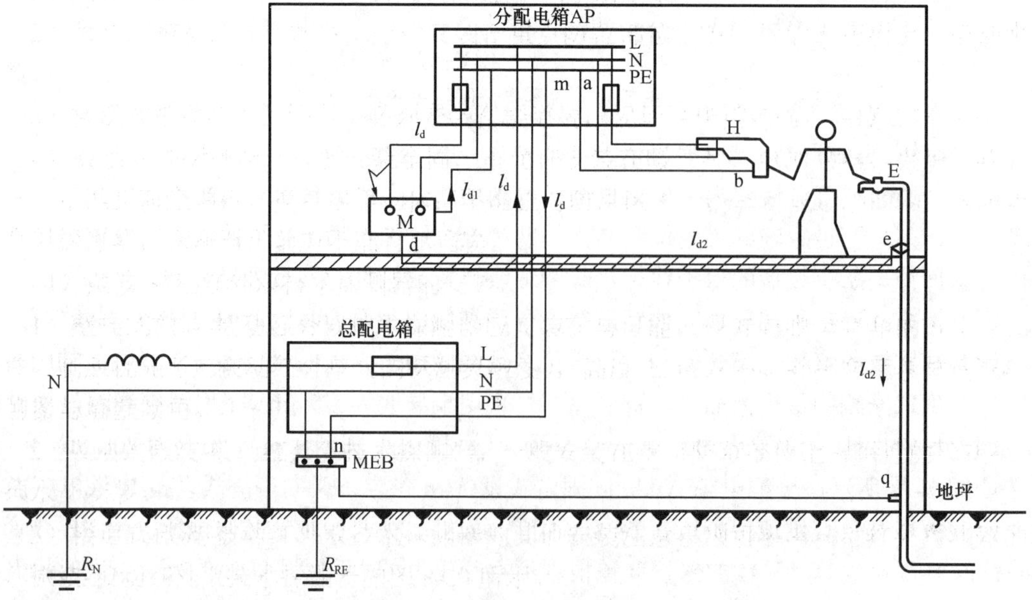

图 7-19　有辅助等电位联结

辅助等电位联结就是将两导电部分用电线直接做成等电位联结，使故障接触电压降至接触电压限值以下。

以下各情况通常需要做辅助等电位联结：

（1）电源网络阻抗过大，使自动切断电源时间过长，不能满足防电击要求时。

（2）自 TN 系统同一配电箱供给固定式和移动式两种电气设备，而固定式设备保护电器切断电源时间不能满足移动式设备防电击要求时。

（3）为满足浴室、游泳池、医院手术室等场所对防电击的特殊要求时。

3. 局部等电位联结

当需要在一局部场所范围内作多个辅助等电位联结时，可通过局部等电位联结端子板将 PE 母线（或 PE 干线、公用设备的金属管道）等互相连通，以简便地实现该局部范围内的多个辅助等电位联结，被称为局部等电位联结。通过局部等电位联结端子板将 PE 母线或 PE 干线、公用设施的金属管道、建筑物金属结构等部分互相连通。

在如下情况下须做局部等电位联结：网络阻抗过大，使自动切断电源时间过长，不能满足防电击要求；TN 系统内自同一配电箱供电给固定式和移动式两种电气设备，而固定式设备保护电气切断电源时间不能满足移动式设备防电击要求；为满足浴室、游泳池、医院手术室、农牧业等场所对防电击的特殊要求；为满足防雷和信息系统抗干扰的要求。

如图 7-19 所示的例子中，若采用局部等电位联结，则其接线方法如图 7-20 所示。

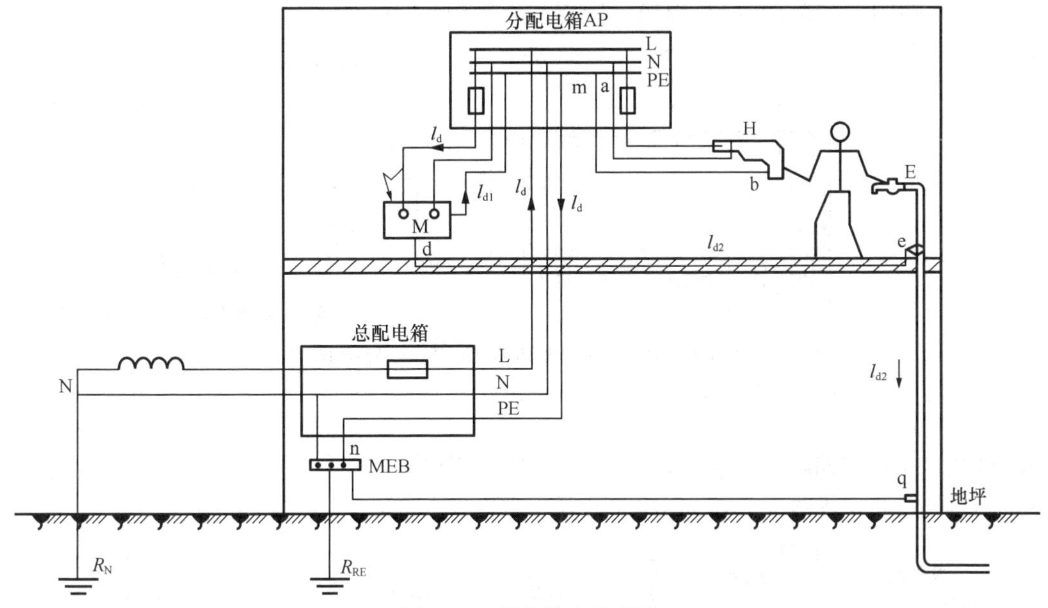

图 7-20　局部等电位联结

局部等电位联结应包括卫生间内金属给、排水管、金属浴盆、金属采暖以及墙面、地面、柱子等建筑物的钢筋网、金属吊顶、金属门窗等；可不包括金属地漏、扶手、浴巾架、肥皂盒等孤立之物。

7.3.2 建筑物等电位联结施工

1. 建筑物等电位联结的一般规定

（1）建筑物等电位联结干线应从与接地装置有不少于 2 处直接的接地干线或总等电位箱引出，等电位联结干线或局部等电位箱间的连接线形成环形网路，环形网路宜就近与等电位联结干线或局部等电位箱连接，支线间不应串联连接。

（2）建筑物每一电源进线均应做总等电位联结，各个总等电位联结端子板应连成一个电气通路，等电位联结的可接近裸露导体或其他金属部件、金属门窗、栏杆、构件与等电位导线应可靠熔焊、钎焊或机械紧固，应导通正常。

（3）需等电位联结的高级装修金属部件或零件，应有专用接线螺栓与等电位联结支线连接，且有标识，连接处螺帽紧固，防松零件齐全，等电位联结用螺栓、垫圈、螺母均应热浸镀锌处理。

（4）金属管道连接处一般不需加跨接线，给水系统的水表需加跨接线以保证水管的等电位联结和接地的有效性。

（5）等电位联结线及端子板宜采用铜质材料，在土壤中应避免使用裸铜线或带铜皮的钢线做接地板引入线，宜用钢材或基础钢筋做联结，以防止电化学腐蚀。

（6）等电位联结采用钢材焊接时，应满足设计规定。

（7）等电位联结在地下和混凝土及墙内应采用焊接，严禁螺栓连接，明配可采用螺栓联结；等电位联结端子板应采取螺栓连接，以便拆卸，方便检测。

（8）不允许用金属水管、传送爆炸气体或液体的金属管件，正常情况下承受机械压力的结构部分、易弯曲的金属部分、钢索配线的钢索等，作等电位导体。

2. 定位画线

（1）按施工图要求将总等电位箱、局部等电位箱或辅助等电位箱位置坐标确定。

（2）按施工图要求将等电位联结导体走向路线及安装方法定位画线，标定清楚。

3. 预留或安装等电位箱体

等电位箱大多为暗装在墙体内，应随土建将箱体预埋在墙体中，也可预留洞口，预留洞口应考虑二次配管或配扁钢或圆钢的间隙，一般进出线侧应留 50～80mm。待二次配管配线完成后，箱体可用细石混凝土或砂浆，将墙体湿润后固定牢固，采用明配等电位箱，可用膨胀螺栓固定，可根据箱体大小选用适配的膨胀螺栓。

4. 等电位联结导体连接

等电位箱之间以及至各种管道、器具、门窗、金属吊顶均应用导体连接；采用圆钢、扁钢、铜带或导线的截面由设计定。

（1）防雷等电位联结。穿过各防雷区交界的金属部件和系统，以及在一个防雷区内部的金属部件和系统，都应在防雷区交界处做等电位联结。应采用等电位联结线和螺栓紧固的线夹在等电位联结带做等电位联结，而且当需要时应采用避雷器做暂态等电位联结。

在防雷界处的等电位联结要考虑建筑物内的信息系统，在那些对雷电电磁脉冲效应要求最小的地方，等电位联结带最好采用金属板，并多次连接钢筋或其他屏蔽物件上。对于信息系统的外露导电物应建立等位联结网，原则上一个电位联结网不需要直接连在大地，但实际上所有等电位联结网都有通大地的连接。

防雷等电位联结如图 7-21 所示。

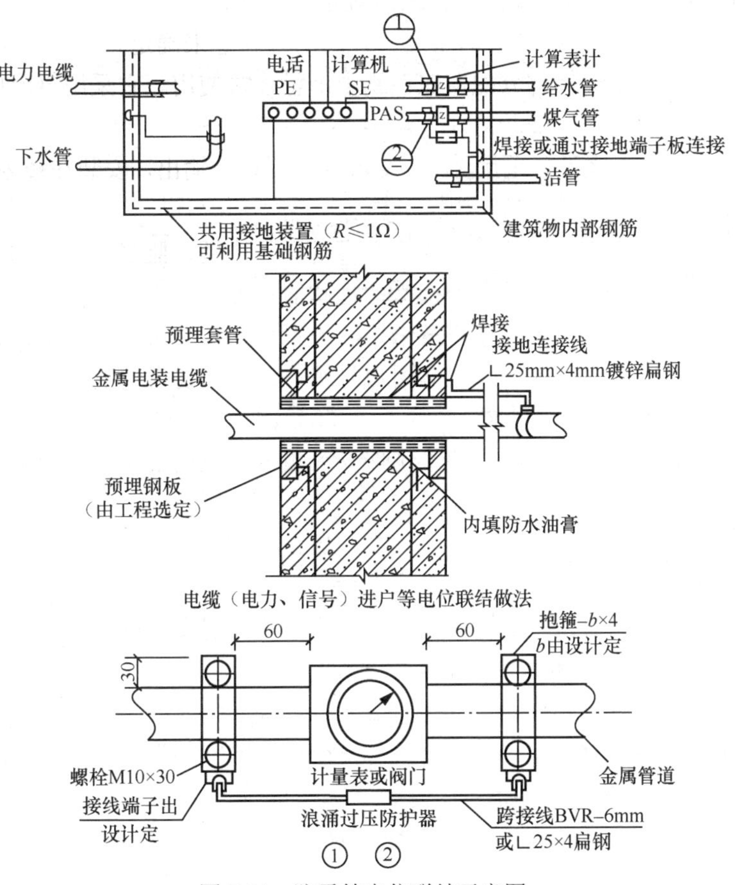

图 7-21　防雷等电位联结示意图

（2）金属门窗等电位联结。

1）根据设计图所示位置于柱内或圈梁内预留预埋件，预埋件设计无要求时应采用面积大于 100mm×100mm 的钢板，预埋件应预留于柱角或圈梁角，与柱内或圈梁内主钢筋焊接。

2）使用ϕ10mm 镀锌圆钢或 25mm×4mm 镀锌扁钢做等电位联结线。连接预埋件与钢窗、固定铝合金窗框的铁板或固定金属门框的铁板，连接方式采用双面焊接。采用圆钢焊接时，搭接长度不小于 100mm。

3）如金属门窗框不能直接焊接时，则制作 100mm×30mm×30mm 的连接件，一端采用不少于两套 M6 螺栓与金属门窗框连接，一端采用螺栓连接或直接焊接与等电位联结线连通。

4）所有连接导体宜暗敷，并应在门窗框定位后，墙面装饰层或抹灰层施工之前进行。

5）当柱体采用钢柱，则将连接导体的一端直接焊于钢柱上。

6）金属门窗等电位联结如图 7-22 所示。

（3）厨房、卫生间等电位联结。在厨房、卫生间内便于检测位置设置局部等电位端子板，端子板与等电位联结干线连接。地面内钢筋网宜与等电位连接线连通，当墙为混凝土墙时，墙内钢筋网也宜与等电位联结线连通。厨房、卫生间内金属地漏、下水管等设备通过等电位联结线与局部等电位端子板连接。连接时抱箍与管道接触的接触表面须刮拭干净，安装完毕后刷防护漆。抱箍内径等于管道外径，抱箍的大小依管道的大小而定。等电位联结线采用 BV-1×4mm^2 铜导线穿塑料管沿墙或地面暗敷设。

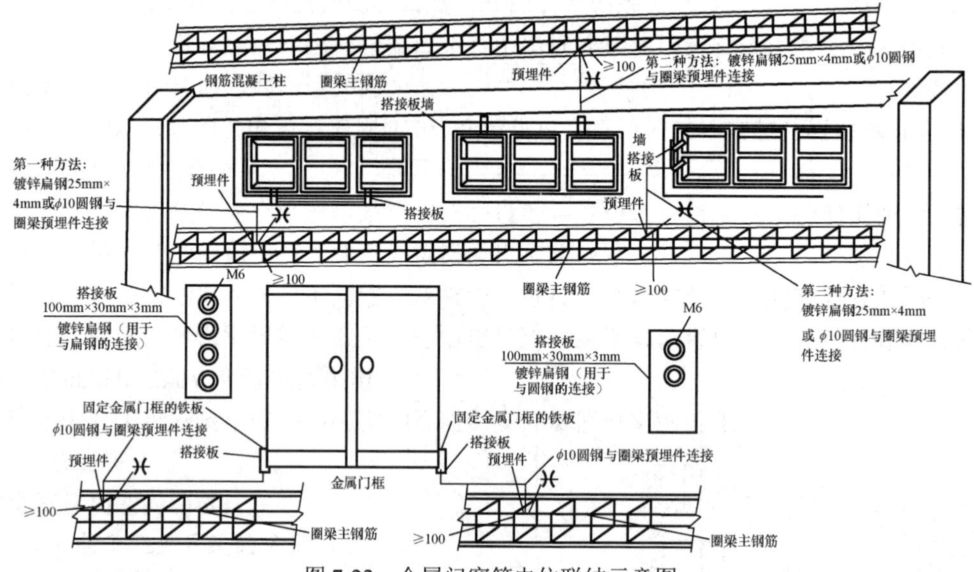

图 7-22 金属门窗等电位联结示意图

于厨房、卫生间地面或墙内暗敷不小于 25mm×4mm 镀锌扁钢构成环状地面内钢筋网宜与等电位连接线连通，当墙为混凝土墙时，墙内钢筋网也宜与等电位联结线连通。厨房、卫生间内金属地漏、下水管等设备通过等电位联结线与扁钢环连通。连接时抱箍与管道接触的接触表面须刮拭干净，安装完毕后刷防护漆。抱箍内径等于管道外径，抱箍的大小依管道的大小而定。等电位联结线采用 BV-1×4mm^2 铜导线穿塑料管沿墙或地面暗敷设，如图 7-23 所示。

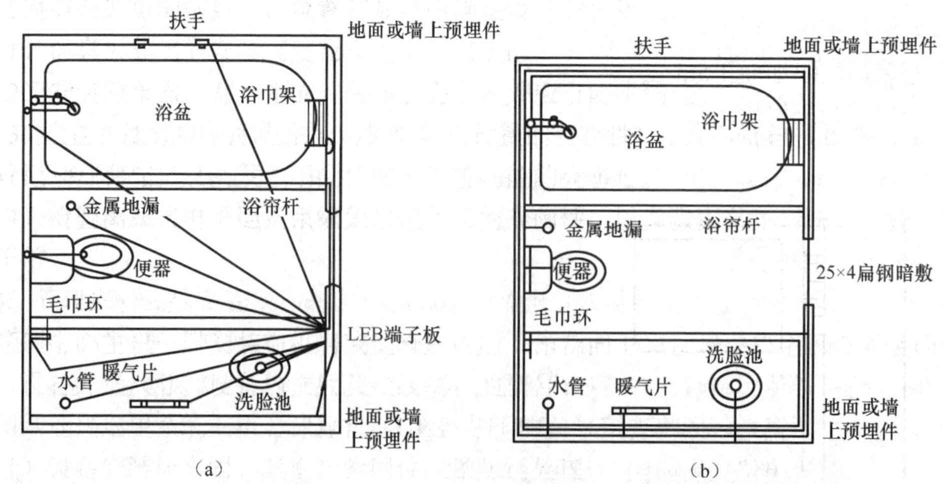

图 7-23 厨房、卫生间局部等电位联结

(a) 厨房、卫生间局部等电位联结系统；(b) 厨房、卫生间局部等电位联结构造

（4）游泳池等电位联结。

1）于游泳池内便于检测处设置等电位端子板，金属地漏、金属管等设备通过等电位连接线与等电位端子板连通。

2）如室内原无 PE 线，则不应引入 PE 线，将装置外可导电部分相互连接即可。为此，室内也不应采用金属穿线管或金属护套电缆。

3）在游泳池边地面下无钢筋时，应敷设电位均衡导线，间距为 0.6m，最少在两处作横向连接。如在地面下敷设采暖管线，电位均衡导线应位于采暖管线上方。电位均衡导线也可敷设网格为 150mm×150mm、ϕ3mm 的铁丝网，相邻铁丝网之间应相互焊接。

4）一般做法如图 7-24 所示。

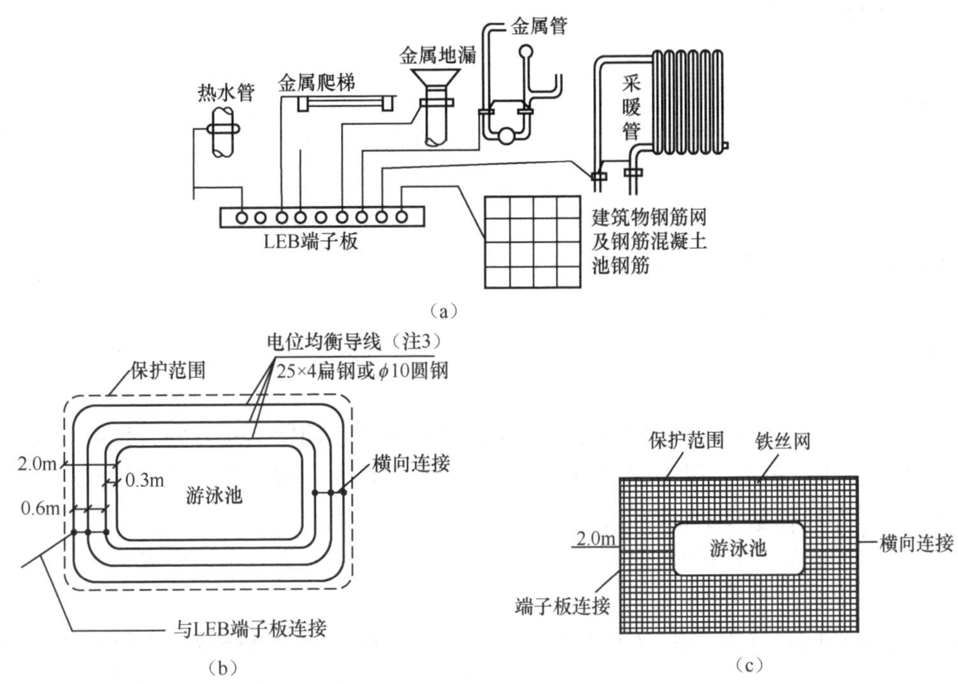

图 7-24　游泳池等电位联结

（a）游泳池等电位联结系统工艺流程；（b）等电位均衡导线敷设；（c）等电位均衡导线网格敷设

5. 等电位联结导通的测试

等电位联结安装完毕后应进行导通性测试，测试用电源可用空载电压为 4～24V 的直流交流电源，测试电流不应小于 0.2A，若等电位联结端子板与等电位联结范围内的金属管等金属体末端之间的电阻不大于 3Ω，可认为等电位联结是有效的，如发现导通不良的管连接处，应作跨接线。在施工时，各工种间需密切配合，以保证等电位联结的始终导通；投入使用后应定期做测试。

项目8 建筑弱电系统安装

【知识目标】

（1）了解电视监控系统的组成及关键设备功能。

（2）掌握火灾报警系统的工作原理及安装要求。

（3）熟悉综合布线系统的组成和各子系统功能。

（4）了解安全防范系统的基本组成和安装要求。

【能力目标】

（1）能够设计并实施电视监控系统的安装工艺流程。

（2）能够根据规范进行火灾报警系统的安装与调试。

（3）具备对安全防范系统进行有效管理和操作技能。

【素质目标】

（1）培养学生智慧城市的理念。

（2）增强学生的安全防范意识。

8.1 电视监控系统安装

8.1.1 电视监控系统概述

（一）电视监控系统组成

电视监控系统是安全技术防范体系中的一个重要组成部分，一般由前端设备、传输设备、终端设备组成。该系统具有信息来源广（单台或多台摄像机）、传输距离远、直接传输等特点。

（1）前端设备：主要用于获取被监控区域的图像或影像资料，由摄像机和镜头、云台、编码器、防尘罩等组成。其中摄像机是整个系统的核心，用来衡量系统的规模以及图像质量的优劣。

（2）传输设备：将摄像机输出的视频、音频信号馈送到中心机房或其他监视点，由馈线、视频电缆补偿器、视频放大器等组成。

（3）终端设备：分为处理/控制设备、记录/显示设备两部分，主要用于显示和记录、视频处理、输出控制信号、接收前端传来的信号，包括监视器、各种控制设备和记录设备等。

（二）电视监控系统结构模式

根据对视频图像信号处理/控制方式的不同，监控系统结构分为以下模式：简单对应模式、时序切换模式、矩阵切换模式、数字视频网络虚拟交换/切换模式。

（1）简单对应模式：监视器和摄像机简单对应，如图 8-1 所示。

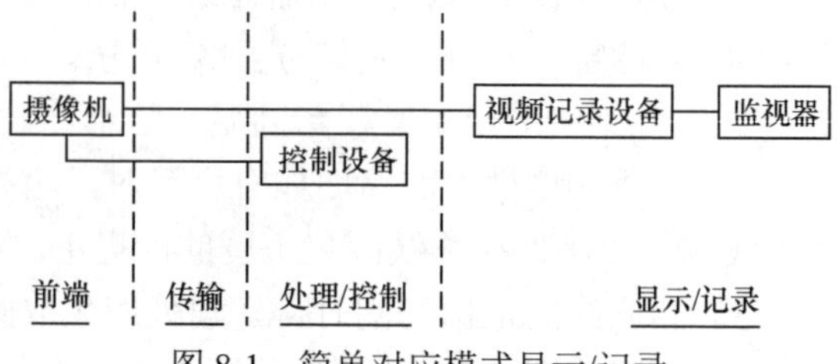

图 8-1 简单对应模式显示/记录

（2）时序切换模式：视频输出中至少有一路可进行视频图像的时序切换，如图8-2所示。

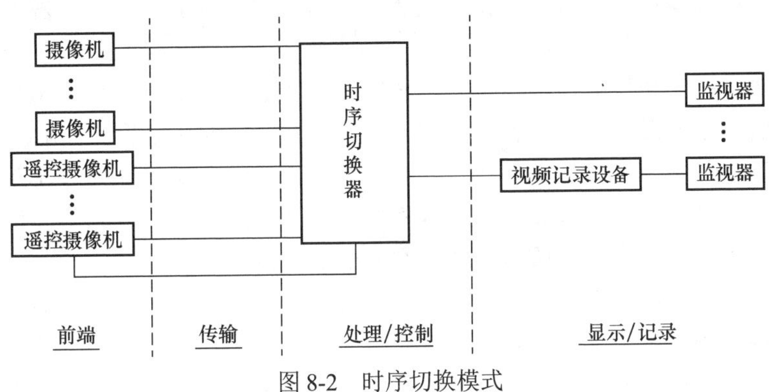

图8-2　时序切换模式

（3）矩阵切换模式：可以通过任意控制键盘，将任意一路前端视频输入信号切换到任意一路输出的监视器上，并可编制各种时序切换程序，如图8-3所示。

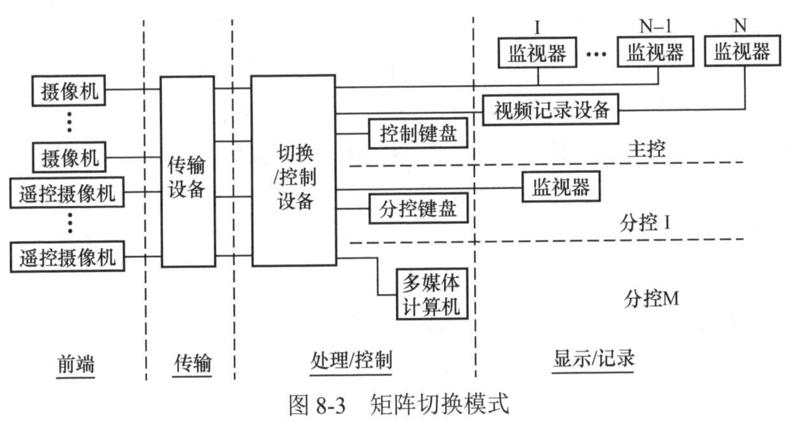

图8-3　矩阵切换模式

（4）数字视频网络虚拟交换/切换模式：模拟摄像机增加数字编码功能，被称作网络摄像机，数字视频前端也可以是其他数字摄像机，如图8-4所示。

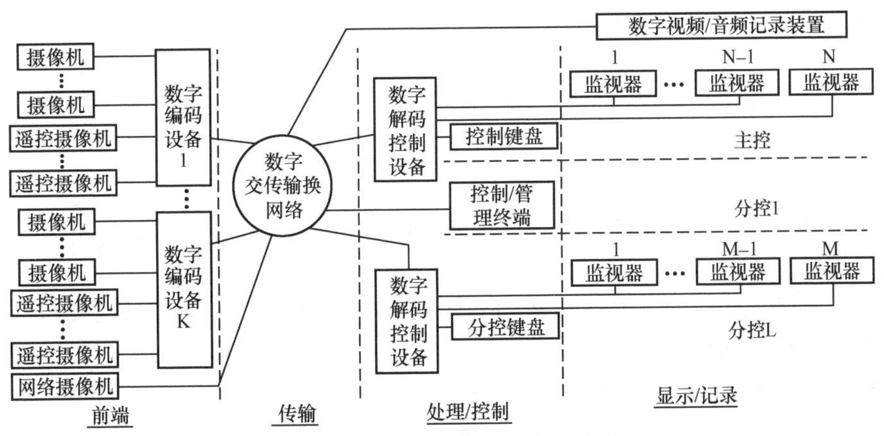

图8-4　数字视频网络虚拟交换/切换模式

（三）电视监控系统的组成

电视监控系统主要由摄像机、摄像机镜头、云台、护罩、解码器、监视器、信号传输装置及支架等组成。

（1）摄像机：处于系统的最前沿位置，将被摄物体的光图像转换成为电信号。

（2）摄像机镜头：根据小孔成像的原理，将被观察目标的光像聚焦于 CCD 传感器件上，在传感器件上产生的图像是物体的倒像，虽然用一个简单的凸透镜就可以实现上述目的，但这时的图像质量不高，不能在传感器件成像板的中心和边缘都获得清晰的图像，为此往往附加若干透镜元件，组成一道复合透镜，才能得到满意的图像。

（3）云台：它与摄像机配合使用能达到垂直方向与水平方向转动的目的，可扩大一台摄像机的监视范围，提高了摄像机的实用价值。

（4）护罩（防尘罩）和支架、解码器：防尘罩的作用是用来保护摄像机和镜头不受诸如有害气体、大颗粒灰尘及人为有意破坏等环境条件的影响。解码器则用来完成对摄像机镜头、全方面云台的总线控制。支架用于摄像机安装时作为支撑固定，并可将摄像机连接于安装部位的辅助器件上。

（5）监视器：监视器是闭路电视监控系统的终端显示设备。

（6）信号传输：当监控现场与控制中心较近时采用视频图像、控制信号直接传输的方式；当距离较远时，采用光纤等传输方式。常用设备有同轴电缆、双绞线、光纤。视频线是用来传输视频基带模拟信号的一种同轴电缆，一般视频线有 75Ω 和 50Ω 两个阻抗。常用 SYV75-5-1 方法表示，其中 SYV 表示视频线（S 表示同轴射频电缆，Y 表示聚乙烯，V 表示聚氯乙烯）；75 代表阻抗（单位 Ω）；5 代表线材的粗细（单位 mm），其数值越大，信号传输距离越远；1 表示单根导线。

（7）控制设备与监视设备：包括视频信号分配放大器、矩阵（视频信号切换器）、终端控制器（操作键盘）、报警扩展打印器、字符发生器、终端解码器、终端控制器、多画面分割器、视频移动探测器、隔离接地环路变压器及控制机柜等。

（四）电视监控系统的传输

1. 传输方式的选择要求

（1）传输方式的选择取决于系统规模、系统功能、现场环境和管理工作的要求。一般采用有线传输为主、无线传输为辅的方式。可靠性要求高或者布线便利的系统，应优先选用有线传输方式。

（2）选用的传输方式应保证信号传输的稳定、准确、安全、可靠，且便于布线、施工、检测和维修。

2. 传输线缆的选择要求

（1）传输线缆的衰减、弯曲、屏蔽、防潮等性能要满足系统设计要求，并符合线管产品标准的技术要求。

（2）信号传输线的耐压不得低于 AC250V，并且要有足够的机械强度。铜芯绝缘导线、电缆芯线的最小横截面积应满足下列要求：

1）穿管敷设的绝缘导线不得小于 $1.0mm^2$；

2）线槽内敷设的绝缘导线不得小于 $0.75mm^2$；

3）多芯导线的单股线芯不得小于 $0.5mm^2$。

3. 视频信号传输电缆要求

（1）所选用的电缆防护层应符合电缆敷设方式及使用环境的要求。

（2）室外线路要选用外导体内径为9mm的同轴电缆，并采用聚乙烯外套。

4. 光缆的要求

（1）长距离传输时可采用单模光纤，距离较短时可采用多模光纤。

（2）光缆的结构及允许的最小弯曲半径、最大抗拉强度等机械参数，要满足施工条件的要求。

5. 线缆的敷设要求

（1）敷设电缆时，多芯电缆的最小弯曲半径应大于其外径的6倍，同轴电缆的最小弯曲半径应大于其外径的15倍。

（2）线缆槽敷设截面利用率不应大于60%，线缆穿管敷设截面利用率不应大于40%。

6. 光缆敷设的要求

（1）敷设光缆前，应对光纤进行外观检查。核对光缆长度，并根据施工图选配光纤。

（2）敷设光缆时，其最小弯曲半径应大于光缆外径的 20 倍。采用牵引机进行牵引时，牵引力应加在加强芯上，不得超过 1470n，牵引速度为 10m/min，一次牵引的直线长度不得超过 1km，光纤接头的预留长度不应小于 8m。

（3）光缆敷设后，要检查光纤有无机械损伤，并对光缆敷设损耗进行抽测。

（五）电视监控系统安装技术要求

1. 摄像机的安装要求

（1）在搬运、架设摄像机的过程中，不得打开镜头盖。

（2）在高压带电设备附近架设摄像机时，要根据带电设备的要求确定安全距离。

（3）在强电磁干扰环境下，摄像机的安装应与地绝缘隔离。

（4）摄像机及其配套装置安装要牢固稳定，运转灵活，避免损坏，并与周边环境相协调。

（5）从摄像机引出的电缆要预留 1m 的余量，不得影响摄像机的转动，摄像机的电缆和电源线均应固定牢固、结实，并且不得使插头承受电缆的自重。

（6）摄像机的信号线和电源线分别引入，外露部分用护管保护。

（7）先对摄像机进行预先安装，经通电试看、细调，检查各项功能，观察监控区域的覆盖范围和图像质量，符合要求后进行加固。

（8）摄像机安装在室外时，检查其防雨、防尘、防潮的设施是否符合设计要求。

2. 支架、云台、解码器的安装要求

（1）根据设计要求安装好支架，确认摄像机、云台与其配套部件的安装位置合适。

（2）解码器固定安装在建筑物或支架上，留有检修空间，不能影响云台、摄像机的运动。

（3）云台安装好之后，检查云台的转动是否正常，确认无误后，根据设计要求锁定云台的起点、终点。

（4）检查确认解码器、云台、摄像机联动工作正常。

（5）当云台、解码器安装在室外时，检查其防雨、防尘、防潮的设施是否符合设计要求。

3. 视频编码设备的安装要求

（1）确认视频编码设备及其配套部件的安装位置符合设计要求。

（2）视频编码设备安装在室内设备箱时，要采取通风与除尘措施。如果必须安装在室外时，要将视频编码设备安装在具备良好防雨、防尘、通风、防盗的设备箱内。

（3）视频编码设备固定安装在设备箱内，应留有线缆安装空间与检修空间，在不影响设备各种连接线缆的情况下，分类安放并固定线缆。

（4）检查确认视频编码设备工作正常，输入、输出信号正常，满足设计要求。

8.1.2 电视监控系统安装

电视监控系统安装工艺流程：线缆敷设→前端设备安装→中心控制设备安装→系统调试。

（一）线路敷设

线缆敷设方法要求与前同，详见“项目 2 室内配线”，此处不再赘述。

（二）前端设备的安装

1. 支架、云台的安装

（1）检查云台转动是否平稳、刹车是否有回程等现象，确认无误后，根据设计要求锁定云台转动的起点和终点。

（2）支架与建筑物，支架与云台均应牢固和安装。所接电源线及控制线接出端应固定，且留有一定的余量，以不影响云台的转动为宜。安装高度以满足防范要求为原则。防护罩在电动云台上的安装如图 8-5 和图 8-6 所示。

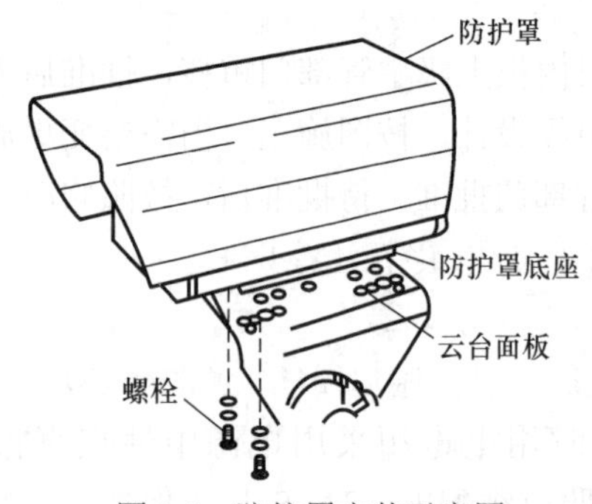

图 8-5 防护罩安装示意图

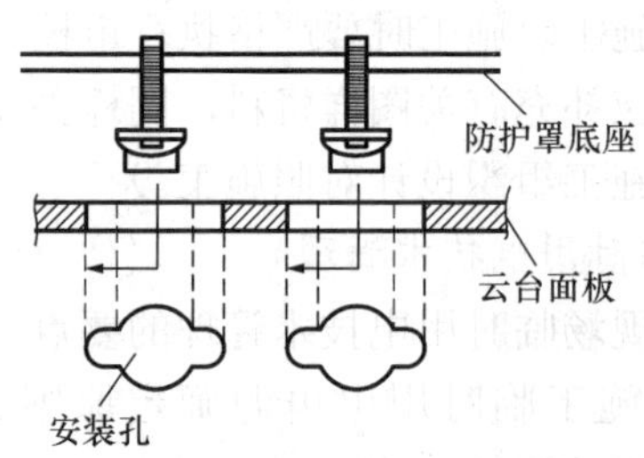

图 8-6 护罩与云台连接样图

2. 解码器的安装

解码器应牢固安装在建筑物上，不能倾斜，不能影响云台（摄像机）的转动。

3. 摄像机的安装

（1）按照设计图纸核对设备、材料的规格型号，仔细阅读厂家安装说明书。安装前应对所装设备通电检查。

（2）取出支架，按图纸确定安装位置，检查好胀塞和自攻螺丝的大小型号是否合适，检查预埋的管线接口是否处理好，测试电缆是否畅通。

（3）拿出摄像机和镜头，按照事先确定的摄像机镜头型号和规格，仔细装上镜头（红外摄像机和一体式摄像机不需安装镜头），确认固定牢固后，接通电源，连通主机或现场使用监视器、小型电视机等，调整好光圈焦距。

（4）拿出支架、胀塞、自攻螺丝、螺丝刀、小锤、电钻等工具，按照事先确定的位置，装好支架。检查牢固后，将视频监控设备按照约定的方向装上。

（5）安装摄像机护罩：打开护罩上盖板和后挡板；抽出固定金属片，将摄像机固定好；

将电源适配器装入护罩内；复位上盖板和后挡板，理顺电缆，固定好，装到支架上。

（6）把焊接好的视频电缆插头插入视频电缆的插座内（用插头的两个缺口对准摄像机视频插座的两个固定柱，插入后顺时针旋转即可），确认固定牢固、接触良好。

（7）将电源适配器的电源输出插头插入监控摄像机的电源插口，并确认牢固度。把电缆的另一头按同样的方法接入控制主机或监视器（电视机）的视频输入端口，确保牢固、接触良好。

（8）接通监控主机和摄像机电源，通过监视器调整摄像机角度到预定范围，调整摄像机镜头的焦距和清晰度，进入录像设备和其他控制设备调整工序。

（9）球形摄像机的安装方法如图 8-7 所示。

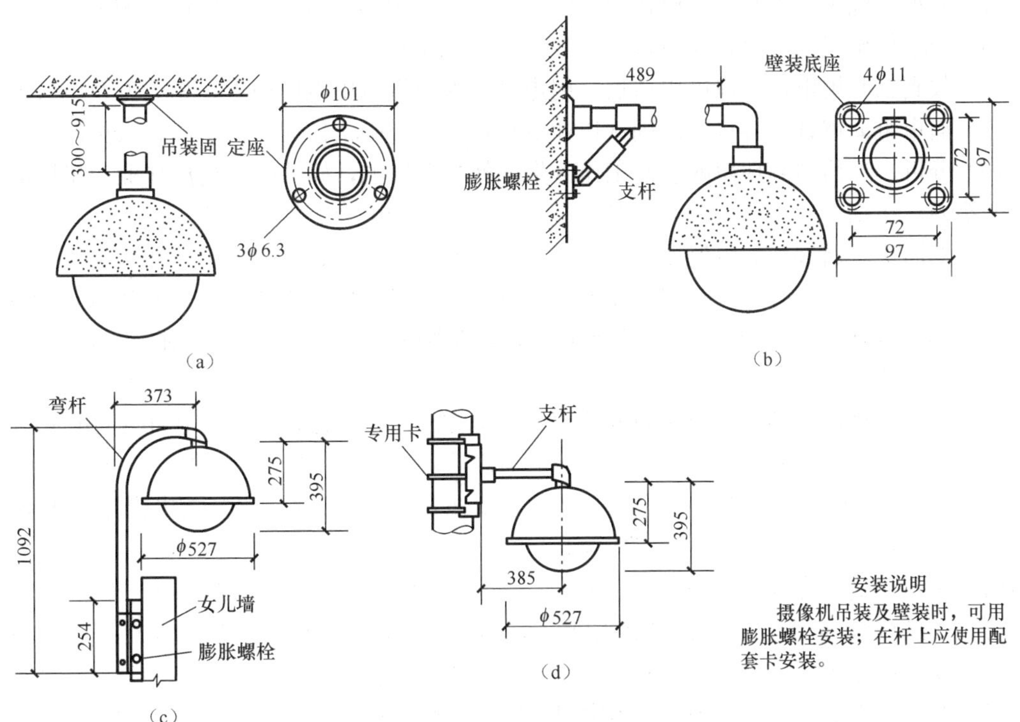

图 8-7　球形摄像机的安装方法图

（a）球形摄像机吊装方法；（b）球形摄像机壁装方法；（c）球形摄像机弯杆安装方法；（d）球形摄像机杆装方法

4. 中心控制设备的安装

（1）监视器的安装：

1）监视器应端正、平稳安装在监视器机柜（架）上。应具有良好的通风散热环境；

2）主监视器距监控人员的距离应为主监视器荧光屏对角线长度的 4～6 倍；

3）避免日光或人工光源直射荧光屏。荧光表面背景光照度不得高于 100Lx；

4）监视器机柜（架）的背面与侧面距墙不应小于 0.8m。

（2）控制设备的安装：

1）控制台应端正、平稳安装，机柜内设备应安装牢固，安装所用的螺钉、垫片、弹簧、垫圈等均应按要求装好，不得遗漏；

2）控制台或机架柜内插件设备均应接触可靠，安装牢固，无扭曲、脱落现象；

3）监控室内的所有引线均应根据监视器、控制设备的位置设置电缆和进线孔；

4）所有引线在与设备连接时，均要留有余量，并做永久性标志，以便维修和管理。

5. 系统调试

（1）调试前的准备工作。

1）电源检测。接通控制台总电源开关，检测交流电源电压；检查稳压电源上电压表读数；合上分电源开关，检测各输出端电压，直流输出极性等，确认无误后，给每一回路通电。

2）线路检查。检查各种接线是否正确。用 250V 兆欧表对控制电缆进行测量，线芯与线芯、线芯与地绝缘电阻不应小于 0.5MΩ；用 500V 兆欧表对电源电缆进行测量，其线芯间、线芯与地间绝缘电阻不应小于 0.5MΩ。

3）接地电阻测量。监控系统中的金属护管、电缆桥架、金属线槽、配线钢管和各种设备的金属外壳均与地连接，保证可靠的电气通路。系统接地电阻应小于 4Ω。

（2）摄像机的调试。

1）闭合控制台、监视器电源开关，若设备指示灯亮，即可闭合摄像机电源，监视器屏幕上便会显示图像。

2）调节光圈（电动光圈镜头）及聚集，使图像清晰。

3）改变变焦镜头的焦距，并观察变焦过程中图像清晰度。

4）遥控云台，若摄像机静止和旋转过程中图像清晰度变化不大，则认为摄像机工作正常。

（3）云台的调试。

1）遥控云台，使其上下、左右转动到位，若转动过程中无噪声（噪声应小于 50dB）、无抖动现象、电机不发热，则视为正常。

2）在云台大幅度转动时，如遇到摄像机、云台的尾线被拉紧、转动过程中有阻挡物、重点监视部位有逆光摄像情况等情况应及时处理。

（4）系统调试。

1）系统调试在单机设备调试完后进行。

2）按设计图纸对每台摄像机编号。

3）用综合测试卡测量系统水平清晰度和灰度。

4）检查系统的联动性能。

5）检查系统的录像质量。

6）在现场情况允许、建设单位同意的情况下，改变灯光的位置和亮度，以提高图像质量。

系统各项指标均达到设计要求后，可将系统连续开机 24h，若无异常，则调试结束。

8.2 火灾报警系统安装

8.2.1 火灾报警系统概述

1. 火灾自动报警系统介绍

火灾自动报警系统是火灾探测报警与消防联动控制系统的简称，是以实现火灾早期探测和报警、向各类消防设备发出控制信号并接收设备反馈信号，进而实现预定消防功能为基本任务的一种自动消防设施。它由火灾探测报警系统、消防联动控制系统、可燃气体探测控制系统及电气火灾监控系统组成，如图 8-8 所示。

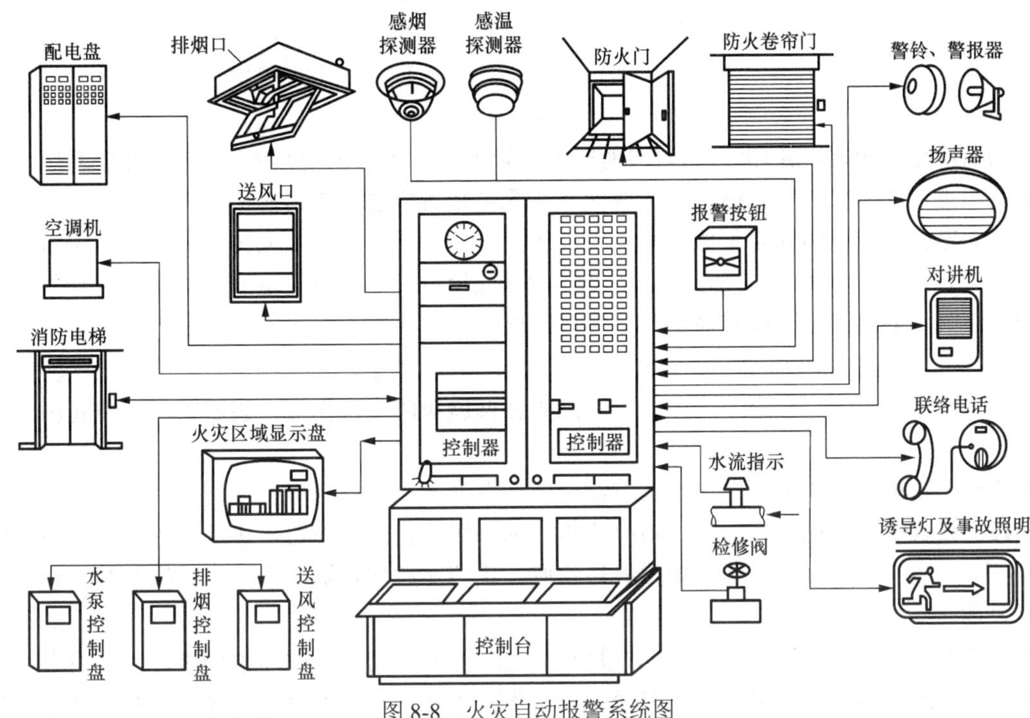

图 8-8　火灾自动报警系统图

火灾探测报警系统由火灾探测器、触发器件和火灾报警装置等组成，能及时、准确地监测保护对象的初起火灾，并做出报警响应，是保障人员生命安全的最基本的建筑消防系统。

消防联动控制系统由消防联动控制器、消防控制室图形显示装置、消防电气控制装置、消防电动装置、消防联动模块、消防栓按钮、消防应急广播设备、消防电话等设备和组件组成。在火灾发生时联动控制器按设定的控制逻辑准确发出联动控制信号给消防设备，完成灭火系统、疏散诱导系统、防烟排烟系统及防火卷帘等其他消防相关设备的控制功能，并将动作信号反馈给消防控制室。

可燃气体探测报警系统由可燃气体报警控制器、可燃气体探测器和火灾声光警报器组成，能够在保护区域内泄漏可燃气体的浓度低于爆炸下限的条件下提前报警。它是火灾自动报警系统的独立子系统，属于火灾预警系统。

电气火灾监控系统由火灾监控器、电气火灾监控探测器组成，能在发生电气故障，产生一定电气火灾隐患的条件下发出警报，实现电气火灾的早期预防，避免电气火灾的发生。它是火灾自动报警系统的独立子系统，属于火灾预警系统。

2. 常见火灾报警装置的类型

（1）点型感烟火灾探测器。点型感烟火灾探测器是以烟雾等固体微粒为主要探测对象，适用于火灾初期有阴燃阶段的场所。它一般适用于办公楼的厅堂、办公室等室内场所。有大量水汽滞留、可能产生腐性气体、气流速度大于 5m/s、相对湿度经常大于 95%、在正常情况下有烟滞留的场所不宜选用感烟探测器。

（2）点型感温火灾探测器。点型感温火灾探测器主要是利用热敏元件来探测火灾的发生。探测器中的热敏元件发生物理变化，从而将温度信号转变成电信号，并进行报警处理。

（3）线型红外光束感烟探测器。线型红外光束感烟探测器的探测源为红外线，利用烟雾的扩散性，可以探测出一定范围之内的火灾。其工作原理是利用烟雾减少红外发光器发射到红外收光器的光束光量来判定火灾。

（4）可燃气体探测器。可燃气体探测器是一种对单一或多种可燃气体浓度响应的探测器。常见的可燃气体有天然气、液化气、煤气、烷类、炔类、烃类等可燃性气体，以及醇类、酮类、苯类、汽油等有机可燃蒸气。

（5）点型感光火灾探测器。点型感光火灾探测器即火焰探测器，是响应火灾发出的电磁辐射的火灾探测器。根据火焰辐射光谱所在的区域，又分为红外火焰探测器和紫外火焰探测器。红外火焰探测器是响应波长高于 700nm 辐射能通量的探测器；紫外火焰探测器的工作原理与红外火焰探测器类似，不同的是紫外火焰探测器的响应波长低于 400nm 辐射能通量。

（6）手动火灾报警按钮。在火灾探测器没有探测到火灾的时候，人员可以手动按下手动报警按钮，报告火灾信号。

（7）火灾报警控制器。火灾报警控制器是火灾自动报警系统的心脏，可向探测器供电，具有下述功能：

1）用来接收火灾信号并启动火灾报警装置，也可用来指示着火部位和记录有关信息。

2）启动火灾报警信号或通过自动消防灭火控制装置启动自动灭火设备和消防联动控制设备。

（8）可燃气体报警控制器。可燃气体报警控制器可接收检测探头的信号，实时显示测量值，同时输出控制信号，提示操作人员及时采取安全处理措施，或自动启动事先连接的控制设备。

（9）区域显示器（火灾显示盘）。区域显示器（火灾显示盘）是安装在楼层或独立防火区内的火灾报警显示装置，用于显示本楼层或分区内的火警情况。

（10）消防联动控制器。消防联动控制器是一种火灾报警联动控制器，以微控制器为核心，用 NV-RAM 存储现场编程信息，通过 RS-485 串行口可实现远程联机，可实现多种联动控制逻辑。

3. 火灾探测器的分类

火灾探测器是火灾自动报警系统的基本组成部分之一，一般按其探测的火灾特征参数、监视范围、复位功能、拆卸性能等进行分类。

（1）根据火灾特征参数分类。根据探测火灾特征参数的不同，可以将火灾探测器分为感烟火灾探测器、感温火灾探测器、感光火灾探测器、气体火灾探测器、复合火灾探测器五种基本类型。

感温火灾探测器，即响应异常温度、温升速率和温差变化等参数的探测器。感烟火灾探测器，即响应悬浮在大气中的燃烧和/或热解产生的固体或液体微粒的探测器，还可分为粒子感烟火灾探测器、光电感烟火灾探测器、红外光束火灾探测器、吸气性火灾探测等。感光火灾探测器，即响应火焰发出的特定波段电磁辐射的探测器，又称火焰探测器，还可分为紫外火灾探测器、红外火灾探测器及复合式火灾探测器等类型。气体火灾探测器，即响应燃烧或热解产生的气体的火灾探测器。复合火灾探测器，即将多种探测原理集中于一身的探测器，它还可分为烟温复合火灾探测器、红外紫外复合火灾探测等。

（2）根据监视范围分类。火灾探测器根据其监视范围的不同，分为点型火灾探测器和线型火灾探测器。

点型火灾探测器，即响应一个小型传感器附近的火灾特征参数的探测器；线型火灾探测器，即响应某一连续路线附近的火灾特征参数的探测器。

（3）根据其是否具有复位（恢复）功能分类。火灾探测器根据其是否具有复位功能，分为可复位探测器和不可复位探测器两种。

可复位探测器，即在响应后和在引起响应的条件终止时，不更换任何组件即可从报警状态恢复到监视状态的探测器；不可复位探测器，即在响应后不能恢复到正常监视状态的探测器。

（4）根据其是否具有可拆卸性分类。火灾探测器根据其维修和保养时是否具有可拆卸性，分为可拆卸探测器和不可拆卸探测器两种类型。

可拆卸探测器，即探测器设计成容易从正常运行位置上拆下来，以方便维修和保养；不可拆卸探测器，即在维修和保养时探测器设计成不容易从正常运行位置上拆下来。

8.2.2　火灾报警装置的安装

火灾自动报警系统的设备安装，应按设计图纸进行，不得随意更改。安装前，应检查经国家检测中心检测通过的设备证书、当地消防部门颁发的准许使用证书以及设备合格证书。先熟悉厂家的使用操作说明书等资料，熟悉图纸。

火灾自动报警系统及联动系统安装工艺流程为：线管安装及导线敷设→探测器安装→火灾报警控制器安装→火灾报警装置系统调试→验收及交付。

（一）线管安装及导线敷设

线管安装及导线敷设详见“项目 2 室内配线”，此处不再赘述。

（二）探测器安装

（1）探测器的定位。结合设计图纸和规范要求，用卷尺测量出距离建筑物边缘的距离，用记号笔做好标记。

（2）探测器的固定。

1）探测器的固定，主要是底座的固定。先安装探测器的底座，待整个火灾报警系统全部安装完毕时，最后安装探测器。

2）探测器一般由两个螺钉固定在固定盒上。应根据探测器固定螺栓的间距和螺栓的直径选择相配套的固定盒。

3）探测器暗装施工时，应根据施工图中探测器位置和有关规定，确定探测器的实际位置，固定盒及配管一并埋入楼板层内。使用钢管配线时，管路应连接成一导电通路。

4）吊顶内安装探测器，固定盒安装在吊顶上面，根据探测器的安装位置，先在吊顶上钻个小孔，根据孔的位置，将固定盒与配管连接好，配至小孔位置，将配管固定在吊顶的龙骨上或吊顶内的支、吊架上。固定盒应紧贴在吊顶上面，然后将吊顶上的小孔扩大，扩大面积不应大于固定盒的面积。

（3）探测器的安装。

1）探测器底座的外接导线，应留有不小于 15cm 余量，入口处应有明显标志。

2)探测器安装时，先将预留在盒内的导线用剥线钳剥去绝缘外皮，露出线芯 10～15mm（注意不要碰掉编号套管），顺时针连接在探测器底座的各级接线端上，然后将底座用配套的螺栓牢固固定在固定盒上，上好防潮罩。最后按设计图要求检查无误，再拧上探测器头。

3）调试前将探测器盒旋入或插入底座，当系统采用多线制时按照产品接线图进行接线；当为两线制时应进行地址编码。编码器可能在底座上，也可能在探测器盒上。所谓编码器就是 8 只或 7 只微型开关，每只依次表示二进制数码的位数，可进行二进制、十进制的编码，一般接通表示“1”，断开表示“0”。编码时应按说明书进行。

4）探测器底座的穿线孔宜封堵，安装完毕后的探测底座应采取保护措施。

（4）探测器安装的技术要求。

1）点型感烟、感温火灾探测器的安装要求：①探测器至墙壁、梁边的水平距离不应小于 0.5m；②探测器周围水平距离 0.5m 内不应有遮挡物，以免影响使用效果；③探测器至空调送风口最近边的水平距离不应小于 1.5m；④在宽度小于 3m 的内走道顶棚上安装探测器时，宜居中安装，点型感温火灾探测器的安装间距不应超过 10m，点型感烟火灾探测器的安装间距不应超过 15m，探测器至端墙的距离，不应大于安装间距的一半；⑤探测器宜水平安装，当确实需要倾斜安装时，倾斜角不应大于 45°。

2）线型红外光束感烟探测器的安装要求：①收、发光器安装应牢固；②发光器和收光器之间的探测区域不宜超过 100m；③探测器至侧墙水平距离不能大于 7m，且不能小于 0.5m。

3）可燃气体探测器的安装要求。安装位置应根据探测气体的密度确定，若其探测气体密度小于空气密度，探测器安装在泄漏点的上方或者探测气体聚集点的上方。若探测气体密度大于或等于空气密度，探测器安装在泄漏点的下方。

4）手动火灾报警按钮的安装要求。手动火灾报警按钮安装在明显和便于人员操作的部位。当安装在墙上时，其底边距离地（楼）面的高度保证在 1.3～1.5m，安装示意图如图 8-9 所示。

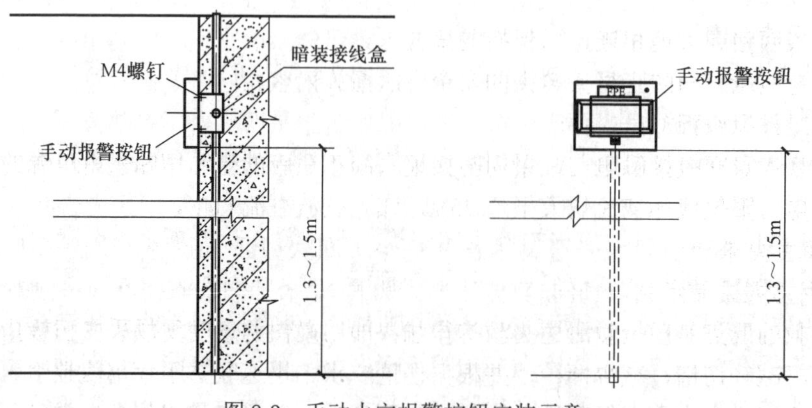

图 8-9 手动火灾报警按钮安装示意

（三）火灾报警控制器安装

火灾报警系统有区域报警系统、集中报警系统、控制中心报警系统等三种基本形式。火灾报警控制器有壁挂式、琴台式和柜式三种基本类型。控制器的安装详见“项目 5 电气设备安装”，此处不再赘述。控制器安装的技术要求有：

火灾报警控制器、可燃气体报警控制器、区域显示器、消防联动控制器等统称控制器类设备。当在墙壁上安装时，其底边距离地（楼）面的高度要保证在 1.3～1.5m，其靠近门轴的侧面距墙不能小于 0.5m，工作人员在设备正面操作的距离不能小于 1.2m。当控制类设备落地安装时，其底边要高出地（楼）面 0.1～0.2m。引入或引出控制器类设备的电缆或导线，应符合下列要求：

（1）配线应整齐，不得相互交叉，且配线要固定牢固。

（2）端子板的每个接线端，接线的数量不得超过 2 根。

（3）控制器的主电源应有明显的永久性标志，并应直接与消防电源相连，严禁使用普通工作电源为其供电。

（四）火灾报警装置系统调试

1. 准备工作

火灾报警系统的调试工作，在系统施工完毕后进行。系统调试前，应组织专业人员对系统编制出相应的调试方案；应按设计文件要求对设备的规格、型号、数量、备品备件等进行查验；应按相应的施工要求对系统的施工质量进行检查。

因工程特殊原因不能安装的部分设备，应采取妥善措施隔离，确保不影响已安装部分的设备，同时应在图纸上做出标记。

2. 探测器调试

探测器应采用综合调试仪逐个进行试验，探测器报警，确认灯常亮，控制器所报出的位置符合图纸要求；拆除任一探测器，控制器应在 30s 内报出代表该部位的故障信号。

3. 点型感烟、感温火灾探测器调试

（1）采用专用的检测仪器或模拟火灾的方法，逐个检查每只探测器的报警功能，探测器能否发出火灾报警信号。

（2）对于不可恢复的火灾探测器采取模拟报警方法逐个检查其报警功能，探测器能发出火灾报警信号。

4. 红外光束感烟火灾探测器调试

（1）用减光率为 0.9dB 的减光片遮挡光路，不能发出报警信号。

（2）用减光率为 1.0～10.0dB 的减光片遮挡光路，能够发出报警信号。

5. 可燃气体探测器调试

依次逐个将可燃气体探测器按产品生产企业提供的调试方法使其正常动作，探测器能发出报警信号。

6. 点型感光火灾探测器调试

采用专用检测仪器和模拟火灾的方法在探测器监视区域内最不利处检查探测器的报警功能，探测器能正确响应。

7. 手动火灾报警按钮调试

手动报警器应采用专用测试钥匙或手动报警开关，确认灯常亮，控制器所报出的位置数据符合图纸要求；拆除手动报警器的引线，报警器应在30s内报出代表部位的故障信号。

8. 可燃气体报警控制器调试

切断可燃气体报警控制器的所有外部控制连线，将任一回路与控制器相连接后，接通电源进行功能试验。

9. 区域显示器（火灾显示盘）调试

将区域显示器（火灾显示盘）与火灾报警控制器相连，检查下列功能并记录：

（1）区域显示器（火灾显示盘）能在3s内正确接收和显示火灾报警控制器发出的火灾报警信号。

（2）消声、复位功能。

10. 消防联动控制器调试

将消防联动控制器与火灾报警控制器、任一回路的输入/输出模块及该回路模块控制的受控设备相连接，切断所有受控现场设备的控制连线，接通电源。使其分别处于自动和手动状态，检查其状态显示，进行下列功能检查并记录。消防联动调试的技术要求如下：

（1）火灾报警控制器的调试要求：

1）使控制器与探测器之间的连线断路和短路，控制器应在100s内发出故障信号（短路时发出火灾报警信号除外）；在故障状态下，使任一非故障部位的探测器发出火灾报警信号，控制器应在1min内发出火灾报警信号，并应记录火灾报警时间；再使其他探测器发出火灾报警信号，检查控制器的再次报警功能。

2）使控制器与备用电源之间的连线断路和短路，控制器应在100s内发出故障信号。

3）检查其他功能是否完好，如消声、复位功能、自检功能和屏蔽功能等。

（2）可燃气体探测器调试要求：对探测器施加达到响应浓度值的可燃气体标准样气，探测器能在30s内响应。撤去可燃气体，探测器能在60s内恢复到正常监视状态。

（3）手动火灾报警按钮调试要求：

1）对可恢复的手动火灾报警按钮，施加适当的推力使报警按钮动作，发出报警信号。

2）对不可恢复的手动火灾报警按钮，采用模拟动作的方法使其发出报警信号。

（4）可燃气体报警控制器调试要求：

1）控制器与探测器之间的连线断路和短路时，控制器能在100s内发出故障信号。

2）在故障状态下，使任一非故障探测器发出报警信号，控制器在1min内发出报警信号，并应记录报警时间；再使其他探测器发出报警信号，检查控制器的再次报警功能。

11. 火灾报警控制器的联动功能

火灾确认后，消防联动设备应做出相应的动作：

（1）火灾警报装置应急广播：

1）二层及以上楼层起火，应先接通着火层及邻上下层；

2）首层起火，应先接通本层，二层及全部底层；

3）地下室起火，应先接通地下各层及首层；

4）含多个防火分区的单层建筑，应先接通着火的防火分区。

（2）非消防电源：有关部位全部切断。

（3）消防应急照明灯及紧急疏散标志灯：有关部位全部点亮。

（4）室内消火栓系统和水喷淋系统：

1）控制系统启停；

2）显示消防水泵的工作状态；

3）显示消火栓按钮的位置；

4）显示水流指示器，报警阀，安全信号阀的工作状态。

（5）管网气体灭火系统：

1）显示系统的手动自动工作状态；

2）报警后能及时喷射气体，并发出相应声光报警和显示防护区报警状态；

3）在延时阶段，自动关闭本部位防火门窗及防火阀，停止通风空调系统并显示工作状态。

（6）泡沫灭火系统、干粉灭火系统：

1）控制系统启停；

2）显示系统工作状态。

（7）防火卷帘门用在疏散通道上时：

1）感烟探测器报警，防火卷帘下降至楼面 1.8m 处；

2）感温探测器报警，防火卷帘下降至地面；

3）防火卷帘门用作防火分隔时，探测器报警后，卷帘门下降到底。

（8）防排烟设施和空调通风设施：

1）停止有关部位空调送风，关闭防火阀并接受其反馈信号；

2）启动有关部位的防烟排烟风机、排烟阀等，并接受其反馈信号；

3）控制挡烟垂壁等防烟设施。

（五）验收及交付

火灾报警系统验收应先分别对探测器、消防控制设备等逐个进行单机通电检查试验。单机检查试验合格，进行系统调试，报警控制器通电接入系统做火灾报警自检功能、消声、复位功能、故障报警功能、火灾优先功能、报警记忆功能、电源自动转换和备用电源的自动充电功能、备用电源的欠压和过压报警功能等功能检查。在通电检查中上述所有功能都必须符合《火灾自动报警系统施工及验收标准》（GB 50166—2019）的要求。

按设计要求分别用主电源和备用电源供电，逐个逐项检查试验火灾报警系统的各种控制功能和联动功能，其控制功能和联动功能应正常。火灾自动报警系统的主电源和备用电源，其容量应符合有关国家标准要求，备用电源连续充放电三次应正常，主电源、备用电源转换应正常。

系统调试完全正常后，应连续无故障运行 120h，写出调试开通报告，进行验收工作。

消防工程经公安消防监督机构对施工质量复验和对消防设备功能抽验，全部合格后，发给建设单位“建筑工程消防设施验收合格证书”，建设单位可投入使用，进入系统的运行阶段。

8.3 综合布线系统安装

8.3.1 综合布线系统概述

（一）综合布线系统的组成

综合布线系统（PDS）由六个子系统组成，一般采用星形结构，如图 8-10 所示。

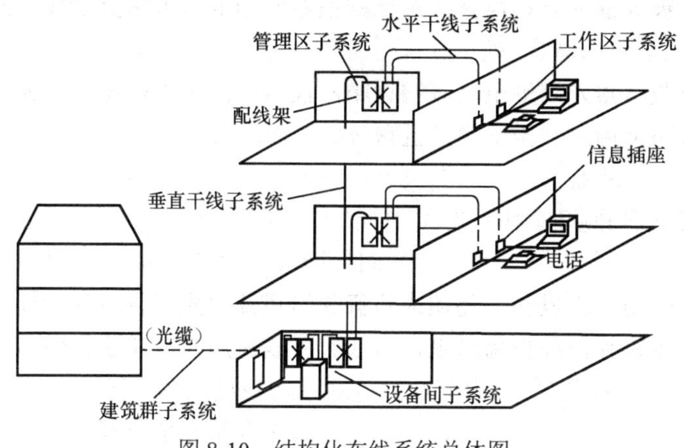

图 8-10　结构化布线系统总体图

（1）工作区子系统：由终端设备连接到信息插座的连线组成，包括信息插座、连接软线、适配器等。

（2）水平干线子系统：由信息插座到楼层配线架之间的布线等组成。

（3）管理区子系统：由交接间的配线架及跳线等组成，为简化起见，有时将它归入水平布线子系统。

（4）垂直干线子系统：由设备间子系统与管理区子系统的引入口之间的布线组成，它是建筑物主干布线系统。

（5）设备间子系统：由建筑物的进线设备、各种主机配线设备及配线保护设备组成，有时将它归入建筑物主干布线系统。

（6）建筑群子系统：由建筑群配线架到各建筑物配线架之间的主干布线系统。建筑群主干布线宜采用光缆。

（二）PDS 各子系统的布线

1. 工作区子系统

工作区子系统又称为服务区子系统，它是由跳线与信息插座所连的设备（终端或工作站）组成，其中信息插座包括墙上型、地面型、桌上型等，常用的终端设备包括计算机、电话机、传真机、报警探头、摄像机、监视器、各种传感器件、音频设备等。

在进行终端设备和 I/O 连接时可能需要某种传输电子装置，但这种装置并不是工作区子系统的一部分，如调制解调器可以作为终端与其他设备之间的兼容性设备，为传输距离的延长提供所需的转换信号，但却不是工作区子系统的一部分。

在工作区子系统的设计方面，必须要注意以下几点：

1）从 RJ-45 插座到设备间的连线用双绞线，且不要超过 5m；

2）RJ-45 插座必须安装在墙壁上或不易被触碰到的地方，插座距地面 30cm 以上；

3）RJ-45 信息插座与电源插座等应尽量保持 20cm 以上的距离；

4）对于墙上型信息插座和电源插座，其底边沿线距地板水平面一般应为 30cm。

2. 水平子系统

水平子系统是同一楼层的布线系统，与工作区的信息插座及管理间子系统相连接。它一般采用 4 对双绞线，必要时可采用光缆。水平子系统的安装布线要求是：

1）确定介质布线方法和线缆的走向；

2）双绞线长度一般不超过 90m；

3）尽量避免水平线路长距离与供电线路平行走线，应保持一定距离（非屏蔽线缆一般为 30cm，屏蔽线缆一般为 7cm）；

4）用线必须走线槽或在吊顶内布线，尽量不走地面线槽；

5）如在特定环境中布线要对传输介质进行保护，使用线槽或金属管道等；

6）确定距服务器接线间距离最近的 I/O 位置；

7）确定距服务器接线间距离最远的 I/O 位置。

水平电缆或水平光缆最大长度为 90m，如图 8-11 所示，另有 10m 分配给电缆、光缆和楼层配线架上的接插软线或跳线。其中，接插软线或跳线的长度不应超过 5m，且在整个建筑物内应一致。

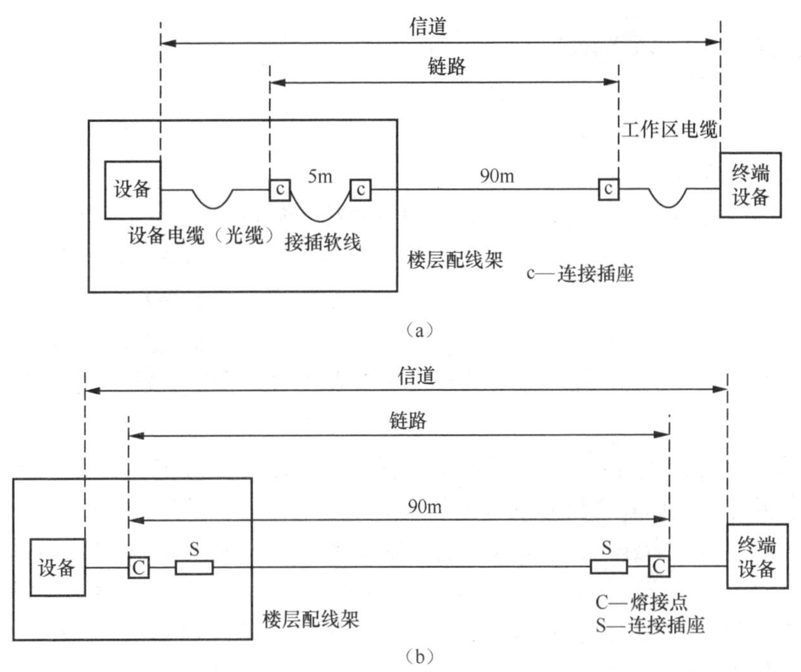

图 8-11　对称电缆与光缆的水平布线

（a）对称电缆水平布线；（b）光缆水平布线

注：在能保证链路性能时，水平光缆距离允许适当加长。

对称电缆（双绞线）水平布线链路包括 90m 水平电缆、5m 软电缆（电气长度相当于 7.5m）和 3 个与电缆类别相同或类别更高的接头。可以在楼层配线架与通信引出端之间设置转接点（图 8-11 中未画出），最多转接一次，但整个水平电缆最长 90m 的传输特性应保持不变。采用交叉连接管理和互连的水平布线参见图 8-12、图 8-13。

3. 管理间子系统

管理间子系统主要是放置配线架的各配线间，由交联、互联和 I/O 组成。管理间子系统为连接其他子系统提供工具，它是连接垂直干线子系统和水平干线子系统的设备，其主要设备是配线架、HUB、机柜和电源。当需要多个配线间时，可以指定一个为主配线间，所有其他配线间为层配线架或中间配线间，从属于主配线间。

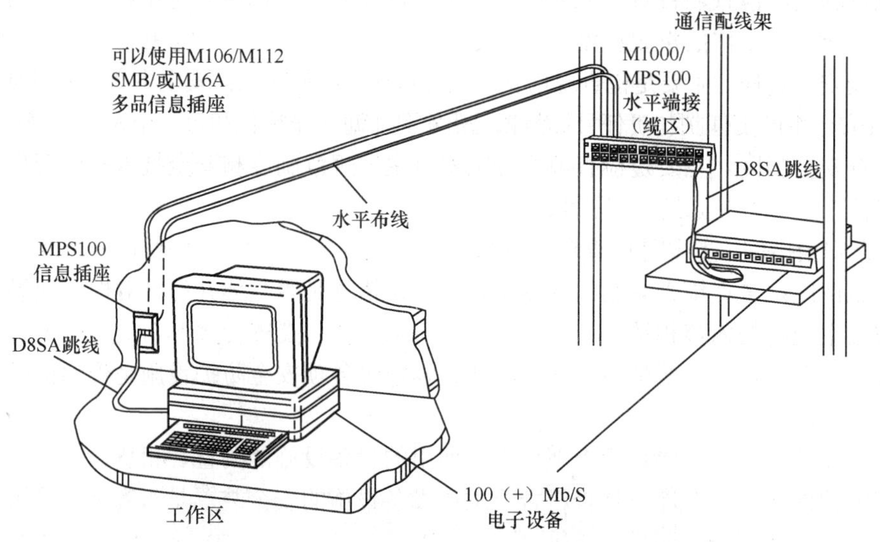

图 8-12 采用交叉连接管理的水平布线

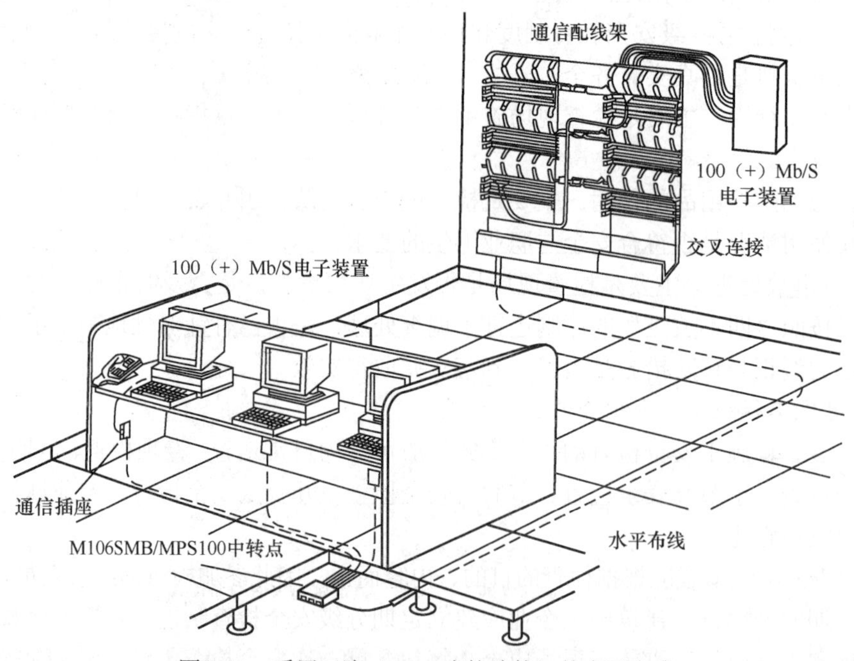

图 8-13 采用互连（HUB 直接连接）的水平布线

4. 垂直干线子系统

在智能化建筑中的建筑物主干垂直布线都是从房屋底层直到顶层垂直（或称上升）电气竖井内敷设的通信线路，如图 8-14 所示。

建筑物垂直干线布线可采用电缆孔和电缆竖井两种方法。电缆孔在楼层交接间浇筑混凝土时预留，并嵌入直径为 100mm，楼板两侧分别高出 25～100mm 的钢管；电缆竖井是预留的长方孔。各楼层交接间的电缆孔或电缆竖井应上下对齐。缆线应分类捆箍在梯架、线槽或其他支架上。电缆孔布线法也适合于旧建筑物的改造。

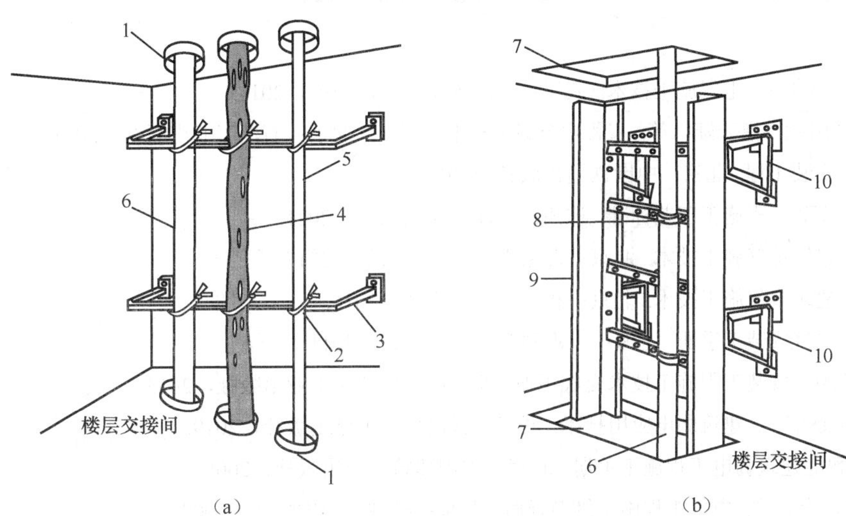

图 8-14　垂直干线的安装

（a）电缆孔垂直布线；（b）电缆竖井垂直布线

1—电缆孔；2—扎带；3—电缆支架；4—对绞电缆；5—光缆；6—大对数电缆；

7—电缆竖井；8—电缆卡箍；9—电缆桥架；10—梯形支架

电缆桥架内线缆垂直敷设时，在缆线的上端和每间隔 1.5m 处缆线应固定在桥架的支架上；水平敷设时，在缆线的首、尾、转弯及每间隔 3～5m 处进行固定。电缆桥架与地面保持垂直，不应有倾斜现象，其垂直度的偏差应不超过 3mm。

干线电缆的连接方法有：

（1）点对点端接：干线电缆采用点对点端接方法是最简单、最直接的结合方法。干线子系统每根电缆直接延伸到指定的楼层和交接间。点对点端接方法如图 8-15 所示。

（2）分支递减端接：干线电缆采用分支递减端接方法是用 1 根大容量干线电缆（足以支持若干个交接间或若干楼层的通信容量），经过电缆接头保护箱分出若干根小容量电缆，这些小容量电缆分别延伸到每个交接间或每个楼层，并端接于目的地的连接硬件。分支递减端接方法如图 8-16 所示。

（3）直接连接方法干线电缆采用直接连接方法是特殊情况使用的技术。一种情况是一个楼层的所有水平端接都集中在干线交接间；另一种情况是二级交接间太小，在干线交接间完成端接。直接连接方法如图 8-17 所示。

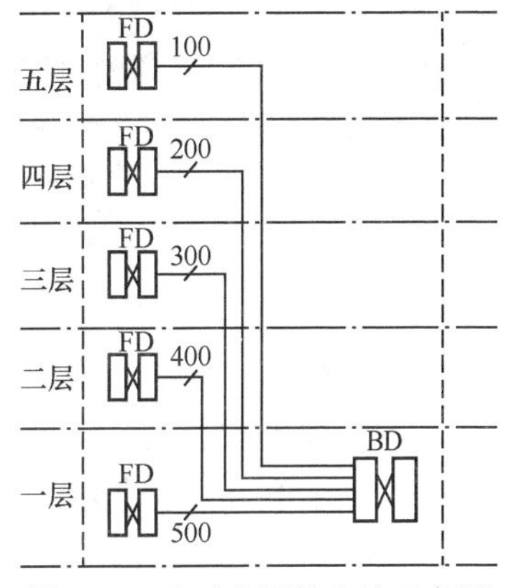

图 8-15　点对点端接方法示意图
（图中数字为电缆对数）

BD—大楼配线设备（主配线架）；
FD—楼层配线设备（楼层配线架）

5. 设备间子系统

设备间是一个装有进出线设备和主配线架，并进行布线系统管理和维护的场所，设备间子系统应由综合布线系统的建筑物进线设备，如语音、数据、图像等各种设备，及其保安配线设备和主配线架等组成。

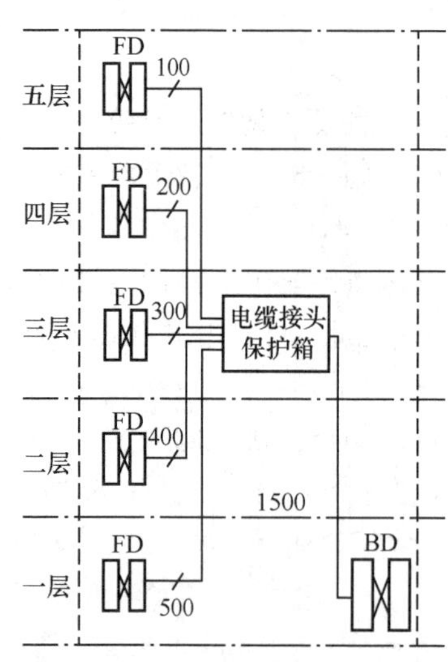

图 8-16 分支递减端接方法示意图
（图中数字为电缆对数）

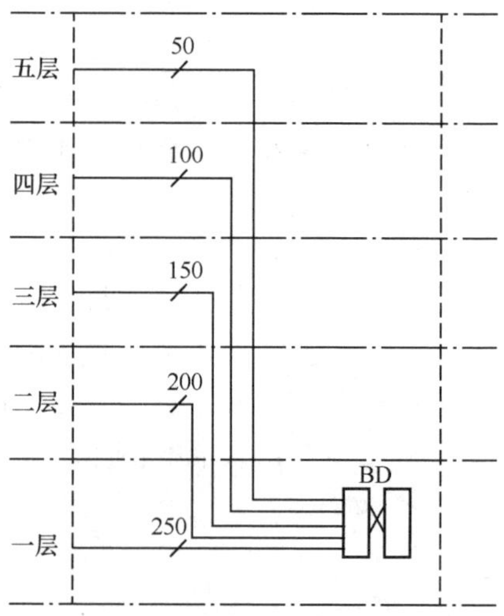

图 8-17 直接连接方法示意图
（图中数字为电缆对数）

设备间的主要设备，如电话主机（数字程控交换机）、数据处理机（计算机主机），可放在一起，也可分别设置。在较大型的综合布线子系统中，一般将计算机主机、数字程控交换机、楼宇自动化控制设备分别设置机房；把与综合布线系统密切相关的硬件设备放在设备间，如计算机网络系统中的路由器、主交换机等。

（1）设备间的位置及大小应根据设备的数量、网络的规格、多媒体信号传输共享的原则等综合考虑确定。应尽可能靠近建筑物电缆引入区和网络接口，电缆引入区和网络接口的相互间隔宜小于 15m。设备间内设备的工艺设计一般由专业部门或专业公司设计。其面积宜按以下原则确定：当系统少于 1000 个信息点时为 $12m^2$，当系统较大时，每 1500 点为 $15m^2$。

（2）在设备间内如设有多条平行的桥架和线槽时，相邻的桥架和线槽之间应有一定间距，平行的线槽或桥架其安装的水平度偏差应不超过 2mm。所有桥架和线槽的表面涂料层应完整无损，如需补涂油漆时，其颜色应与原漆色基本一致。

（3）机柜、机架、设备和缆线屏蔽层以及钢管和线槽应就近接地，保持良好的连接。当利用桥架和线槽构成接地回路时，桥架和线槽应有可靠的接地装置。

（4）在机房内的布线可以采用地板或墙面内沟槽内敷设、预埋管路敷设、机架走线架敷设和活动地板下的敷设方式，活动地板下的敷设方式在房屋建筑建成后装设。正常活动地板高度为 300～500mm，简易活动地板高度为 60～200mm。

6. 建筑群子系统

建筑群子系统是指两幢及两幢以上建筑物之间的通信电（光）缆和相连接的所有设备组成的通信线路。如果是多幢建筑组成的群体，各幢建筑之间的通信线路一般采用多模或单模光缆，（其敷设长度应不大于 1500m），或采用多线对的双绞线电缆。电（光）缆敷设方式采取架空电缆、直埋电缆或地下管道（沟渠）电缆等。连接多处大楼中的网络，干线一般包含一个备用二级环，副环在主环出现故障时代替主环工作。为了防止电缆的浪涌电压，常采用过电压保护设备。

（1）建筑群子系统缆线的建筑方式：建筑群子系统的缆线设计基本与本地网通信线路设计相似，可按照有关标准执行。目前，通信线路的建筑方式有架空和地下两种类型。架空类型又分为架空电缆和墙壁电缆两种。根据架空电缆与吊线的固定方式又可分为自承式和非自承式两种。地下类型分为管道电缆、直埋电缆、电缆沟道和隧道敷设电缆几种，如图 8-18 所示。

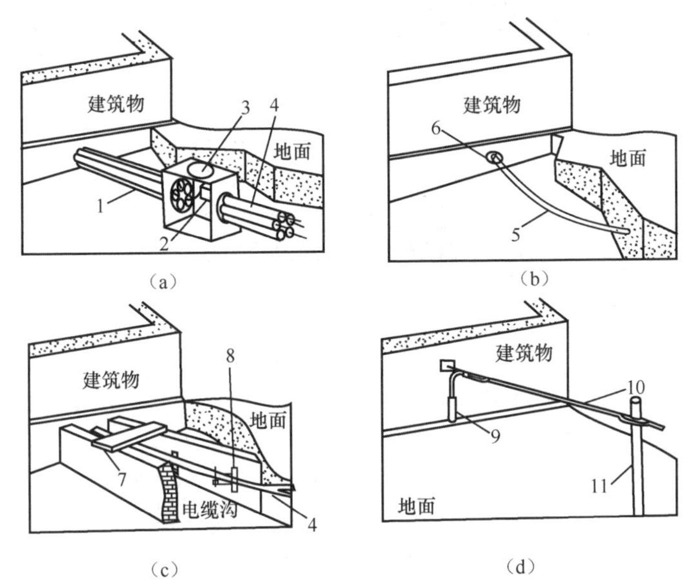

图 8-18 建筑群子系统布线

（a）直埋管线布线；（b）直埋电缆布线；（c）电缆沟道布线；（d）架空布线；

1—多孔 PVC 管；2—绞接盒；3—人孔；4—电缆；5—直埋电缆；6—电缆孔；

7—盖板；8—电缆托架；9—U 形电缆护套；10—架空电缆；11—电杆

为了保证缆线敷设后安全运行，管材和其附件必须使用耐腐和防腐材料。地下电缆管道穿过房屋建筑的基础或墙壁时，如采用钢管，应将钢管延伸到土壤未扰动的地段。引入管道应尽量采用直线路由，在缆线牵引点之间不得有两处以上的 90°拐弯。管道进入房屋建筑地下室处，应采取防水措施，以免水分或潮气进入屋内。管道应有向屋外倾斜的坡度，坡度应不小于 0.3%～0.5%。在屋内从引入缆线的进口处敷设到设备间配线接续设备之间的缆线长度，应尽量缩短，一般应不超过 15m，设置明显标志。引入缆线与其他管线之间的平行或交叉的最小净距必须符合标准要求。

（2）光缆的引入。建筑物光缆从室外引入设备间如图 8-19 所示。

在许多情况下，光缆引入口与设备间的距离较远，需设进线室，如图 8-19（a）所示。光缆由进线室敷设至机房的光纤配线架，往往从地下或半地下进线室由楼层爬梯引至所在楼层，光缆在爬梯上可见部位应在每支横铁上用粗细适当的麻线绑扎。对铠装光缆，每隔几档应衬垫一块胶皮后扎紧，对拐弯受力部位，还应套一胶管保护。在进线间可将室外光缆转换为室内光缆，也可引至光纤配线架进行转换，如图 8-19（b）所示。

当室外光缆引入口位于设备间，不必设进线间时，如图 8-19（c）所示。室外光缆可直接端接于光纤配线架（箱）上或经由一个光缆进线设备箱（分接箱）转换为室内光缆后，再敷设至主配线架或网络交换机，并由竖井布放至各楼层交接间。其布放路由和方式可根据情况选择。

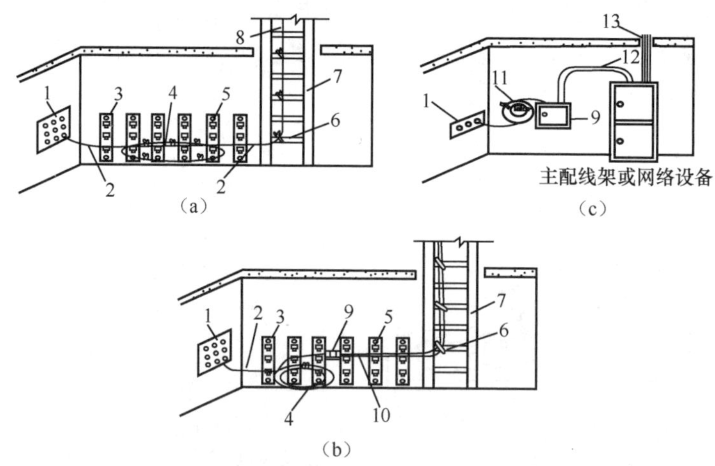

图 8-19 建筑物光缆从室外引入设备间

（a）在进线室将室外光缆引入设备间；（b）在进线室将室外光缆转为室内光缆；

（c）进线室与设备间合用时室外光缆的引入

1—进缆管孔；2—24 芯室外引入光缆；3—托架；4—预留光缆；5—托架；6—绑扎；7—爬梯；8—引至设备间；9—光分接箱；10—分成 2 根 12 芯阻燃光缆；11—室外引入光缆；12—室内阻燃光缆；13—至各楼层交接间

光缆布放应有冗余，一般室外光缆引入时预留长度为 5～10m，室内光缆在设备端预留长度为 3～5m，在光纤配线架（箱）中通常都有盘纤装置。

（三）综合布线系统的传输线

综合布线使用的传输线主要有两类：电缆和光缆。电缆主要用双绞线电缆。

1. 双绞线缆

双绞电缆按其包缠是否有金属层，可分为非屏蔽双绞电缆和屏蔽双绞电缆。

非屏蔽双绞电缆由多对双绞线外包缠一层绝缘塑料护套构成。双绞线按照绞线对数可分为 2 对、4 对和 25 对。双绞线的传输性能与带宽有直接关系，带宽越大，双绞线的传输速率越高。表 8-1 列举了当前常用的双绞线类型及其应用。

表 8-1　　常用的双绞线类型及其应用

双绞线类型	常规用途	双绞线类型	常规用途
UTP1 类	信号装置、门铃、报警系统	UTP 主干电缆	模拟和数字语音应用
UTP2 类	数字电话系统、Apple、Local Talk	屏蔽双绞线	4Mbps、16Mbps 令牌环
UTP3 类	10Base-T、4Mbps 令牌环	屏蔽双绞线	100Base-TX、1000Base-T
UTP4 类	16Mbps 令牌环	RG-8 同轴电缆	粗缆以太网（100Base-5）、视频
UTP5 类	100Base-TX、100Base-T4	RG-58 同轴电缆	粗缆以太网（100Base-2）
UTP 超 5 类	100Base-TX、1000Base-T	RG-59 同轴电缆	视频
UTP6 类	100Base-TX、1000Base-T	RG-62 同轴电缆	ARcnet、视频、IBM3270
UTP7 类	100Base-TX、1000Base-T		

屏蔽双绞电缆与非屏蔽双绞电缆一样，电缆芯是铜双绞线，护套层是绝缘橡套，只不过在护套层内增加了金属层。按增加的金属屏蔽层数量和金属屏蔽层绕包方式，又可分为铝箔屏蔽双绞电缆，铝箔/金属网双层屏蔽双绞电缆和独立双层屏蔽双绞电缆三种。

2. 光缆

光纤通信是以光波为载频、光导纤维为传输介质的一种通信方式。与电缆传输相比，光纤具有传输信息量大、传输距离长、体积小、质量轻、抗干扰性强等优点。它尤其适合于传输距离长、数据容量大及要求防电磁干扰、防窃听的场合。

按信号传送方式，光纤可分为单模光纤和多模光纤两种。所谓“模”，是指以一定角速度进入光缆的一束光。

（1）单模光纤。只传输单一模式光的光纤称为单模光纤。单模光纤纤芯很小，只允许与光纤轴一致的光线通过，即只允许通过一个基模的光。如单模光缆的中心玻璃芯的芯径一般为 9μm 或 10μm，相对较细，只能传一种模式的光。因此，其模间色散很小，适用于远程通信，但其色度色散影响较大，这样单模光缆对光源的谱宽和稳定性的要求较高，即谱宽要窄，稳定性要好。

单模光缆的传输频带宽，容量大，传输距离长，但需激光作为光源，另外纤芯较细不容易制作，因此成本较高，通常用于建筑物之间或地域分散的环境中，是未来光缆通信与光波技术发展的必然趋势。

（2）多模光纤。多模光纤直径较大，可以通过多种模式的光。如多模光缆的中心玻璃芯的芯径一般为 50μm 或 62.5μm，相对较粗，可传多种模式的光。但其模间色散较大，这就限制了传输数字信号的频率，而且随距离的增加会更加严重。例如，600Mb/km 的光缆在 2km 时则只有 300Mb 的带宽了。

多模光缆传输的距离比较近，一般只有几千米。多模光缆传输速度低、距离短、整体的传输性能差，但成本低，一般用于建筑物内或地理位置相邻的环境中。

（3）常用光纤规格：

单模光纤：8.3/125μm，8.7/125μm，9/125μm 和 10/125μm。

多模光纤：50/125μm（欧洲标准）和 62.5/125μm（美国标准）。

其中分子表示纤芯的直径，分母表示包层的直径。

多模光缆采用发光二极管 LED 作为光源，而单模光缆采用激光二极管 LD 作为光源。单模光缆的波长范围为 1310～1550nm，而多模光缆的波长范围为 850～1300nm。

（四）综合布线系统的连接件

连接件是综合布线系统中配线架（柜）和各种连接部件等的统称。配线架等设备有时又被称为接续设备；连接部件包括各种线缆连接器及接插软线，但不包括某些应用系统对综合布线系统使用的连接硬件、有源或无源电子线路的中间集合器或其他器件等。连接件是综合布线系统中的重要组成部分。

1. 电缆连接件

电缆连接件主要分为两类：连接器和配线架。

（1）电缆连接器。连接器由插头和插座组成。这两种元件组成的连接器用于导线之间的连接，以实现导线的电气连续性。RJ-45 模块就是连接器中最重要的一种插座。

1）RJ-45 模块。

在以往的四类、五类、超五类以及现在流行的六类布线中采用的都是 RJ 型接口。在七类布线系统中，将允许“非-RJ”型的接口，例如，西蒙公司开发的 TERA 七类连接件被正式选为“非-RJ”型七类标准工业接口的标准模式。

RJ-45 模块的核心是模块化插孔。镀金的导线或插座孔可维持与模块化插头弹片间稳定而可靠的电连接。常见的非屏蔽模块的高×宽×厚为 2cm×2cm×3cm，可卡接到任何 M 系列模块、支架或表面安装盒中。

2）RJ-45 插头。

RJ-45 插头俗称水晶头。RJ-45 插头是铜缆布线中的标准连接器，它与插座（RJ-45 模块）共同组成一个完整的连接单元。这两种元件组成的连接器连接于导线之间，以实现导线的电气连续性。

RJ-45 插头的 1～8 针与 RJ-45 模块的 1～8 针位置正好相反，并一一对应，作为信号的发送端与接收端相连。

（2）电缆配线架。配线架是电缆进行端接和连接的装置，在配线架上可进行互连或交接操作。电缆配线架的类型有 110 系列配线架和模块化配线架。110 系列配线架又分为夹接式（110A 型）和插接式（110P 型）等。

配线架通常放置于配线间或设备间内，网络管理员只需要在这几处进行跳线操作就可以对整个网络进行管理。在综合布线的网络中，整个管理的核心是配线架。如果对线路不经常进行改动、移位或重新组合，可采用 110A 型配线架，否则一般采用 110P 型配线架。

（3）集合点。TIA/EIA 568A 规范和 ISO/IEC 11801 标准都允许在配线系统中使用单一的集合点。集合点通常用于将电信间（配线间）的 25 对 UTP 电缆（或分离的 4 对 UTP 电缆）集合到特定的区域。

2. 光缆连接件

（1）光纤连接器。光纤连接器俗称活接头，是用以稳定但并不是永久地连接两根或多根光纤的无源组件，是光纤通信系统中不可缺少的器件。

通常，一个完整的光纤连接器由三部分组成，即两个配合插头（连接器）和一个耦合器。两个插头安装在两根光纤尾端，耦合器起对准套管的作用。另外，耦合器多配有金属或非金属法兰，以便于连接器的安装固定。

光纤连接器的对准方式有两种，即高精密组件对准和主动对准。按照传输媒介的不同，可分模光纤连接器和多模光纤连接器。按照结构的不同，可分为 FC、SC、ST、MT、D4、DN 式。其中，ST 连接器通常用于布线设备端，如光纤配线架、光纤模块等；而 SC 和 MT 连接通常用于网络设备端。

（2）光纤跳线。光纤跳线由一段 1～10m 长的光纤和连接器组成，在光纤的两端各接一个连接器即可做成光纤跳线。光纤跳线可以分为单芯和双芯，由于光纤一般只进行单向传输，需要通信的设备通常需要连接收/发两根光纤。因此，如果使用单芯，则需要两根，而双芯则只需要一根。

根据光纤跳线两端的连接器的类型，光纤跳线可分为以下类型：

ST-ST 跳线：两端都为 ST 连接器的光纤跳线；

SC-SC 跳线：两端都为 SC 连接器的光纤跳线；

FC-FC 跳线：两端都为 FC 连接器的光纤跳线；

ST-SC 跳线：一端为 ST 连接器，另一端为 SC 连接器的光纤跳线；

ST-FC 跳线：一端为 ST 连接器，另一端为 FC 连接器的光纤跳线；

SC-FC 跳线：一端为 SC 连接器，另一端为 FC 连接器的光纤跳线。

3. 光纤配线架

光纤配线架是光传输系统中的一个重要的配套设备，主要用于光缆终端的光纤熔接、光连接器的安装、光路的调配、多余尾纤的存储及光缆的保护等，它对光纤通信网络的安全运行和灵活使用有着重要的作用。

光纤配线架作为光缆线路的终端设备，拥有四项基本功能，即固定功能、熔接功能、调配功能和存储功能。依据光纤配线架结构的不同，光纤配线架可分为壁挂式和机架式两种。

8.3.2　综合布线系统安装

综合布线的技术含量较高，对各项技术指标有严格的国际标准和国内标准。布线系统的质量对运行在布线系统之上的网络有着直接的影响，必须严格依照综合布线技术施工规范组织施工。

综合布线的工艺流程为：线管敷设→设备安装→线缆布设→系统测试→验收与交接。

（一）线管敷设

线管敷设包括金属管、金属槽和桥架的敷设等，详见“项目 2 室内线路的安装”，此处不再赘述。

（二）设备安装

综合布线系统工程中设备的安装主要是指机架、机柜、各种配线部件、信息插座模块等的安装。

1. 机架和机柜的安装

机架类型有墙架型、骨架型和机柜型，各种机架上一般都配有理线设备。墙架型机架有一个可以旋转 90°的机架，以便靠近后面的面板。一定要注意留有足够的空间，以便打开前面的面板时不会碰到墙，使用户可以在背面操作。

骨架型机架是开放式的，无论从前面还是从后面安装设备都很方便。要注意留出足够的地方来容纳需安装的设备，而且要有足够的空间进行安装工作。骨架型机架要固定在地板上，以保证它不会倒也不会移动。

机柜型机架有加锁的门，所以更安全，防尘效果也较好。复杂的机柜带树脂玻璃门，通过它可看到里面的设备、灯光和循环制冷系统，而且可有效避免电磁干扰。

由于国内外生产的配线接续设备品种和规格不同，其安装方法也有区别。在安装施工时，应根据所选用设备的特点采取相应的安装施工方法。

（1）机架和设备的排列位置和设备朝向都应按设计安装，并应符合实际测定后的机房平面布置图的要求，左右偏差不应超过 50mm。

（2）机架和设备安装完工后，其水平度和垂直度都应符合厂家规定；若无规定时，其前后左右的垂直度偏差均不应大于 3mm。要求机架和设备安装牢固可靠，如有抗震要求时，必须按抗震标准要求加固。各种螺丝必须拧紧，无松动、缺少和损坏，机架没有晃动现象。

（3）为便于施工和维护，机架和设备前应预留 1.5m 的过道，其背面距离墙面应大于 0.8m。

相邻机架和设备应互相靠近，机面排列平齐。

2. 模块、插座的安装

信息模块是信息插座的主要组成部件，它提供了与各种终端设备连接的接口。所连接终端设备类型不同，安装的信息模块的类型也不同。接续模块等接续或插接部件的型号、和数量都必须与机架和设备配套使用，并根据用户需要配置，做到连接部件安装正确、牢固、美观整齐、对号入座、完整无缺。

连接计算机的信息模块根据传输性能的要求，可分为超五类、六类和七类信息模块。各家生产的信息模块的结构有一定的差异性，但功能及端接方法是相似的。信息插座分为单孔和双孔，每孔都有一个 8 位插针，这种插座的高性能、小尺寸及模块化特点为综合布线设计提供了灵活性，它采用了标明不同颜色电缆所连接的终端，保证了快速、准确地安装。

（1）从信息插座底盒孔中将双绞电缆拉出 20～30cm，用环切器或斜口钳从双绞电缆剥除 10cm 的外护套。双绞线是成对相互对绞在一处的，按一定距离对绞的导线可提高抗干扰的能力，安装时扭绞松开长度应尽量小，以减小信号的衰减，压接时一对一对地拧开放入与信息模块相对的端口上。

（2）根据模块的色标分别把双绞线的 4 对线缆压到指定的插槽中，双绞线分开不要超过要求，注意不要过早分开。

（3）使用打线工具把线缆压入插槽中，并切断伸出的余线。使用压线工具压接时，要压实，不能有松动的地方，并注意刀刃的方向。

（4）将制作好的信息模块扣入信息面板上，注意模块的上下方向。

（5）将装有信息模块的面板放到墙上，用螺钉固定在底盒上。

（6）为信息插座标上标签，标明所接终端的类型和序号。

信息插座应牢靠地安装在平坦的地方，外面应有盖板。安装在活动地板或地面上的信息插座应固定在接线盒内。插座面板有直立和水平等形式，接线盒有开启口，应有防尘盖。安装在墙体上的插座应高出地面 30cm，若地面采用活动地板时，应加上活动地板内净尺寸。固定螺钉须拧紧，不应有松动现象。信息插座应有标签，以颜色、图形、文字标示所接端设备的类型。

3. 机架安装的技术要求

（1）机架安装完毕后，水平、垂直度应符合厂家规定。如无厂家规定时，垂直度偏差不应大于 3mm。

（2）机架上的各种零件不得脱落或碰坏。漆面如有脱落应予以补漆，各种标志完整清晰。

（3）机架的安装应牢固、应按设计图的防震要求进行加固。

（4）安装机架面板、架前应留有 1.5m 空间、机架背面离墙距离应大于 0.8m，以便于安装和施工。壁挂式机架底距地面宜为 300～800mm。

（5）配线设备机架安装要求：

1）采用下走线方式、架底位置应与电缆上线孔相对应。

2）各直列垂直倾斜误差不应大于 3mm，底座水平误差每平方米不应大于 2mm。

3）接线端子各种标志应齐全。

（6）各类接线模块安装要求：

1）模块设备应完整无损，安装就位、标志齐全。

2）安装螺丝应拧牢固，面板应保持在一个水平面上。

（7）接地要求。安装机架，配线设备及金属钢管、槽道、接地体，保护接地导线截面、颜色应符合设计要求，并保持良好的电气连接，压接处牢固可靠。

（三）线缆布设

在综合布线工程中，线缆布设是一项非常关键的工作，它关系到整个工程的质量。线缆布设之前关键是确定好布设的路由，然后根据布线的场合选用合适的布线方案。线缆布设的主要技术包括水平布线技术、主干布线技术和光缆布线技术。水平布线技术、主干布线技术详见“项目4　电缆线路的安装”，本节主要介绍光缆的敷设施工。

通信光缆由于构成和工作原理有别于通信电缆，在其敷设接续技术中虽有与电缆相同之处，但不能照搬电缆的施工方法。光缆不能拉得过紧，也不能形成直角。

1. 光纤施工要求

（1）在进行光纤接续或制作光纤连接器时，施工人员必须戴上眼镜和手套，穿上工作服，保持环境洁净。

（2）不允许观看已通电的光源、光纤及其连接器，更不允许用光学仪器观看已通电的传输通道器件。

（3）只有在断开所有光源的情况下，才能对光纤传输系统进行维护操作。

（4）光纤布线过程中，由于光纤的纤芯是石英玻璃，极易折断，因此在施工弯曲时绝不超过其最小弯曲半径。另外，光纤的抗拉强度比电缆小，因此在操作光缆时，不允许超过各种类型光缆的抗拉强度。

（5）布放光缆应平直，不得产生扭绞和打圈等现象，不应受到外力挤压和损伤。光缆布放前，其两端应贴有标签以表明起始和终端位置。标签应书写清晰、端正和正确。

（6）最好以直线方式敷设光缆，如需要拐弯，2芯或4芯的水平光缆的弯曲半径应25mm，其他芯数的水平光缆、主干光缆和室外光缆的弯曲半径至少为光缆外径的10倍。

2. 光缆的布放方法

（1）敷设直埋光缆。

1）直埋光缆埋深应满足光缆线路工程设计要求的有关规定，光缆在沟底应是自然平铺状态，不得有绷紧腾空现象。

2）光缆可同其他通信光缆或电缆同沟敷设，同沟敷设时应平行排列，不得重叠，缆间的平行净距应≥100mm。

3）埋式光缆进入人（手）孔处应设置保护管。光缆铠装保护层应延伸至人孔内距第一个支撑点约100mm处。

4）埋设后的单盘光缆，应检测金属外护层对地绝缘电阻，使用高阻计500VDC，2min在兆欧表指针稳定后显示值指标应不低于10MΩ·km，其中允许10%的单盘光缆不低于2MΩ。

（2）敷设架空光缆。

1）架空光缆敷设后应自然平直，并保持不受拉力、应力，无扭转，无机械损伤。

2）应根据设计要求选用光缆的挂钩程式。光缆挂钩的间距应为500mm，允许偏差为±30mm。挂钩在吊线上的搭扣方向应一致，挂钩托板应安装齐全、整齐。

3）布放吊挂式架空光缆应在每1～3根杆上做一处伸缩预留。伸缩预留在电杆两侧的扎带间下垂 200mm。

4）电缆接头在近杆处，200 对及以下的电缆接头距电杆应为 600mm，200 对以上电缆接头距电杆应为 800mm，允许偏差均为±50mm。

5）架空杆路的光缆每隔 3～5 挡杆要求做 U 形伸缩弯，大约每 1km 预留 15m。

6）引上架空（墙壁）光缆用镀锌钢管保护，管口用防火泥堵塞。

（3）敷设墙壁光缆。

1）不宜在墙壁上敷设铠装或油麻光缆。

2）墙壁光缆离地面高度应不小于 3m。

3）吊线式墙壁光缆使用的吊线程式应符合设计要求。

4）墙上支撑的间距应为 8～10m，终端固定物与第一支中间支撑的距离应不大于 5m。

（4）敷设管道光缆。

1）子管不得跨人（手）孔敷设，在管道内不得有接头。

2）子管在人（手）孔内伸出长度一般为 200～400mm。

3）光缆在各类管材中穿放时，管材的内径应不小于光缆外径的 1.5 倍。

4）为了减少光缆接头损耗，管道光缆应采用整盘敷设。

5）敷设后的光缆应平直、无扭转、无交叉，无明显刮痕和损伤。

光缆敷设中要保证外护层的完整性，无扭转、打小圈和浪涌的现象发生。光缆敷设完毕，应保证线缆或光纤良好，缆端头应做密封防潮处理，不得浸水。

3. 光纤的接续

在尾纤的另一端用熔接机与光缆的末端热熔接就可以完成高质量的接续。实际上光纤接可分为固定接续和活动接续两大类，固定接续又分为非熔接和熔接两种。光纤接续的基本操作如下：

（1）端面的制备。光纤端面的制备包括剥覆、清洁和切割。合格的光纤端面是熔接的必要条件，端面质量接影响到熔接质量。

光纤涂覆层的剥除，要掌握平、稳、快三字剥纤法。观察光纤剥除部分的涂覆层是否全部剥除。若有残留，应重新剥除。

裸纤的切割是光纤端面制备中最为关键的部分。首先要清洁切刀和调整切刀位置，切刀的摆放要平稳，切割时动作要自然、平稳，避免断纤、斜角、毛刺及裂痕等不良端面的产生。

热缩套管应在剥覆前穿入，严禁在端面制备后穿入。裸纤的清洁、切割和熔接的时间应紧密衔接，不可间隔过长，特别是已制备的端面切勿放在空气中。在接续中应根据环境对切刀V形槽、压板、刀刃进行清洁，谨防端面污染。

（2）光纤熔接。熔接机的功能就是把两根光纤熔接到一起，光纤熔接是接续工作的中心环节。熔接前根据光纤的材料和类型设置好最佳预熔注入电流和时间以及光纤送入量等关键参数。光纤熔接有自动熔接和手动熔接两种选择。

熔接过程中还应及时清洁熔接机 V 形槽、电极、物镜、熔接室等，随时观察熔接过程中有无气泡或过细、过粗、虚熔、分离等不良现象，注意使用 OTDR 测试仪表跟踪监测结果，及时分析产生上述不良现象的原因，采取相应的改进措施。

（3）盘纤。经过熔接的光纤需要整理和放置到接线盒中去，这一过程称为盘纤。盘纤的方法：

1）先中间后两边，即先将热缩后的套管逐个放置于固定槽中，然后再处理两侧余纤。其优点是有利于保护光纤接点，避免盘纤可能造成的损害。

2）从一端开始盘纤，固定热缩管，然后再处理另一侧余纤。其优点是可根据一侧余纤长度灵活选择热缩管安放位置，这种方法方便、快捷，可避免出现急弯或小圈现象。

3）特殊情况的处理。如个别光纤过长或过短时，可将其放在最后，单独盘绕。带有特殊光器件时，可将其另盘处理。若与普通光纤共盘时，应将其轻置于普通光纤之上，两者之间加缓冲衬垫，以防止挤压造成断纤，且特殊光器件尾纤不可太长。

4）根据实际情况采用多种图形盘纤。按余纤的长度和预留空间大小，顺势自然盘绕，切勿生拉硬拽，应灵活地采用圆、椭圆、"CC""～"多种图形盘纤（注意 $R \geqslant 4$cm），尽可能最大限度地利用预留空间并有效降低因盘纤带来的附加损耗。

（四）系统测试

线缆是传输信息的介质，线缆及相关连接硬件安装的质量对通信的应用起着决定性的作用，因而综合布线的测试非常重要。对综合布线施工人员来说，线缆测试仪是必不可少的工具。

综合布线工程电气测试应包括电缆布线系统电气性能测试及光纤布线系统性能测试，系统测试应符合下列规定：

（1）综合布线系统工程测试应随工进行。测试方法、测试内容和合格标准应符合现行国家标准《综合布线系统工程验收规范》（GB/T 50312—2016）的规定。

（2）对绞电缆布线系统永久链路、CP 链路及信道测试应符合下列规定：

1）综合布线工程应对每一个完工后的信息点进行永久链路测试。主干线缆采用电缆时也可按照永久链路的连接模型进行测试；

2）对包含设备线缆和跳线在内的拟用或在用电缆链路进行质量认证时可按信道方式测试；

3）对绞电缆布线系统链路或信道应测试长度、连接图、回波损耗、插入损耗、近端串音比、近端串音功率和、衰减远端串音比、衰减远端串音比功率和、衰减近端串音比、衰减近端串音比功率和、环路电阻、时延、时延偏差等；

4）现场条件允许时，宜对 EA 级、FA 级对绞电缆布线系统的外部近端串音功率和（PSANEXT）及外部远端串音比功率和（PSAACR-F）指标进行抽测；

5）屏蔽布线系统应符合第 3 款第 4 项规定的测试内容，还应检测屏蔽层的导通性能。屏蔽布线系统用于工业级以太网和数据中心时，还应排除虚接地的情况；

6）对绞电缆布线系统应用于工业以太网、POE 及高速信道等场景时，可检测 TCL、ELTCTL、不平衡电阻、耦合衰减等屏蔽特性指标。

（3）光纤布线系统性能测试应符合下列规定；

1）光纤布线系统每条光纤链路均应测试，并应记录测试的光纤长度；

2）当 OM3、OM4 光纤应用于 10Gbt/s 及以上链路时，应使用发射和接收补偿光纤进行双向 OTRD 测试；

3）当光纤布线系统性能指标的检测结果不能满足设计要求时，宜通过 OTRD 测试曲线进行故障定位测试；

4）光纤到用户单元系统工程中，应检测用户接入点至用户单元信息配线箱之间的每一条光纤链路，衰减指标宜采用插入损耗法进行测试。

光缆布线系统的测试是工程验收的必要步骤，只有通过了系统测试，才表示布线系统已完成。

在光纤的应用中，光纤本身的种类很多，但光纤及其传输系统的基本测试方法大体样的，所使用的测试仪器（设备）也基本相同。目前，绝大多数的光纤系统都采用标准类型纤、发射器和接收器。由于光纤的大多数特性参数不受安装方法的影响，已经由光纤厂家进行了测试，不需现场测试。所以，对光纤或光纤传输系统而言，其基本的测试参数只是连续性和衰减。通常，在具体的工程中对光缆的测试方法有连通性测试、端-端损耗测试、收发功率测试和反射损耗测试四种。

（五）验收与交接

综合布线系统工程的验收涉及工程的全过程，其验收根据施工过程分为随工验收、初步验收和竣工验收三个阶段。而每一阶段根据工程内容、施工性质和进度的不同，验收的内容也不同。

1. 随工验收

在工程施工过程中，为考核施工单位的施工水平并保证施工质量，应对所用材料、工程的整体技术指标和质量有一个了解和保障。对一些日后无法检验的工程内容，在施工过程中应进行部分的验收，这样可以及早发现工程质量问题，避免造成人力和物力的大量浪费。

随工验收应对隐蔽工程部分做到边施工边验收，在竣工验收时一般不再对隐蔽工程进行验收。

2. 初步验收

初步验收是在工程完成施工调试之后进行的验收工作，初步验收的时间应在原定计划的建设工期内进行，由建设单位组织相关单位参加。初步验收的工作内容包括检查工程质量、审查竣工资料，对发现的问题提出处理的意见，并组织相关责任单位落实解决。

对所有的新建、扩建和改建项目，都应在完成施工调试之后进行初步验收。初步验收是为竣工验收做准备的。

3. 竣工验收

竣工验收是工程建设的最后一道工序，是工程完工后进行的最后验收，是对工程施工过程中的所有建设内容依据设计要求和施工规范进行的全面检验。如果全部合格，且全部竣工图样、资料等文档齐全，工程即可交付业主进行使用。

8.4 安全防范系统安装

8.4.1 安全防范系统概述

安全防范是指在建筑物或建筑群内（包括周边地域），或特定的场所、区域，通过采用人力防范、技术防范和物理防范等方式综合实现对人员、设备、建筑或区域的安全防范。

初始的保安是由人来完成的，增加人员一方面要大量增加费用；另一方面，人终究不能像机器一样始终如地坚持原则。所以安全防范系统，应当尽量降低对人员的需求，通过采用安全技术防范产品和防护设施实现安全防范。

（一）安全防范系统的构成

安全防范系统包括出入口控制、防盗报警、访客对讲、电子巡更、汽车库管理等。广义地说，它还包括防火报警。

1. 出入口控制系统

出入口控制就是对建筑内外正常的出入通道进行管理。该系统可以控制人员的出入，还能控制人员在楼内及其相关区域的行动。过去，此项任务是由保安人员、门锁和围墙来完成的。但是，人有疏忽的时候，钥匙会丢失、被盗和复制。智能大厦采用的是电子出入口控制系统，可以解决上述问题。在大楼的入口处、金库门、档案室门、电梯等处可以安装出入口控制装置，比如磁卡识别器或者密码键盘等。用户要想进入，必须拿出自己的磁卡或输入正确的密码，或两者兼备。只有持有有效卡或密码的人才允许通过。采用这样的系统有许多特点：

（1）每个用户持有一个独立的卡或密码，这些卡和密码的特点是它们可以随时从系统中取消。卡片一旦丢失即可使其失效，而不必像使用机械锁那样重新给锁配钥匙，或者更换所有人的钥匙。同样，离开一个单位的人持有的磁卡或密码也可以轻而易举地被取消。

（2）可以用程序预先设置任何一个人进入的优先权，一部分人可以进入某个部门的一些门，而另一些人只可以进入另一组门。这样使用户能够控制谁可以去什么地方，还可以设置一个人在一周里有几天、一天里有多少次可以使用磁卡或密码。这样就能在部门内控制一个人进入的次数和活动。

（3）系统所有的活动都可以用打印机或计算机记录下来，为管理人员提供系统所有运转的详细记载，以备事后分析。

（4）使用这样的系统，很少的人在控制中心就可以控制整个大楼内外所有的出入口，节省了人员，提高了效率，也提高了保安效果。

采用出入口控制为防止罪犯从正常的通道侵入提供了保证。

2. 防盗报警系统（入侵报警系统）

防盗报警系统亦称入侵报警系统，它是用探测装置对建筑内外重要地点和区域进行布防。它可以探测非法侵入，并且在探测到有非法侵入时，及时向有关人员示警。另外，人为的报警装置，如电梯内的报警按钮，人员受到威胁时使用的紧急按钮、脚踏开关等也属于此系统。在上述三个防护层次中，都有防盗报警系统的任务。譬如安装在墙上的振动探测器、玻璃破碎报警器及门磁开关等可有效探测罪犯从外部的侵入，安装在楼内的运动探测器和红外探测器可感知人员在楼内的活动，接近探测器可以用来保护财物、文物等珍贵物品。探测器是此系统的重要组成部分，目前市场上种类繁多，我们将在后面详述。另外，此系统还有一个任务，就是一旦有报警，要记录入侵的时间、地点，同时要向监视系统发出信号，让其录下现场情况。

3. 访客对讲系统

在高层公寓楼（高层商住楼）或居住小区，应设能为来访客人与居室中的人们提供双向通话或可视通话和住户遥控入口大门的电磁开关，及向安保管理中心进行紧急报警的功能，乃至向公安机关“110”报警。

4. 电子巡更系统

电子巡更系统是采用设定程序路径上的巡更开关或读卡器，确保保安人员能够按照预定的顺序在安全防范区域内的巡视站进行巡逻，同时保障保安人员的安全以及大楼的安全。

5. 停车库管理系统

在各类现代建筑中，对停车场的综合管理也显得愈来愈重要。停车场综合管理系统的主要功能和作用为：汽车出入口通道管理；停车计费；车库内外行车信号指示；库内车位空额显示诱导等。亦即，它是对进出车辆进行自动登录、监控管理和控制的电子系统及网络。近来，安全防范系统正在向综合化、智能化方向发展。以往，出入口控制系统、防盗报警系统、电视监控系统、停车库管理系统等，是各自独立的系统。目前，先进的安全防范系统（保安系统）一般由计算机协调起来共同工作，构成集成化安全防范系统，可以对大面积范围、多部位地区进行实时、多功能的监控，并能对得到的信息进行及时的分析与处理，实现高度的安全防范的目的。

（二）安全防范系统的基本组成

1. 出入口控制系统

出入口控制系统的功能是对人的出入进行管理，保证授权出入人员的自由出入，限制未授权人员的进入，对于强行闯入的行为予以报警，并可同时对出入人员代码、出入时间代码、出入门代码等情况进行登录与存储，从而成为确保安全区域的安全，实现智能化管理的有效措施。

出入口控制系统通常由三部分组成：

（1）出入口目标识别装置。这部分的主要功能是通过对出入目标身份的检验，判断出入人员是否有授权出入。只有进入者的出入凭证正确才予以放行，否则将拒绝其进入。出入凭证的种类很多，如：

1）以各种卡片作为出入凭证，有磁卡、条码卡、IC 卡、威根卡等；

2）以输入个人识别码为凭证，主要有固定键盘及乱序键盘输入技术；

3）以人体生物特征作为判别凭证，如指纹、掌纹、视网膜、声音等。

（2）出入口管理控制主机。出入口管理子系统是出入口控制系统的管理与控制中心，亦即是出入口控制主机。它是将出入口目标识别装置提取的目标身份等的信息，通过识别、对比，以便进行各种控制处理。

出入口控制主机可根据保安密级要求，设置出入门管理法则。既可对出入者按多重控制原则进行管理，也可对出入人员实现时间限制等，对整个系统实现控制；并能对允许出入者的有关信息，出入检验过程等进行记录，还可随时打印和查阅。

（3）出入口控制执行机构。执行从出入口管理主机发来的控制命令，在出入口做出相应的动作，实现系统的拒绝与放行操作，如电控锁、挡车器、报警指示装置等被控设备，以及电动门等控制对象。

一个功能完善的出入口控制系统，必须对系统运行方式进行妥善组织。例如按什么法则，允许哪些人员出入；允许他们在什么日期及时间范围内出入；允许他们通过哪个门出入等必需做出明确规定。

（4）出入口控制系统的基本要求。对建筑规模较大、多用户使用的商务办公（包括档案室机房）等，需对出入人员实行管理的，应采用出入口控制系统。其基本要求：

1）按照公共安全防范用途及管理需要，对建筑内的通行门，出入口通道、应急电梯、车库等设置出入口控制系统。目前多采用各种信息卡门禁系统，此外有生物识别系统等。

2）系统应能对设防区域的位置、通行对象及通行时间等进行有效控制与识别，并设置优先等级，能将各种信息显示统计、存储、打印；对非有效进入及被动进入应有异地报警响应。

3）系统应与消防系统联动，当火警报警时能迅速启动消防通道和安全门。

2. 防盗报警系统（入侵报警系统）

防盗报警系统包括前端设备、传输设备、处理/控制/管理设备和显示/记录设备。前端设备包括一个或多个探测器；传输设备包括电缆、数据采集和处理器（地址编解码器/发射接收装置）；控制设备包括控制器或中央控制台，控制器/中央控制台应包含控制主板、电源、声光示、编程、记录装置以及信号通信接口等。常用的系统有分线制和总线制两大类。

（1）分线制防盗报警系统。根据拓扑结构，分线制防盗报警系统可分为三种模式。

1）模式一：系统由前端设备、传输设备、处理/控制/管理设备和显示/记录设备四部分组成。分线制系统的探测器、紧急报警装置通过多芯电缆与报警控制主机形成一一对应的专线联系。

2）模式二：探测器数量小于报警主机容量，系统可根据区域联动开启相关区域的照明和声光报警器，备用电源切换时间满足报警控制主机的供电要求，无源探测器宜采用两芯线，有源探测器宜采用不少于四芯的 RVV 线。

3）模式三，也是周界防护电子报警系统示意图。备用电源换时间应满足周界报警控制器的供电要求，前端设备选择、选型应由工程设计确定。

（2）总线制防盗报警系统。根据拓扑结构，总线制防盗报警系统可分为两种模式。

1）模式一：总线制控制系统是将探测器、紧急报警装置通过其相应的编址模块与报警控制器主机之间采用报警总线（专线）相连。与分线制防盗报警系统相同，它也是由前端设备、传输设备、处理/控制/管理设备和显示/记录设备四部分组成，所不同的是其传输设备通过编址模块使传输线路变成了总线制，大大减少了传输导线的数量。

2）模式二：本总线制周界防护电子报警系统备用电源的切换时间应满足周界报警控制器的供电要求，前端设备的选择应由工程设计确定。

3. 访客对讲系统

住宅楼访客对讲系统的功能包括小区内联网的对讲系统、可视对讲、求助功能、防盗报警功能。

对讲系统大多由电控防盗门附设电控门锁、闭门器、门口机与电源、室内机和管理机组成。门口机是为来访者提供呼叫主人并与其通话的设备，室内机是用于住户接受呼叫、确认来访者身份并决定是否开门的装置，而管理人员能通过管理机监控、管理全楼或者整个辖区的安全，是确保小区和家庭安全的极其有效的手段。

对讲系统必须具备选呼、通话、电控开锁功能。对讲系统分为普通对讲系统、可视对讲系统、小区（楼群）联网对讲系统。

（1）普通对讲系统。普通对讲系统只能传送语音信号，来访者呼叫住户并与其交谈，它适用于一般居民住宅。普通对讲系统是在一栋大楼的门口或者每个单元门口安装一个楼宇电控防盗门，附设电控门锁、闭门器、编码盘、对讲门口机和电源；每个住户家里安装一台普通对讲室内机，通过电缆和助设备连接起来，构成一个独立、完整的系统。

平时电控防盗门处于关闭状态。客人来访时，通过单元楼门口上的操作键选择被访人的号，并与主人对话；当确认来访者身份决定开门时，按动室内机的开门键，防盗门上的电控门打开；客人进门后，闭门器立即关闭楼门的电控门，以防非授权者进入。

（2）可视对讲系统。可视对讲系统既能传递声音信息又能传送动态图像信号，向住户提供实时的动态画面，适于高档住宅区的安全防范系统。别墅式可视安防对讲系统适合个别要求较高的家庭或者居住别墅的家庭使用。

单户（别墅）使用的系统，其特点是每户一个室外主机，可连带一个或多个室内分机。独立（单元）住宅楼使用的系统（也称单元楼对讲系统），其特点是单元楼有一个门口控制主机，可根据单元楼层的多少、每层有多少单元住户来决定选用直按式、数码式两种操作方式。

（3）小区（楼群）联网安防对讲系统。在封闭小区中，可以对每个单元住宅楼使用单元系统并通过小区内专用（联网）总线与管理中心连接，形成小区各单元住宅楼对讲网络。

住宅小区都是由若干栋住宅楼组成的。在每栋住宅楼宇对讲系统的基础上，在值班室安装一套楼宇对讲管理员机，并将各楼宇对讲系统与设在值班室的管理员机相连接。若在值班室再安装一台能紧急与当地公安部门指挥中心联网的报警控制/通信机，便可构成一个比较完善的小区（楼群）联网对讲系统。

住宅小区物业管理的安全保卫部门通过小区可视对讲管理主机，可以对小区内各住宅楼可视对讲系统的工作情况进行监督

4. 电子巡更系统

电子巡更系统是在指定的巡逻路线上，安装巡更按钮或读卡器，保安人员在巡逻时依次接触输入信息。控制中心的计算机上有巡更系统的管理程序，可以设定巡更路线和方式。保安人员在指定的时间和地点向中央控制站发回信号表示正常，信号没有发到中央控制站，或不按规定的次序出现信号，系统将认为异常。

电子巡更系统还可帮助管理者分析巡逻人员的表现，而且管理者可通过软件随时更改巡逻路线，以配合不同场合（如有特殊会议、贵宾访问等）的需要。也可通过打印机打印出各种简单明了的报告。

电子巡更系统分为两类：离线式、在线式。

（1）在线式电子巡更系统。在线式巡更系统：巡更人员正在进行的巡更路线和到达每个巡更点的时间在中央监控室内能实时记录与显示。巡更人员如配有对讲机，便可随时同中央监控室通话联系。在线式巡更系统的缺点是：需要布线，施工量很大，成本较高；在室外安装传输数据的线路容易遭到人为的破坏，需设专人值守监控电脑，系统维护费用高；已经装修好的建筑再配置在线式巡更系统更显困难。

（2）离线式电子巡更系统。离线式电子巡更系统除需一台 PC 电脑及操作系统外，还包括巡更探头（也称为信息采集器）、接触记忆卡（也称为信息钮）和巡更探头数据发送器（也称为下载器）三种装置。

离线式巡更系统：无需布线，巡更人员手持数据采集器到每个巡点采集信息。其安装简易、性能可靠、适用于任何需要保安巡逻或值班巡视的领域。离线式巡更系统的缺点巡更员的工作情况不能随时反馈到中央监控室。

5. 停车场（库）管理系统

停车场（库）管理系统又称停车库自动化系统，是根据建筑物的使用功能和安全防范管理的要求，对停车场车辆通行道口实施出入控制、监视、行车信号指示、停车管理和车辆防盗报警等功能的系统。

停车场（库）管理系统一般采用三重保密认证的非接触式智能 IC 卡作为通行凭证，并

借助图像对比、人工识别技术以及强大的后台数据库管理技术对停车场（库）实现智能化管理。它集计算机网络技术、总线技术和非接触式 IC 卡技术于一体，可广泛应用于停车收费、智能化管理的地面或地下停车场（库），并可方便地与门禁、收费等系统组合，实现一卡通。

（1）停车库管理系统一般由三部分组成：

1）车辆出入的检测与控制：通常采用环形感应线圈方式或光电检测方式；

2）车位和车满的显示与管理：它可有车辆计数方式和车位检测方式等；

3）计时收费管理：有无人的自动收费系统、有人管理系统等。

（2）车库管理系统，除用于公共安全防范外，根据需要可兼有自动计费、收费的功能，其基本要求：

1）按照公共安全防范和管理的需要，对电视监控以及已配有的出入口控制系统，包括紧急报警按钮，应在车库的停车场及其出入口通道设置；

2）不设出入口控制系统的车库管理系统，除安装电视监控外，还应有车库出入口及车库内的行车信号指示，车库门自动控制等功能。

8.4.2 安全防范系统安装

（一）出入口控制系统的安装

出入口控制系统的安装流程：

线缆敷设→读卡机（IC 卡机、磁卡机、感应式读卡机等）安装→监控台安装→系统调试。

1. 线缆敷设

出入口控制（门禁）系统的电缆桥架、电缆沟、电缆竖井、电线导管、线缆敷设的施工遵照“项目 2 室内线路的安装”。

地线、电源线应按规定连接，电源线与信号线分槽（或管）敷设，以防干扰。采用联合接地时，接地电阻应小于 1Ω。

2. 读卡机（IC 卡机、磁卡机、感应式读卡机等）的安装

（1）应安装在平整、坚固的地方，保持水平，不能倾斜。

（2）一般安装在室内，安装在室外时，应考虑防水措施及防撞装置，并不应受到直射阳光。

3. 监控台安装

出入口控制系统的监控台应设置在机房或监控中心。监控台的安装应满足下列要求。

（1）按设计要求确定位置，摆放竖直、台面水平。

（2）控制设备安装布局合理、操作方便、安全。

（3）附件完整、无损伤、螺丝紧固，台面整洁无划痕。

（4）台内接插件和设备接触可靠，安装牢固，机架和操作台内线路符合设计要求，绑扎整齐、标识明显，无扭曲脱落现象。

（5）接地规范、接地电阻符合要求。

4. 系统调试

出入口控制（门禁）系统调试内容如下。

（1）读卡系统的调试一般用一组不同类型的卡（其中包括正常可用的卡、定时可用的卡、已超时不可用的卡、黑名单的卡、卡+密码、卡+防劫持码等）对每台读卡机（含非接触式读卡机）进行判别和处理，工作正常；系统的开门、关门、提示、记忆、统计和打印等处理功能应正常。

（2）指纹、声纹、视网膜、掌纹和复合技术等识别系统按产品技术说明书和设计要求进行调试。

（3）检查各种鉴别方式的出入口控制系统工作是否正常，并按有效设计方案达到相关功能要求。

（4）对每一次有效的进入，检查主机应能储存进入人员的相关信息，对非有效进入或被胁迫进入应有异地报警功能。

（5）检查微处理器或计算机控制系统，应具有时间、逻辑、区域、事件和级别分档等判别及处理功能。

（6）检查系统防劫、求助、紧急报警应正常工作，应具有异地声光报警与显示功能。

（7）检查系统与计算机集成系统的联网接口以及该系统对出入口（门禁）控制系统的集中管理和控制能力。

（二）防盗报警系统（入侵报警系统）的安装

入侵报警系统的安装流程为：线缆敷设→入侵探测器安装→报警控制器安装→系统调试。

1. 线缆敷设

线缆敷设方法要求与前同，详见“项目 2 室内线路的安装”。

2. 入侵探测器的安装

（1）入侵探测器（以下简称探测器）安装前要通电检查其工作状况，并做记录。

（2）探测器的安装应按设计要求及设计图纸进行。

（3）室内被动红外探测器的安装应满足下列要求：

1）壁挂式被动红外探测器应安装在楼道端，视场沿楼道走向，高度 2.2m 左右。

2）吸顶式被动红外探测器，一般安装在重点防范部位上方附近的天花板上，必须水平安装。

3）楼道式被动红外探测器，必须安装在楼道端，视场沿楼道走向，高度 2.2m 左右。

4）被动红外探测器一定要安装牢固，不允许安装在暖气片、电加热器、火炉等热源正上方；不准正对空调机、换气扇等物体；不准正对防洪区内运动和可能运动的物体。防止光线直射探测器，探测器正前方不准有遮挡物。

（4）微波-被动红外双技术探测器的安装

1）壁挂式微波-被动红外双技术探测器应安装在与可能入侵方向成 45°角的方位（如受条件限制应优先考虑被动红外单元的探测灵敏度），高度 2.2m 左右，并视防范具体情况确定探测器与墙壁倾角。

2）吸顶式微波-被动红外双技术探测器，一般安装在重点防范部位上方附近的天花板上，必须水平安装。

3）楼道式微波-被动红外双技术探测器的其他安装注意事项可参考被动红外探测器的安装，微波-被动红外双技术探测器如图 8-20 所示。

（5）主动红外探测器的安装应满足下列要求：

1）安装牢固，发射机与接收机对准，使探测效果最佳；

2）发射机与接收机之间不能有可能遮挡物，如风吹树摇的遮挡等；

3）利用反射镜辅助警戒时，警戒距离较对射时警戒距离要缩短；

4）安装过程中注意保护透镜，如有灰尘 可用镜头纸擦干净，主动红外探测器如图 8-21 所示。

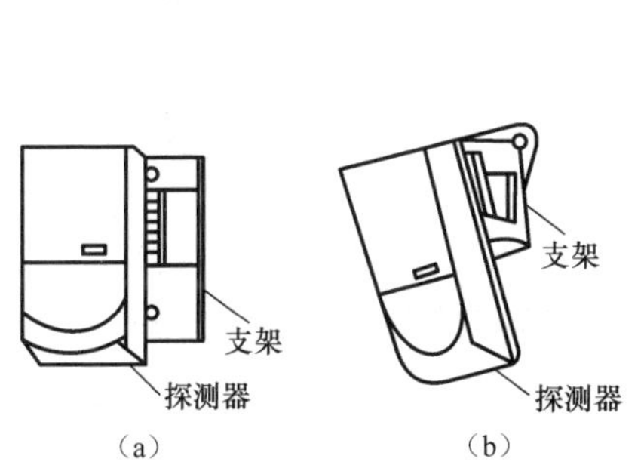

图 8-20　微波-被动红外双技术探测器图

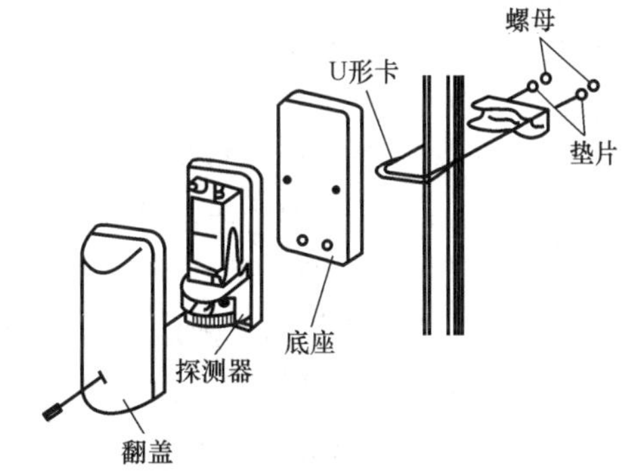

图 8-21　主动红外探测器

（6）声控-振动双技术玻璃破碎探测器的安装：

1）探测器必须牢固地安装在玻璃附近的墙壁上或天花板上；

2）不能安装在被保护玻璃上方的窗帘盒上方；

3）安装后应用玻璃破碎仿真器精心调节灵敏度，声控-振动玻璃破碎探测器如图 8-22 所示。

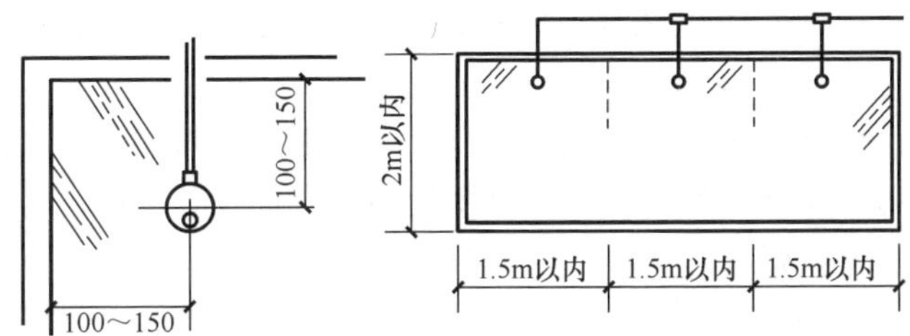

图 8-22　声控-振动玻璃破碎探测器的安装

（7）磁开关探测器的安装：

1）磁开关探测器应牢固地安装在被警戒的门、窗上，距门窗拉手边的距离不大于 150mm；

2）舌簧管安装在固定的门、窗框上，磁铁安装在活动门、窗上，两者对准，间距在 0.5cm 左右为宜；

3）安装磁开关探测器的（特别是暗装式磁开关）时，要避免猛烈冲击，以防舌簧管破裂，磁开关探测器如图 8-23 所示。

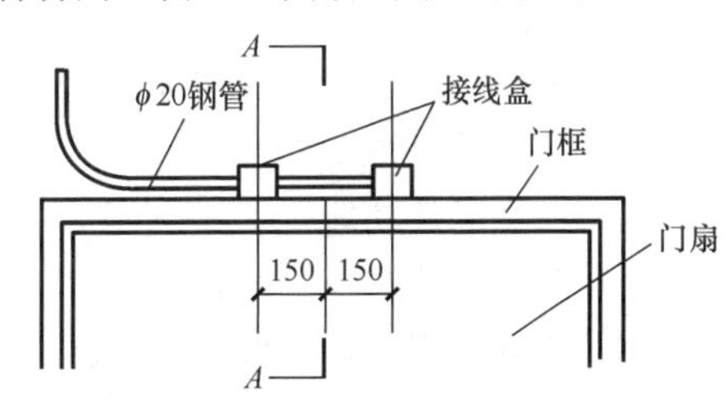

图 8-23　磁开关探测器的安装

（8）电缆式振动探测器的安装：

1）在网状围栏上安装时，需将信号处理器（接口盒）固定在栅栏的桩柱上，电缆敷设在栅网 2/3 高度处；

2）敷设振动电缆时，应每隔 20cm 固定一次，每隔 10m 做一半径为 8cm 左右的环；

3）若警戒周界需过大门时，可将电缆穿入金属管中，埋入地下 1m 深度；

4）在周界拐角处须作特殊处理，以防电缆弯成死角和磨损；

5）施工中不得过力牵拉和扭结电缆，电缆外皮不可损坏，电缆末端处理应符合《电气装置安装工程 低压电器施工及验收规范》（GB 50254—2014）的要求，并加防潮处理。

3. 报警控制器安装

（1）报警控制器的安装在墙上时，其底边距地板面高度不应小于 1.5m，正面应有足够的活动空间。

（2）报警控制器必须安装牢固、端正。安装在松质墙上时，应采取加固措施。

（3）引入报警控制器的电缆或导线应符合下列要求：

1）配线应排列整齐，不准交叉，并应固定牢固；

2）引线端部均应编号，所编序号应与图纸一致，且字迹清晰不易褪色；

3）端子板的每个接线端，接线不得超过两根；

4）电缆芯和导线留有不小于 20cm 的余量；

5）导线应绑扎成束；

6）导线引入线管时，在进线管处应封堵。

（4）报警控制器应牢固接地，接地电阻值应小于 4Ω（采用联合接地装置时，接地电阻值应小于 1Ω）。接地应有明显标志。

4. 系统调试

（1）一般要求：

1）报警系统的调试，应在建筑物内装修和系统施工结束后进行；

2）报警系统调试前应具备该系统设计时的图纸资料和施工过程中的设计变更文件（通知单）及隐蔽工程的检测与验收记录等；

3）调试负责人必须有中级以上专业技术职称，并由熟悉该系统的工程技术人员担任；

4）具备调试所用的仪器设备，且这些仪器设备符合计量要求；

5）检查施工质量，做好与施工队伍的交接。

（2）调试。调试开始前应先检查线路，对错接、断路、短路、虚焊等进行有效处理。调试工作应分区进行，由小到大。报警系统通电后，应按《防盗报警控制器通用技术条件》的有关要求及系统设计功能检查系统工作状况。主要检查内容为：

1）报警系统的报警功能，包括紧急报警、故障报警等功能；

2）自检功能；

3）对探测器进行编号，检查报警部位显示功能；

4）报警控制器的布防与撤防功能；

5）监听或对讲功能；

6）报警记录功能；

7）电源自动转换功能；

8）调节探测器灵敏度，使系统处于最佳工作状态。

将整个报警系统至少连续通电 12h，观察并记录其工作状态，如有故障或是误报警，应认真分析原因，做出有效处理。调试工作结束后，填写调试报告，写竣工报告。

（三）访客对讲系统的安装

访客对讲系统安装流程为：线缆敷设→访客对讲设备安装→管理中心主机安装→系统调试。

1. 线缆敷设

线缆敷设方法要求与前同，详见“项目 2 室内线路的安装”。

2. 访客对讲设备安装

（1）门口主机的安装。

1）门口机安装防盗门上或墙上时，其底边距地板面高度应在 1.5m，正面应有足够的活动空间，方便操作。

2）门口机必须安装牢固、端正。

3）引入门口机的电缆或导线留有不小于 20cm 的余量，配线应排列整齐。导线引入线管时，在进线管处应封堵，对讲门口主机的安装如图 8-24 所示。

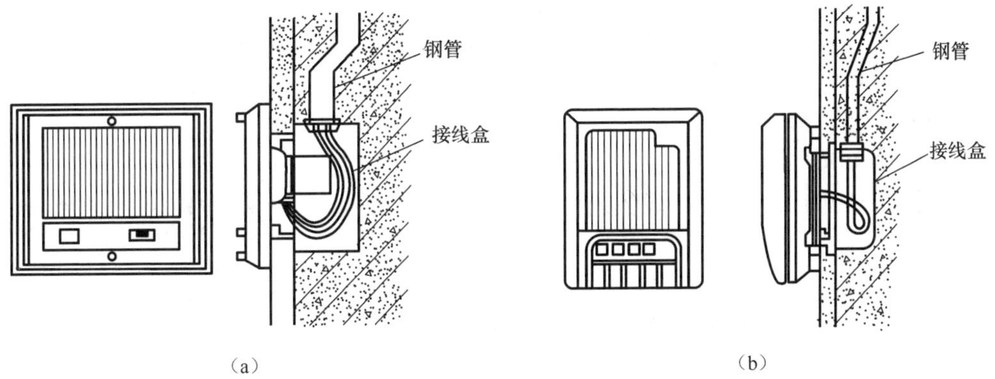

图 8-24 对讲门口主机的安装

（2）室内分机的安装。

1）安装在室内门口处，便于操作，安装牢固、端正；

2）安装高度距地面 1.5m 左右；

3）分机接线采用接线端子，连接紧固，如图 8-25 所示。

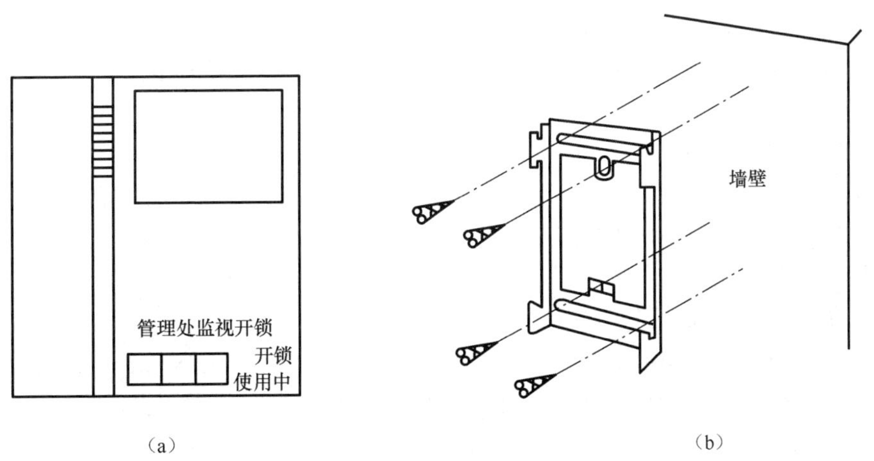

图 8-25 室内分机的安装

（3）闭门器的安装。

1）闭门器一般由闭门器主体、主摇臂、副摇臂等组成。

2）闭门器的安装位置根据开门的角度、开门的方向等来确定。

（4）译码分配器安装。译码分配器在系统中串行连接使用。它采用直流电，由系统电源设备供电，安装在楼内的弱电竖井内。

（5）电源。系统的供电设备采用220V交流供电，直流输出，安装在楼内的弱电竖井内。

3. 管理中心主机安装

管理中心主机是住宅小区安防系统的核心设备，可协调、监督该系统的工作。主机装有电路板、电铃、功能键和手机，并可外接摄像机和监视器。

物业管理中心的保安人员可同住户及来访者进行通话，并可观察到来访者的影像；可接受用户分机的报警，识别报警区域及记忆用户号码，监视来访者情况，并具有呼叫和开锁的功能。主机采用220V交流电源供电。

管理中心主机安装在住宅小区物业管理保安人员值班室内的工作台面上。

4. 系统调试

系统各功能的调试。

（四）电子巡更系统的安装

电子巡更系统的安装流程：线缆敷设→读卡器及信息钮安装→管理中心主机安装→系统调试。

1. 线缆敷设

线缆敷设方法要求与前同，详见“项目2室内线路的安装”。

2. 读卡器及信息钮安装

在线式电子巡更系统或离线式电子巡更系统的前端设备有读卡器、信息钮，是电子巡更系统的信息采集点。读卡器及信息钮应安装在各出入口、主要信道、各紧急出入口、主要部门或其他需要巡更的站点上，位置和数量应满足设计和使用要求。

（1）信息采集点的安装高度应离地1.3～1.5m。

（2）安装应牢固，有一定的抗破坏能力，户外应有防水措施。

（3）检查在线式电子巡更系统信息采集点设置的可靠性、实时巡查与预置巡查的一致性，并查看记录、存储信息及发生不到位即时报警功能的完善性。

（4）检查离线式电子巡更系统信息钮信息的准确性，以及数据采集、统计、打印等功能是否正常。

3. 管理中心主机安装

管理中心主机一般安装在机房或值班室内的工作台面上。管理中心主机在安装前应进行检验，设备外形尺寸、设备内主板及接线端口的型号、规格符合设计规定，备品备件齐全。按照图纸连接巡更系统主机、计算机、UPS、打印机、充电座等设备。

（1）设备安装应牢固、紧密，紧固件应做防锈处理。

（2）安装的设备应按图纸或产品说明书要求接地，其接地电阻应符合设计要求。

（3）安装系统软件的计算机硬件配置不应低于软件对计算机硬件的要求。

4. 系统调试

巡更系统调试包括以下几点。

（1）读卡式巡更系统应保证确定为巡更用的读卡机在读巡更卡时正确无误，检查实时巡更应和计划巡更相一致，若不一致应能发出报警。

（2）采用巡更信息钮（开关）的信息正确无误，数据能及时收集、统计、打印。

（3）按照巡更路线图检查系统的巡更终端、读卡机的响应功能。

（4）现场设备的接入率及完好率测试。

（5）检查巡更管理系统对任意区域或部位按时间线路进行任意编程修改的功能以及撤防、布防的功能。

（6）检查系统的运行状态、信息传输、故障报警和指示故障位置的功能。

（7）检查巡更管理系统对巡更人员的监督和记录情况、安全保障措施和对意外情况及时报警的处理手段。

（8）对在线联网式的巡更管理系统还需要检查电子地图上的显示信息、遇有故障时的报警信号以及和电视监视系统等的联动功能。

（9）巡更系统的数据存储记录保存时间应满足管理要求。

（五）停车库管理系统的安装

停车场管理系统安装流程：线缆敷设→前端设备安装→监控主机设备安装→系统调试。

1. 线缆敷设

线缆敷设方法要求与前同，详见“项目 2 室内线路的安装”。

2. 前端设备安装

前端设备包含读卡机、闸门机、车辆出入检测装置、信号指示器等。

（1）电动闸门机、读卡机、磁卡机、验票机安装位置应平整，保持与水平面垂直、不得倾斜，垂直度偏差不应超过 1.5‰，采用四个不小于 M12 的膨胀螺栓固定在混凝土基础上，防松紧固配件应齐全，所有设备均应固定牢固，不得出现松动或摇摆现象。

（2）由金属机箱、马达、变速器、动态平衡器、控制器、挡杆等组成的电动闸门机设备安装水平度及垂直度应符合说明书要求；挡车器箱体与基础完全贴合，其箱体水平、垂直度偏差不应超过 1.5‰。

（3）读卡机宜与出票（卡）机和验票（卡）机合放在一起，安装在车辆出入口安全岛上，距离电动闸门机距离宜为 2.4～2.8m，安装高度距离地面宜为 1.0～1.4m，固定位置应符合设计要求并且方便驾驶员读卡操作；安装在室外时应考虑防水及防撞措施。

（4）车辆出入光电、红外线、地理感应线圈等检测装置安装应符合下列规定。

1）光电发射和接收装置安装应相互对应，接收装置应避免太阳光线直。

2）地埋环形感应线圈的埋设位置与埋设深度应符合设计要求或产品使用要求；环形感应线圈埋设深度距地表面宜为 30～50mm，长度不小于 1.6m，宽度不小于 0.9m；感应线圈应埋设在车道居中的位置，与读卡机、闸门机的中心间距宜保持在 0.9～1.2m。

3）线圈槽中应按顺时针方向放入 3～4 匝电线，导线截面积不小于 1.5mm^2 的多股软铜线，导线外绝缘层应耐磨、耐高温、防水。放入槽中的电线应松弛，不应受力。

4）当线圈槽埋设的路面如有钢筋时，应离开钢筋 150mm 以上；若无法避开，则应增加 2 匝线圈，在确保探测线圈灵敏度的前提下，线圈槽填充密封后线圈及馈线不外露。

5）感应线圈地槽切割时，转角处应采取圆弧处理，防止混凝土割伤线圈。

6）环形线圈 500mm 平面范围内不可有其他金属物，不应碰触周围金属。

7）线圈埋设完成后应采用沥青、环氧树脂、水泥砂浆等材料将槽口密封固化，防止雨水进入影响检测。

（5）车位探测器及信号指示器安装应符合下列规定：

1）车位探测器及车位状态信号灯宜安装固定在桥架的下方，当采用电线导管施工应固定在接线盒的下方，固定牢固，车位状况信号灯的安装位置应在车位前方，安装高度与车位探测器一致，以车辆行驶时都能看到且不被两侧立柱阻挡为准。

2）超声波车位探测器的安装位置应处于车位的正中央，安装高度应大于2.1m。

3）视频车位探测器应安装在车头前上方的位置，安装高度宜为2.2～2.4m，以视频探测器能探测到车牌为准。

4）车位状况信号指示器在车道出入口安装时应安装在明显位置，其底部距地面高度宜为2.0～2.4m。

5）车位状况信号指示器在室外安装时应考虑防水、防撞措施，安装在停车位上时高度应高于2.1m。

6）车位引导显示器应安装在车道中央上方，便于识别引导信号；安装高度应为2.1～2.4m；显示器的规格一般不小于长1.0m，宽0.3m。

（6）智能摄像机安装应符合下列规定：

1）摄像机安装前应进行通电检查和粗调，对其功能及电源同步情况进行检查，处于正常状态才可进行安装；

2）摄像机采用立杆安装固定时应直接采用不小于M12的膨胀螺栓将立杆固定在混凝土基础（安全岛）上，垫片及紧固螺帽应齐全，固定牢固，无晃动。智能摄像机安装在立杆顶部，其防护罩、万向节、抱箍安装应灵活且牢固；

3）一体摄像机安装时直接将设备自带的安装 吊杆、法兰盘、摄像机采用设备自带螺钉组装固定；

4）室外安装的智能摄像机应采取防雨、防腐蚀措施，摄像机护罩与安装架之间应做防水处理；

5）智能摄像机的安装位置、角度应处于不易受到外界损伤的位置，应满足车辆号牌字符、号牌颜色、车身颜色、车辆特征、人员特征等相关信息采集需要，摄像机安装高度1.2～1.5m，视频识别距离及俯视角度应在系统调试时根据现场情况进行调整至满足使用要求为准。

3. 监控主机设备安装

监控主机设备一般安装在机房或值班室内，除符合设计要求外还应符合下列规定：

（1）监控主机等终端设备在控制台上安装应平稳、便于操作，台内插接件与设备连接应牢固，接线应符合产品说明书要求，无扭曲脱落现象；

（2）监控主机及屏幕的安装应避免外来光直射，否则应采取避光措施；

（3）系统宜采用双路电源末端切换的专用配电箱供电。

4. 停车场（库）管理系统调试

停车场（库）管理系统调试应符合下列规定。

（1）检查系统接线。系统供电电压、极性应符合产品技术文件和设计要求，接线时应注意区分电源正、负极，输入、输出端，前端设备的输出接地端（GND）、停车（场）控器的接地端（GND）应连接到位。

（2）调试入口、出口车道上车辆识别功能及识别方式。检查出、入识读装置的识读功能、识别距离及识别信息的准确性、出票/验票装置的准确性；检查车牌识别功能和自动抓拍功能，车牌识别率应≥98%。

（3）停车库（场）管理系统的车辆进入、分类收费、收费指示牌、车牌号复核、车辆导向信息应显示正确。监控主机能对整个停车库（场）的收费统计和多个出入口进行监控管理，并能独立运行和自动计费及收费金额显示功能。

（4）检查电动闸门机起/落杆操作的自动和手动功能，自动起/落杆的速度、通行宽度及高度应满足设计要求。手动控制电动闸门机起/落杆应安全可靠。

（5）调试车位引导功能。检查车位显示信息，包括总车位、剩余车位信息等应实时可靠，车位指示牌应能正确显示动态信息和行车指示信息。监控主机管理界面显示应实时同步。

（6）对系统报警功能进行调试，当系统出现违规识读、出入口被非授权开启、故障等状态和非法操作时，系统应能根据不同需要向现场、监控中心发出可视和（或）可听的通告或警示。

项目 9　电气工程施工安全管理

【知识目标】

（1）了解施工用电安全管理规范及技术要求。

（2）熟悉电气安全技术，掌握触电急救方法。

（3）熟悉电气防火措施，掌握灭火器的使用。

【能力目标】

（1）具备根据现场情况编制临时用电施工组织设计的能力。

（2）能够评估安全风险，进行电气工程施工用电安全管理。

（3）具备触电急救的能力，能够使用灭火器扑灭初期火灾。

【素质目标】

（1）提高安全意识，不断增强社会责任感，保障人身安全和设备稳定。

（2）培养严谨细致的工作态度和工作作风，认真对待每一个安全细节。

9.1　施工用电管理

电力作为生产和生活的重要能源，在给人们带来方便的同时，也具有很大的危险性和破坏性。如果操作和使用不当，就会危及人的生命、财产甚至电力系统的安全，造成巨大的损失。因此必须严格遵守规程规范、掌握电气安全技术，熟悉保证电气安全的各项措施，防止事故的发生。

9.1.1　临时用电组织设计

为保障施工现场用电安全，防止触电和电气火灾事故发生。我国对新建、改建和扩建的工业与民用建筑和市政基础设施施工现场临时用电做了强制性标准的规定。

按照《施工现场临时用电安全技术规范》（JGJ 46—2005）的规定，临时用电设备在 5 台及 5 台以上或设备总容量在 50kW 及以上者，应编制临时用电施工组织设计。临时用电设备在 5 台以下和设备总容量在 50kW 以下者，应制定安全用电技术措施及电气防火措施。这是施工现场临时用电管理应当遵循的第一项技术原则。

1．临时用电组织设计内容

施工现场临时用电组织设计的主要内容包括以下几点。

（1）现场勘测。

（2）确定电源进线、变电站或配电室、配电装置、用电设备位置及线路走向。

（3）进行负荷计算。

（4）选择变压器。

（5）设计配电系统：

1）设计配电线路，选择导线或电缆；

2）设计配电装置，选择电器；

3）设计接地装置；

4）设计防雷装置；

5）制定安全用电措施和电气防火措施。

2. 临时用电组织设计要求

施工现场临时用电组织设计的要求包括以下几点。

（1）临时用电工程图样应单独绘制，临时用电工程应按图施工。

（2）临时用电组织设计及变更，必须履行“编制、审核、批准”程序。由电气工程技术人员组织编制，经相关部门审核及具有法人资格企业的技术负责人批准后实施。变更用电组织设计时应补充有关图样资料。

（3）临时用电工程必须经编制、审核、批准部门和使用单位共同验收，合格后方可投入使用。

（4）临时用电施工组织设计审批手续：

1）施工现场临时用电施工组织设计必须由施工单位的电气工程技术人员编制，经负责人审核。封面上要注明工程名称、施工单位、编制人并加盖单位公章；

2）施工单位所编制的施工组织设计，必须符合《施工现场临时用电安全技术规范》（JGJ 46—2005）中的有关规定；

3）临时用电施工组织设计必须在开工前 15 日内报上级主管部门审核，批准后方可进行临时用电施工。施工时要严格执行审核后的施工组织设计，按图施工。当需要变更施工组织设计时，应补充有关图样资料，同样需要上报主管部门批准。待批准后，按照修改前、后的临时用电施工组织设计对照施工。

3. 临时用电技术管理

施工现场临时用电技术管理的要点

（1）施工临时用电电源确定原则。施工临时用电电源采用电源中性点直接接地的 220/380V 三相五线制低压电力系统，配电系统按照三级配电、TN-S 接零保护、二级漏电保护的安全技术原则配置。入场前先进行施工临时用电负荷计算，确定所需电源容量。

施工现场临时用电一般由业主指定的供电电源引出，设总配电箱，配电箱内装配经检定合格的计量装置，若施工现场电源为高压进线，根据计算出的电源容量选择变压器。采用自备发电机组时，发电机组电源必须与外电线路电源连锁，严禁并列运行。

比较潮湿或灯具离地面高度低于 2.5m 等场所的照明，电源电压不应大于 36V；潮湿和易触电及带电体场所的照明，电源电压不得大于 24V；特别潮湿场所、导电良好的地面、金属容器内的照明，电源电压不得大于 12V。

（2）施工临时用电的接地。在 TN-S 接零保护系统中，保护地线 PE 应单独敷设，重复接地线必须与保护地线 PE 相连接，严禁与工作中性线 N 线相连接。PE 线上严禁装设开关或熔断器，严禁通过工作电流，且严禁断线。

TN 系统中的保护地线 PE 除必须在总配电箱处做重复接地外，还必须在配电系统的中间处和末端处做重复接地，接地电阻值不应大于 10Ω。

（3）施工临时用电设备安装。配电系统应设置配电柜或总配电箱、分配电箱、开关箱，实行三级配电，总配电箱应设在靠近电源的区域，分配电箱应设在用电设备或负荷相对集中的区域。所谓三级配电，是指施工现场从电源进线开始至用电设备之间，经过三级配电装置配送电力。即由总配电箱（一级箱）开始，依次经由分配电箱（二级箱）、开关箱（三级箱）到用电设备。这种分三个层次逐级配送电力的系统就称为三级配电系统，基本结构形式如图 9-1 所示。

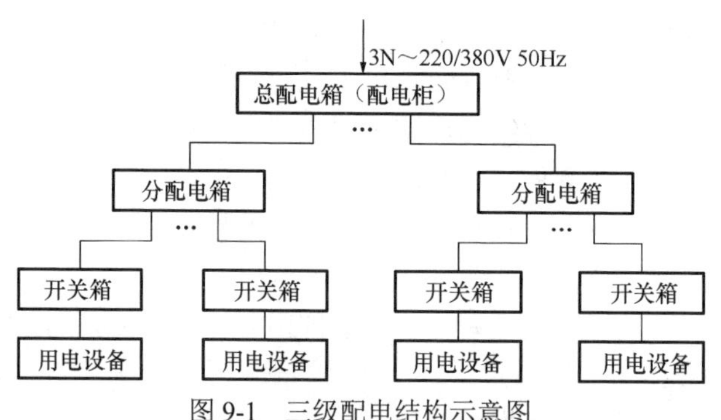

图 9-1　三级配电结构示意图

施工现场临时用电设备安装应遵守下列规定：

1）总配电箱、分配电箱在设置时要靠近电源，分配电箱应设置在用电设备或负荷相对分配电箱与开关箱距离不应超过 30m。开关箱应装设在用电设备附近便于操作处，与所操作使用的用电设备水平距离不宜大于 3m。总、分配电箱的设置，应考虑有两人同时操作的空间和通道，周围不得堆放任何妨碍操作、维修及易燃、易爆的物品，不得有杂草和灌木丛。

2）线路走向与敷设方法应根据现场设备的布置、施工现场车辆、人员的流动、物料的堆放以及地下情况来确定。一般线路设计应考虑架设在道路的一侧，不妨碍现场道路通畅和其他施工机械的运行、装拆与运输。同时又要考虑与建筑物和构筑物、起重机械、构架保持一定的安全距离和防护问题。采用地下埋设电缆的方式，应在考虑地下情况的同时做好过路及进入地下和从地下引出处等位置的安全防护。

3）露天使用的电气设备及元件，均应选用防水型或采取防水措施。

4）照明变压器必须使用双绕组型安全隔离变压器，严禁使用自耦变压器。

5）室外 220V 灯具距地面不宜小于 3m，室内不能低于 2.5m。聚光灯、碘钨灯等高热灯具与易燃物距离不宜小于 500mm，且不得直接照射易燃物。

6）手持式电动工具。严禁使用 I 类手持式电动工具。

9.1.2　临时用电安全管理

1. 临时用电安全管理要求

施工现场临时用电是指临时电力线路，安装的各种电气、配电箱提供的机械设备动力源，必须执行《施工现场临时用电安全技术规范》（JGJ 46—2005）。具体安全管理要求如下：

（1）临时用电作业实行作业许可管理，办理临时用电作业许可，无有效的作业许可证严禁作业。

（2）临时用电线路和电气设备的设计与选型应满足爆炸危险区域的分类要求。安装、拆除临时用电线路的作业，应由供电单位具有资质的电气专业人员进行，执行国家的电气工程安全管理以及设计、施工和验收规范。

（3）在运行的生产装置、罐区和具有火灾爆炸危险场所内一般不允许使用临时电源，必要时在办理临时用电作业许可证的同时，执行动火作业安全管理程序，办理动火作业许可证。

（4）临时用电作业许可证是现场作业的依据，只限在指定的地点和规定的时间内使用，不得涂改、代签。

（5）作业人员必须经过相应培训，具备相应能力。电气专业人员应经过专业技术培训，凭证上岗。

（6）潮湿区域、户外的临时用电设备及临时建筑内的电源插座必须正确安装漏电保护；在每次使用之前必须用试验按钮测试。

（7）临时用电线路和设备应按供电电压等级和容量正确使用。所有电气元件、设施应按国家标准和规范的要求。禁止临时用电单位擅自增加用电负荷，变更用电地点、用途。

（8）紧急情况下应急抢险所涉及的临时用电作业，遵循应急管理程序，确保风险控制措施到位。

2. 临时用电设备的安全要求

（1）移动工具、手持工具等用电设备应有各自的电源开关，实行“一机一闸一保护”，严禁2台或2台以上用电设备使用同一开关（含插座）。

（2）临时用电设备及临时建筑内的电源插座应安装漏电保护器，在每次使用之前应利试验按钮进行测试。所有的临时用电都应设置接地或接零保护。

（3）TN-S配电系统应设置配电柜或总配电箱、分配电箱、开关箱（插座箱），实行三级配两级漏电保护，“一机一闸一保护”。

（4）动力配电箱与照明配电箱宜分别设置，当合并设置在同一配电箱内时，动力和照明应分路配电。

（5）使用手持电工工具应满足如下安全要求如下。

1）设备外观完好，标牌清晰，各种保护罩（板）齐全。

2）在一般作业场所，应使用Ⅱ类工具；若使用Ⅰ类工具时，必须装设额定漏电动作电流不大于15mA，动作时间不大于0.1s的漏电保护电器。

3）在潮湿作业场所或金属构架上等导电性能良好的作业场所，应使用Ⅰ类或Ⅲ类工具。

4）在狭窄场所，如锅炉、金属管道内，应使用Ⅲ类工具。若使用Ⅱ类工具必须装设额定漏电动作电流不大于15mA，动作时间不大于0.1s的漏电保护电器。

5）Ⅲ类工具的安全隔离变压器，Ⅱ类工具的漏电保护器及Ⅱ、Ⅲ类工具的控制源联结器等应放在容器外或作业点外，同时应有人监护。

6）电动工具导线必须为护套软线。导线两端连接牢固，中间不许有接头。

7）临时施工、作业场所必须使用安全插座、插头。

（6）施工所用电气设备的电源线都必须选用橡皮护套铜芯防水软电缆，所选电缆满足TN-S保护接地的要求。

（7）每台设备必须单独与保护导体（PE）可靠连接，保护导体必须采用绝缘导线。导体和电焊机等施工用电气设备连接的PE线的截面不得小于2.5mm^{2}的绝缘多股软铜线；手持电动工具的PE线应为截面不小于1.5mm^{2}的绝缘多股软铜线。

（8）使用电气设备或电动工具作业前，应由电气专业人员对其绝缘进行测试，Ⅰ类绝缘电阻不得小于2MΩ，Ⅱ类工具绝缘电阻不得小于7MΩ，合格后方可使用。

3. 临时用电许可管理

（1）临时用电作业许可流程主要包括作业申请、作业审批、作业实施和作业关闭等四个环节。

（2）临时用电申请人负责与属地单位进行沟通，准备临时用电作业许可证等相关资提出作业申请。

（3）临时用电作业许可证应包括用电单位、属地单位、供电单位、作业地点、作业用电时间、电气专业人员、作业人员、安全措施，以及批准、延期、取消、关闭等基本信息。

（4）临时用电作业许可证应编号，并分别放置于作业现场、属地单位及其他相关方闭后的许可证应收回，并保存一年。

（5）根据作业风险，临时用电作业许可证应由具备响应能力，并能提供、调配、协控制资源的属地单位电气主管负责人审批。

（6）收到临时用电作业许可申请后，用电批准人应组织用电申请人、相关方及电气人员等进行书面审查。审查内容包括：确认作业的详细内容；确认作业单位资质、人员能力等相关文件；分析、评估周围环境或相邻工作区域间的相互影响，确认临时用电作业应采取的所有安全措施，包括应急措施；确认临时用电作业许可证期限及延期次数等。

（7）书面审查通过后，用电批准人应组织用电申请人、相关方及电气专业人员等进场核查。现场核查内容包括：与临时用电作业有关的设备、工具、材料等；现场作业人员资质、能力符合情况；安全设施的配套及完好性，急救等应急措施落实情况；个人防护装备情况；人员培训、沟通情况；其他安全措施落实情况。

（8）书面审查和现场核查通过之后，用电批准人、用电申请人、电气专业人员和相关均应在许可证上签字。书面审查和现场核查可同时在作业现场进行。

（9）对于书面审查或现场核查未通过的，应对查出的问题记录在案；整改完成后，申请人重新申请。

（10）临时用电作业过程中，作业人员应按照临时用电作业许可证的要求进行作业。

（11）临时用电作业许可证的期限一般不超过一个班次。需要时，可适当延长作期限，但最长不能超过 15 天。

（12）当发生下列任何一种情况时，现场所有人员都有责任立即停止作业或报告属地单位，取消临时用电作业许可证，按照控制措施进行应急处置。需要重新恢复作业时，应重新申请办理作业许可：作业环境和条件发生变化而影响到作业安全；作业内容发生改变；实施临时用电作业与作业计划的要求不符：安全控制措施无法实施：发现有可能发生立即危及生命的违章行为；现场发现重大安全隐患；发现有可能造成人身伤害的情况或事故状态下。

（13）临时用电作业结束后，用电单位应及时通知供电单位和属地单位，电气专业人员按规定拆除临时用电线路，并签字确认。用电申请人和用电批准人现场确认无隐患后，在临时用电作业许可证上签字，关闭作业许可。

（14）临时用电作业期间，用电单位和受电单位均应安排专人现场监护。

（15）若涉及动火作业及其他危险作业，还应办理相应的危险作业许可证。临时用电作业许可证有效期限应与动火及其他危险作业许可证一致。

9.2 电气安全管理

9.2.1　电气安全技术

（一）电流对人体的危害

电流通过人体，它的热效应、化学效应会造成人体电灼伤、电烙印和皮肤金属化；它产生的电磁场能量对人体的影响，会导致人头晕、乏力和神经衰弱。电流通过人体头部会使人立即昏迷，甚至醒不过来；通过人体骨髓会使人肢体瘫痪；通过中枢神经或有关部位会导致中枢神经系统失调而死亡；通过心脏会引起心室颤动，致使心脏停止跳动而死亡。

电流通过人体，对人的危害程度与通过的电流大小、持续时间、电压高低、频率、通过人体的途径、人体电阻状况和人身健康状况等有密切关系。

电流对人体的伤害可分为电击和电伤两大类。

1. 电击

电击就是我们通常所说的触电，是电流通过人体对人体内部器官的一种伤害，绝大部分的触电死亡事故都是电击造成的。当人体在触及带电导体、漏电设备的金属外壳或距离高压电太近以及遭遇雷击、电容器放电等情况下，都可以导致电击。

2. 电伤

电伤是指触电时电流的热效应、化学效应和机械效应对人体外表造成的局部伤害。电伤多见于肌肉外部，而且在肌体上往往留下难于愈合的伤痕。常见的电伤有电弧烧伤、电烙印和皮肤金属化等。

（1）电弧烧伤。电弧烧伤是最常见也是极严重的电伤。在低压系统中，带电荷（特别是感性负荷）拉合裸露的刀开关时，产生的电弧可能会烧伤人的手部和面部；线路短路，跌落式熔断器的熔断丝熔断时，炽热的金属微粒飞溅出来也可能造成灼伤；在高压系统中由于误操作，如带负荷拉合隔离开关、带电挂接地线等，会产生强烈的电弧，将人严重灼伤。另外人体过分接近带电体，其间距小于放电距离时，会直接产生强烈的电弧对人放电，造成人触电死亡或大面积烧伤而死亡，强烈电弧的照射还会使眼睛受伤。

（2）电烙印。电烙印也是电伤的一种，当通过电流的导体长时间接触人体时，由于电流的热效应和化学效应，使接触部位的人体肌肤发生变质，形成肿块，颜色呈灰黄色，有明显的边缘，如同烙印一般，称之为电烙印。电烙印一般不发炎、不化脓、不出血，受伤皮肤硬化，造成局部麻木和失去知觉。

（3）皮肤金属化。在电流电弧的作用下，使一些熔化和蒸发的金属微粒渗入人体皮肤表层，使皮肤变得粗糙而坚硬，导致皮肤金属化，给身体健康造成很大的伤害。

（二）人体触电类型

人体触电可分为直接接触触电和间接接触触电两大类。直接接触触电又可分为单相触电、两相触电和电弧伤害。间接接触触电包括跨步电压和接触电压触电两种类型。

1. 直接接触触电

人体直接碰到带电导体造成的触电或离高压带电体距离太近，造成对人体放电的触电称之为直接接触触电。

（1）单相触电。如果人体直接碰到电气设备或电力线路中一相带电导体，或者与高压系统中一相带电导体的距离小于该电压的放电距离而造成对人体放电，这时电流将通过人体流入大地，这种触电称为单相触电。

（2）两相触电。两相触电是人体同时接触带电线路的两相，或在高压系统中，人体同时接近不相同的两相带电体而发生的电弧放电，电流从一相导体通过人体流入另一相导体，这种触电称为两相触电。

发生两相触电时，作用于人体的电压等于线电压，当电压为 380V 时，人体电阻假设为 1000Ω，触电电流可达 380mA。因此两相触电比单相触电要严重得多。

（3）电弧伤害。电弧是气体间隙被强电场击穿时的一种现象。人体过分接近高压带电体会引起电弧放电，带负荷拉、合刀开关会造成弧光短路。电弧不仅使人受电击，而且使人受电伤，对人体的伤害往往是致命的。

2. 间接接触触电

（1）跨步电压触电。跨步电压触电是指人在接地故障点或在接地装置附近，由两脚之间（一般为 0.8m）的跨步电压引起的触电事故。跨步电压离故障点或接地极越近，其电压越大，相距 20m 以外时，跨步电压将接近于零。

（2）接触电压触电。当电气设备因绝缘损坏而发生接地故障时，接地电流流过接地装置时，在大地表面形成分布电位，如果人体的两个部位（通常是手和脚）同时触及漏电设备的外壳和地面，人体所承受的电压就称为接触电压。由接触电压引起的人体触电称为接触电压触电。接触电压的大小和人体站立的位置有关，当人体距离接地故障越远时，其值越大。当人体在距接地体 20m 以外处与带电设备外壳接触，接触电压几乎等于设备的对地电压值。当人体站在接地点与设备外壳接触时，接触电压为零。

（三）防止人身触电的技术措施

防止人身触电的技术措施有保护接地、保护接零、采用安全电压及装设剩余电流保护器等。

1. 保护接地和保护接零

（1）保护接地。将电气设备的外露可导电部分（如电气设备金属外壳、配电装置的金属框架等）通过接地装置与大地相连称为保护接地。

（2）保护接零。保护接零是指低压配电系统中将电气设备外露可导电部分（如电气设备的金属外壳）与供电变压器的中性线（三相四线制供电系统中的零干线）直接相连接。

2. 安全电压

安全电压是低压，但低压不一定是安全电压。《电力安全工作规程 发电厂和变电站电气部分》（GB 26860—2011）中规定，低（电）压是指用于配电的交流系统中 1000V 及以下的电压等级。高（电）压是指：通常指超过低压的电压等级。

我国国家标准《特低电压（ELV）限值》（GB/T 3805—2008）规定的安全电压值为 42V、36V、24V、12V 和 6V，应根据作业场所、操作员条件、使用方式、供电方式、线路状况等因选用。

3. 装设剩余电流保护器

剩余电流动作保护装置是指电路中带电导体对地故障所产生的剩余电流超过规定时，能够自动切断电源或报警的保护装置。它包括各类剩余电流动作保护功能的断路器、移动式剩余电流动作保护装置、剩余电流动作电气火灾监控系统、剩余电流继电器及其组合器等。

在低压配电系统中，广泛采用额定动作电流不超过 30mA、无延时动作的剩余电流动保护器，作为直接接触触电保护的补充防护措施（附加防护）。

（四）防止电击的基本措施

1. 直接电击的防护措施

（1）绝缘。使用绝缘物，以防止人体触及带电体。应当注意，单独采用涂漆、漆包线的绝缘来防止触电是不够的。

（2）屏护。采用屏障或围栏，防止人体触及带电体。屏障或围栏除能防止无意触电体外，至少应使人意识到超越屏障或围栏会发生危险，而不致去随意触及带电体。

（3）障碍。设置障碍以防止无意触及或接近带电体，但并不能防止绕过障碍而带电体。

（4）间隔。保持一定间隔以防止无意触及带电体。凡易于接近的带电体，应保持在手臂伸直时的所及范围之外。正常操作时，凡使用较长工具者，间隔应加大。

（5）漏电保护。漏电保护又叫剩余电流保护或接地故障电流保护。漏电保护仅能附加保护而不应单独使用，其动作电流最大不宜超过 30mA。

（6）安全电压。根据具体工作场所特点，采用相应等级的安全电压，如 36V、24V 及 12V 等。

2. 间接电击的防护措施

（1）自动断开电源。根据低电压配电网的运行方式和安全需要，采用适当的自动化元件和连接方法，使发生故障时能在规定时间内自动断开电源，防止接触电压的危险。对于不同配电网，可根据其特点分别采取熔断器保护、接地接零保护、漏电保护、过电流保护以及绝缘监视等保护措施。

（2）加强绝缘。指采用有双重绝缘或加强绝缘的电气设备，或者采用另有共同绝缘的组合电气设备，以防工作绝缘损坏后在易接近部分出现危险的对地电压。

（3）不导电环境。这种措施是为防止工作绝缘损坏时人体同时触及不同电位的两点而致触电。当所在环境的墙或地板均系绝缘体，以及可能同时出现不同电位的两点间距离超过 2m 时，便符合这种防护条件。

（4）等电位环境。将所有容易同时接近的裸导体（包括设备外的裸导体）互相连接起，拉平其间电位，防止接触电压。等电位范围不应小于可能触及带电体的范围。

（5）电气隔离。这种措施是采用隔离变压器（或有隔离能力的发电机）供电以实现电气隔离，防止裸导体故障带电时造成电击。被隔离回路的电压不应超过 500V；其带电部分不能同其他电气回路或大地相连，以保持隔离要求。

（6）安全电压。与防止直接电击的安全电压措施内容相同。

3. 临时用电场所防电击措施

当为防止人身间接接触电击，采用与接地系统相适应的自动切断供电电源的保护措施。其预期接触电压限值应为交流均方根值 25V，或无纹波直流 60V。

（五）触电急救

1. 触电急救的要点

触电急救的要点是：抢救迅速与救护得法，即用最快的速度现场采取积极措施，保护触电人员生命，减轻伤情，减少痛苦，并根据伤情要求，迅速联系医疗部门救治。即使触电者失去知觉心跳停止，也不能轻率地认定触电者死亡，而应看作是“假死”，施行急救。

触电救护第一步是使触电者迅速脱离电源，第二步是现场救护。

2. 解救触电者脱离电源的方法

触电急救的第一步是使触电者迅速脱离电源，因为电流对人体的作用时间越长，对生命的威胁越大，具体方法如下：

（1）脱离低压电源的方法。脱离低压电源可用“拉”“切”“挑”“拽”“垫”五字概括。

1）拉。指就近拉开电源开关、拔出插头或瓷插熔断器。

2）切。当电源开关、插座或瓷插熔断器距离触电现场较远时，可用带有绝缘柄的利器切断电源线。切断时应防止带电导线断落触及周围的人体。多芯绞合线应分相切断，以防短路伤人。

3）挑。如果导线搭落在触电者身上或压在身下，这时可用干燥的木棒、竹竿等挑开导线，或用干燥的绝缘绳套拉导线或触电者，使触电者脱离电源。

4）拽。救护人员可戴上手套或在手上包缠干燥的衣服等绝缘物品拖拽触电者，使之脱离电源，也可站在干燥的木板、橡胶垫等绝缘物品上，用一只手将触电者拖拽开来。

5）垫。如果触电者由于痉挛，手指紧握导线或导线缠在身上，可先用干燥的木板塞进触电者身下，使其与大地绝缘，然后再采取其他的方法把电源切断。

（2）脱离高压电源的方法。由于电源电压等级高，一般绝缘物品不能保证救护人的安全，而且高压电源开关距离现场较远，不便拉闸。因此，使触电者脱离高压电源的方法与脱离低压电源有所不同。通常的做法是：

1）立即电话通知有关供电部门拉闸停电。

2）如果电源开关离触电现场不太远，则可戴上绝缘手套，穿上绝缘靴，拉开高压断路器，或用绝缘棒拉开高压跌落式熔断器以切断电源。

3）往架空线路抛挂裸金属软导线，人为造成线路短路，迫使继电器保护装置动作，从而使电源开关跳闸，抛挂前，将短路线的一端先固定在铁塔或接地引下线上，另一端系重物。抛掷短路线时，应注意防止电弧伤人或断线危及人员安全，也要防止砸伤人。

4）如果触电者触及断落在地上的带电高压导线，且尚未确认线路无电之前，救护人员不可进入端线落地点 8～10m，以防止跨步电压触电。进入该范围的救护人员应穿上绝缘靴或临时双脚并拢跳跃地接近触电者。触电者脱离带电导线后应迅速将其带至 8～10m 以外，立即开始触电急救。

3. 现场救护

当触电者脱离电源后，应立即组织抢救。若条件许可，组织抢救时应做好以下几方面的工作：一是安排人员正确救护；二是派人通知有资格的医务人员到触电现场；三是做好将触电者送往医院的一切准备工作；四是维护现场秩序，防止无关人员妨碍现场教工作。

参加急救者可根据触电者受伤程度不同，采取相应措施。现场救护有以下几种措施。

（1）触电者未失去知觉的救护措施：如果触电者所受的伤害不太严重，甚至尚清醒、头晕、出冷汗、恶心、呕吐、四肢发麻、全身乏力，甚至一度昏迷但未失去知觉，则可先让触电者在通风暖和的地方静卧休息，并派人严密观察，同时请医生前来或送往医院救治。

（2）触电者已失去知觉的抢救措施：如果触电者已失去知觉，但呼吸和心跳尚正常，则应使其舒适地平卧着，解开衣服以利呼吸，四周不要围人，保持空气流通，冷天应注意保暖。同时立即请医生前来或送往医院诊治。若发现触电者呼吸困难或心跳失常，应立即施行人工呼吸或胸外心脏按压。

（3）对“假死”者的急救措施。如果触电者呈现“假死”现象，则可能有三种临床症状：心跳停止，但尚能呼吸；呼吸停止，但心跳尚存（脉搏很弱）；呼吸和心跳均已停止。

“假死”症状的判定方法是“看”“听”“试”。“看”是观察触电者的胸部、腹部有无起伏动作；“听”是用耳贴近触电者的口鼻处，听有无呼气的声音；“试”是用手或小纸条测试口鼻有无呼吸的气流，再用两个手指轻压一侧喉结旁凹陷处的颈动脉有无搏动感觉。

4. 心肺复苏法

所谓心肺复苏法，就是支持生命的三项基本措施，即通畅气道、口对口（鼻）人工呼吸，胸外按压。

（1）通畅气道。若触电者呼吸停止，应采取措施始终确保气道通畅，其操作要领是：

1）清除口中异物。使触电者仰面躺在平硬的地方，迅速解开其领口、围巾、紧身衣和裤带。如发现触电者口内有食物、假牙、血块等异物可将其身体及头部同时侧转，迅速用一个手指或两个手指交叉从口角处插入，从中取出异物，要注意防止将异物推到咽喉深处。

2）采用仰头抬颌法通畅气道。一只手放在触电者前额，另一只手的手指将其颌骨向上抬起，气道即可通畅。

3）口对口（鼻）人工呼吸。救护人在完成气道通畅的操作后，应立即对触电者实行口对口或口对鼻人工呼吸。口对鼻人工呼吸适用于触电者嘴巴紧闭的情况。

（2）胸外按压。胸外按压是借助人力使触电者恢复心脏跳动的急救方法。其有效性在于选择正确的按压位置和采取正确的按压姿势。

1）用食指和中指找到伤员肋骨和胸骨接合处的中点，两手指并齐，中指放在剑突底，食指平放在胸骨下部，食指上缘为压点，跪在伤员一侧。

2）救护人员两肩位于伤员胸骨正上方，两臂伸直，肘关节固定不屈，两手掌根相叠，手翘起，利用上身中立垂直将伤员胸骨压陷 3～5cm，压至要求程度立即全部放松，放松时救护人员掌根不得离开伤员胸腔。

3）按先吹气 2 次，按压 30 次后再吹气 2 次，再按压 30 次后再吹气 2 次，再按压 30 次的频率救护。

（3）技术要点。

1）打开气道时，手指不能压向颌下软组织深处，以免阻塞气道。

2）按压位置为两乳头连线中点部位，按压时双手掌根重叠，十指相扣，手指翘起不接触胸腔，掌根紧贴伤者皮肤。

3）按压吹气比为 30：2。

4）每次给气时间不少于 1s，观察胸廓有无起伏。

（4）注意事项：

1）按压方法正确，避免引起肋骨骨折。

2）通气有效，避免吹气不足或过度吹气。

3）复苏成功后及时记录时间。

9.2.2 电气防火措施

（一）火灾的等级与分类

在时间和空间上失去控制并造成一定伤害的燃烧现象，称为火灾。火灾发生必备的三个条件：可燃物、助燃物和火源。

1. 火灾的等级

按照一次火灾事故造成的人员伤亡、受灾户数和直接财产损失，火灾可分为一般火灾、大火灾、重大火灾、特别重大火灾四个等级。

特别重大火灾是指造成 30 人以上死亡，或者 100 人以上重伤，或者 1 亿元以上直接财产损失的火灾；

重大火灾是指造成 10 人以上 30 人以下死亡，或者 50 人以上 100 人以下重伤，或 5000 万元以上 1 亿元以下直接财产损失的火灾；

较大火灾是指造成 3 人以上 10 人以下死亡，或者 10 人以上 50 人以下重伤，或者 100 万元以上 5000 万元以下直接财产损失的火灾；

一般火灾是指造成 3 人以下死亡，或者 10 人以下重伤，或者 1000 万元以下直接财产损失的火灾。

2. 火灾的分类

A 类火灾：可燃固体火灾，含碳固体可燃物如木材、棉、毛、麻、纸张等燃烧的火灾。

B 类火灾：液体火灾，甲乙丙类液体如汽油、煤油、柴油、甲醇、乙醚、丙酮等燃烧的火灾。

C 类火灾：气体火灾，可燃气体如煤气、天然气、甲烷、丙烷、乙炔、氢气等燃烧的火灾。

D 类火灾：金属火灾，可燃金属如钾、钠、镁、钛、锆、锂、铝、镁合金等燃烧的火灾。

E 类火灾：带电物体、精密仪器火灾。

F 类火灾：烹饪器具内的烹饪物（如动植物油脂）火灾。

（二）灭火器的分类及使用

灭火器是火灾扑救中常用的灭火工具，在火灾初起之时，由于范围小、火势弱，是扑救火灾的最有利时机，正确及时使用灭火器，可以挽回巨大的损失。

灭火器结构简单，轻便灵活，稍经学习和训练就能掌握其操作方法。目前常用的灭火器有泡沫灭火器、二氧化碳灭火器、干粉灭火器等。

1. 灭火器的分类

（1）泡沫灭火器。在燃烧物表面形成的泡沫覆盖层，使燃烧物表面与空气隔绝，起到窒息灭火的作用。由于泡沫层能阻止燃烧区的热量作用于燃烧物质的表面，因此可防止可燃物本身和附近可燃物的蒸发。泡沫析出的水对燃烧物表面进行冷却，泡沫受热蒸发产生的水蒸气可以降低燃烧物附近的氧浓度。

泡沫灭火器适用于扑救 A 类火灾，如木材地、棉、麻、纸张等火灾，也能扑救一般 B 类火灾，如石油制品、油脂等火灾；但不能扑救 B 类火灾中的水溶性可燃、易燃液体的火灾，如醇、酯、醚、酮等物质的火灾。

（2）干粉灭火器。其灭火原理一是消除燃烧物产生的活性游离子，使燃烧的连锁反应中断；二是干粉遇到高温分解时吸收大量的热，并放出蒸气和二氧化碳，达到冷却和稀释燃烧区空气中氧的作用。

干粉灭火器适用于扑救可燃液体、气体、电气火灾以及不宜用水扑救的火灾。ABC 干粉灭火器可以扑救 A、B、C 类物质燃烧的火灾。

（3）二氧化碳灭火器。当燃烧区二氧化碳在空气中的含量达到30%～50%时，能使燃烧熄灭，主要起窒息作用，同时二氧化碳在喷射灭火过程中吸收一定的热能，也就有一定的冷却作用。适用于扑救600V以下电气设备、精密仪器、图书、档案的火灾，以及范围不大的油类、气体和一些不能用水扑救的物质的火灾。

2. 灭火器的使用

（1）手提式灭火器的使用：

1）机械泡沫、二氧化碳、干粉灭火器的使用

上述灭火器一般由一人操作，使用时将灭火器迅速提到火场，在距起火点5m处，放下灭火器，先撕掉安全铅封，拔出保险销，然后右手紧握压把，左手握住喷射软管前端的喷嘴（没有喷射软管的，左手可扶住灭火器底圈）对准燃烧处喷射。灭火时，应把喷嘴对准火焰根部，由近而远，左右扫射，并迅速向前推进，直至火焰全部扑灭。泡沫灭油品火灾时，应将泡沫喷射到容器的器壁上，从而使得泡沫沿器壁流下，再平行地覆盖在油品表面上，从而避免泡沫直接冲击油品表面，增加灭火难度。

2）化学泡沫灭火器的使用

将灭火器直立提到距起火点10m处，使用者的一只手握住提环，另一只手抓住筒体的底圈，将灭火器颠倒过来，泡沫即可喷出，在喷射泡沫的过程中，灭火器应一直保持颠倒和垂直状态，不能横式或直立过来，否则喷射会中断。

（2）推车灭火器的使用：

1）机械泡沫、二氧化碳、干粉灭火器

推车灭火器一般由两人操作，使用时，将灭火器迅速拉到或推到火场，在离起火点10m处停下。一人将灭火器放稳，然后撕下铅封，拔出保险销，迅速打开气体阀门或开启机构；一人迅速展开喷射软管，一手握住喷射枪枪管，另一只手扣动扳机，将喷嘴对准燃烧场，扑灭火灾。

2）化学泡沫灭火器

使用时两人将灭火器迅速拉到或推到火场，在离起火点10m处停下，一人逆时针方向转动手轮，使药液混合，产生化学泡沫，一人迅速展开喷射软管，双手握住喷枪，喷嘴对准燃烧场，扑灭火灾。

（三）电气防火措施

电气防火措施包括针对电气火灾的电气防火教育，依据负荷性质、种类大小合理选择导线和开关电器，电气设备与易燃、易爆物的安全隔离以及配备灭火器材、建立防火制度和防火队伍等。具体措施如下：

（1）施工组织设计时，根据电气设备的用电量正确选择导线截面，从理论上杜绝线路过负荷使用。保护装置要认真选择，当线路上出现长期过负荷时，能在规定时间内动作保护线路。

（2）导线架空敷设时，其安全间距必须满足规范要求。当配电线路采用熔断器作短路保护时，熔断器额定电流一定要小于电缆线或穿管绝缘导线允许载流量的2.5倍，或明敷绝缘导线允许载流量的1.5倍。

（3）经常教育用电人员正确执行安全操作规程，避免作业不当造成火灾。

（4）电气操作人员认真执行规范，正确连接导线，接线柱压牢、压实。各种开关触头压

接牢固，铜铝连接时有过渡端子，多股导线用端子或刷锡后再与设备安装以防加大电阻引起火灾。

（5）配电室的耐火等级应大于三级，室内配置砂箱和绝缘灭火器。严格执行变压器的运行检修制度，每年进行不少于 4 次的停电清扫和检查。电动机严禁超负荷使用。电动机周围无易燃物，发现问题及时解决，保证设备正常运行。

（6）施工现场内严禁使用电炉。使用碘钨灯时，灯与易燃物间距应大于 300mm。室内禁止使用功率超过 100W 的灯泡，严禁使用床头灯。

（7）使用焊机时严格执行动火证制度，并有专人监护。施焊点周围不得存有易燃物体，并备齐防火设备。电焊机存放在通风良好的地方，防止机温过高引起火灾。

（8）存放易燃气体、易燃物仓库内的照明装置，采用防爆型设备，导线敷设、灯具安装、导线与设备连接均符合临时用电规范要求。

（9）消防泵的电源由总箱中引出专用回路供电，此回路不设漏电保护器，并设两个电源供电，供电线路在末端切换。

（10）现场建立防火检查制度，强化电气防火领导体制，建立电气防火义务消防队。

（四）防静电技术措施

静电通常是指相对静止的电荷，它是由物体间的相互摩擦或感应而产生的。爆炸和火时，静电是多种危害中最为严重的一种。

防止静电危害有两条主要途径：一是创造条件，加速工艺过程中静电的泄漏或中和，限制电荷积累，使其不超过安全限度；二是控制工艺过程，限制静电的产生，使之不超过安全限度。第一条途径包括两种方法，即泄漏和中和法。接地、增湿、添加抗静电剂、涂导电涂料等措施均属泄漏法；运用感应中和器、高压中和器、放射线中和器等装置消除静电危害的方法，属于中合法。第二条途径包括在材料选择、工艺设计、设备结构等方面所采取的相应措施。静电防护的主要措施有四种，即静电控制法、自然泄漏法、静电中和法以及防静电接地法是防止静电积累、消除危害的简便有效方法，实际中应注意以下几点。

（1）凡加工、运输和储存各种易燃、易爆的气体（液体）和粉尘的设备及一切可能产生静电的机件、设备和装置，都必须可靠接地。

（2）同一场所两个及以上产生静电的机件、设备和装置，除分别接地外相互间还应做金属均压连接，以防止由于存在电位差而放电。灌注液体的金属管器与金属容器，必须经金属可靠连接并接地，否则不能工作。

（3）带轮、滚筒等金属旋转体，除机座应可靠接地外，在危险性较大的场所还应用导电的轴承润滑油或金属旋转体通过滑环、碳刷接地。

除以上措施外，工作人员在静电危险场所还应穿上抗静电的工作服和工作靴。

9.2.3 电气安全检查

（一）电气工程施工安全检查的主要内容

电气工程施工安全检查主要是以查安全思想、查安全责任、查安全制度、查安全措施、查安全防护、查设备设施、查教育培训、查操作行为、查劳动防护用品使用和查伤亡事故处理等为主要内容。

安全检查要根据施工生产特点，具体确定检查的项目和检查的标准。

（1）查安全思想。主要是对照国家有关健康、安全、环境的方针政策和有关文件及标准规范和规章制度，检查项目负责人和施工管理与作业人员（包括分包作业人员）的安全生产意识和对安全生产工作的重视程度。

（2）查安全责任。主要是检查现场安全生产责任制度的建立；安全生产责任目标的分解与考核情况；安全生产责任制与责任目标是否已落实到了每一个岗位和每一个人员，并得到了确认。

（3）查安全制度。主要是检查现场各项安全生产规章制度和安全技术操作规程的建立和执行情况。

（4）查安全措施。主要是检查现场安全措施计划及各项安全专项施工方案的编制、审核、审批及实施情况：重点检查方案的内容是否全面，措施是否具体并有针对性，现场的实施运行是否与方案规定的内容相符。

（5）查安全防护。主要是检查现场临边、洞口等各项安全防护设施是否到位，有无安全隐患。

（6）查设备设施。主要是检查现场投入使用的设备设施的购置、租赁、安装、验收、使用、过程维护保养等各个环节是否符合要求；设备设施的安全装置是否齐全、灵敏、可靠、有无安全隐患。

（7）查教育培训。主要是检查现场教育培训岗位、教育培训人员、教育培训内容是否明确、具体、有针对性；三级安全教育制度和特种作业人员持证上岗制度的落实情况是否到位；教育培训档案资料是否真实、齐全。

（8）查操作行为。主要是检查现场施工作业过程中有无违章指挥、违章作业、违反劳动纪律的行为发生。

（9）查劳动防护用品的使用。主要是检查现场劳动防护用品、用具的购置、产品质量、配备数量和使用情况是否符合安全与职业卫生的要求。

（10）查事故处理。主要是检查现场是否发生伤亡事故，是否及时报告，对发生的伤亡事故是否已按照“四不放过”的原则进行了调查处理，是否已有针对性地制定了纠正与预防措施；制定的纠正与预防措施是否已得到落实并取得实效。

（二）电气工程施工安全检查的主要形式

电气安装工程施工安全检查的主要形式一般可分为日常巡查、专项检查、定期安全检查、经常性安全检查、季节性安全检查、节假日安全检查、开复工安全检查、专业性检查和设备设施安全验收检查等。

安全检查的组织形式应根据检查的目的、内容而定，因此参加检查的组成人员也相同。

（1）定期安全检查。建筑施工企业应建立定期分级安全检查制度，定期安全检查属于全面性和考核性查，电气工程施工现场应至少每旬开展一次安全检查工作，施工现场的定期安全检查由项目经理亲自组织。

（2）经常性安全检查。建筑工程施工应经常开展预防性的安全检查工作，以便于及时发现并消除事故隐患；保证施工生产正常进行。施工现场经常性的安全检查方式主要有：现场专（兼）职安全生理人员及安全值班人员每天例行开展的安全巡查；现场项目经理、责任工程师及相关专业管理人员在检查生产工作的同时进行的安全检查；作业班组在班前、班中、班后进行全检查。

（3）季节性安全检查。季节性安全检查主要是针对气候特点（如暑期、雨季、风季、冬季等）可能给安全生产造成的不利影响或带来的危害而组织的安全检查。

（4）节假日安全检查。在节假日，特别是重大或传统节假日（如元旦、春节等）前后和节日期间，为防止现场管理人员和作业人员思想麻痹、纪律松懈等进行的安全检查。节假日加班，更要认真检查各项安全防范措施的落实情况。

（5）开工、复工安全检查。开工、复工安全检查是针对工程项目开工、复工之前进行的安全检查，主要是检查现场是否具备保障安全生产的条件。

（6）专业性安全检查。专业性安全检查是由有关专业人员对现场某项专业问题或在施工生产过程中存在的比较系统性的安全问题进行的单项检查。这类检查专业性强，主要应由专业工程技术人员、专业安全管理人员进行。

（7）设备设施安全验收检查。针对现场电焊机、电动煨弯机、电动套丝机、电气试验设备、脚手架等设备设施在安装、搭设过程中或完成后进行的安全验收、检查称为设备设施安全验收检查。

（三）安全检查的要求、方法

1. 安全检查的要求

（1）建立检查的组织领导机构，配备检查力量，抽调较高技术业务水平的专业人员，确定检查负责人，明确分工。

（2）应有明确的检查目的和检查项目、内容及检查标准、重点、关键部位。对大面积数量多的项目可采取系统的观感和一定数量的测点相结合的检查方法。检查时尽量采用检测工具，用数据说话。

（3）对现场管理人员和操作工人不仅要检查是否有违章指挥和违章作业行为，还应进行“应知应会”的抽查，以便了解管理人员及操作工人的安全素质。对于违章指挥、违章作业行为，检查人员可以当场指出并进行纠正。

（4）认真、详细进行检查记录，特别是对隐患的记录必须具体，如隐患的部位、危险性程度及处理意见等。采用安全检查评分表的，应记录每项扣分的原因。

（5）建立检查档案。结合安全检查表的实施，逐步建立健全检查档案，收集基本的数据，掌握基本安全状况，为及时消除隐患提供数据，同时也为以后的职业健康安全检查奠定基础。

（6）检查中发现的隐患应该进行登记，并发出隐患整改通知书，引起整改单位的重视，并作为整改的备查依据。对即发性事故危险的隐患，检查人员应责令其停工，被查单位必须立即整改。

（7）尽可能系统、定量地做出检查结论，进行安全评价。以利受检单位根据安全评价研究对策进行整改，加强管理。

（8）检查后应对隐患整改情况进行跟踪复查。查被检单位是否按“三定”原则（定人、定期限、定措施）落实整改，经复查整改合格后，进行销案。

2. 电气工程安全检查的方法

电气安装工程安全检查在正确使用安全检查表的基础上，可以采用“听”“问”“看”“量”“测”“运转试验”等方法进行。

（1）“听”。听取基层管理人员或施工现场安全员汇报安全生产情况，介绍现场安全工作经验、存在的问题、今后的发展方向。

（2）“问”。主要是指通过询问、提问，对以项目经理为首的现场管理人员和操作工人进行“应知应会”抽查，以便了解现场管理人员和操作工人的安全意识和安全素质。

（3）“看”。主要是指查看施工现场安全管理资料和对施工现场进行巡视。例如项目负责人、专职安全管理人员、特种作业人员等的持证上岗情况；现场安全标志设置情况劳动防护用品使用情况；现场安全防护情况；现场安全设施及机械设备安全装置情况等。

（4）“量”。主要是指使用测量工具对施工现场的一些设施、装置进行实测实量。对配电柜垂直度和水平偏差的测量；对现场母线的安全距离的测量等。

（5）“测”。主要是指使用专用仪器、仪表等监测器具对特定对象关键特性技术参数的测试。例如使用接地电阻测试仪对现场各种接地装置接地电阻的测试；使用兆欧表对电动机绝缘电阻的测试；使用直流电阻仪对变压器绕组的电阻测试等。

（6）“运转试验”。主要是指由具有专业资格的人员对机械设备进行实际操作、试验其运转的可靠性或安全限位装置的灵敏性。

参 考 文 献

[1] 王瑾烽，吕丽荣. 电气施工技术. 武汉：武汉理工大学出版社，2018.
[2] 孟雁，马国欣，黑云婕，等. 工程电气设备安装调试工. 北京：石油工业出版社，2021.
[3] 袁锐文. 安装工程. 北京：中国铁道出版社，2012.
[4] 蒋金生. 安装工程施工工艺标准. 杭州：浙江大学出版社，2021.
[5] 岳井峰. 建筑电气施工技术. 北京：北京理工大学出版社，2017.
[6] 李英姿. 建筑电气施工技术. 北京：机械工业出版社，2016.
[7] 刘光源. 电气安装工手册. 上海：上海科学技术出版社，2011.
[8] 胡笳，韩兵. 安装工程施工技术交底手册. 北京：中国建筑工业出版社，2013.
[9] 陈旭平，赵瑞军. 建筑弱电应用技术. 武汉：武汉理工大学出版社，2019.
[10] 梁华. 智能建筑弱电工程施工手册. 北京：中国建筑工业出版社，2006.
[11] 逄凌滨，李方刚. 电气工程施工细节详解. 北京：机械工业出版社，2009.
[12] 张立新.《建筑电气工程施工质量验收规范》（GB 50303—2015）辅助读本. 北京：中国建筑工业出版社，2017.